安全工程国家级实验教学示范中心（河南理工大学）资助出版

复杂条件下瓦斯爆炸传播规律及伤害模型

景国勋　贾智伟　程　磊等　著

科学出版社

北　京

内 容 简 介

本书针对复杂网络巷道受限空间条件下瓦斯爆炸冲击波、火焰波、有毒有害气体的传播规律及伤害模型问题进行研究。论述了我国瓦斯爆炸事故研究的背景及意义，统计了近年来我国发生的瓦斯爆炸事故资料，分析了瓦斯爆炸事故的危害性，阐述了瓦斯爆炸传播规律及伤害模型研究的意义。对瓦斯爆炸传播特性进行了理论分析，包括瓦斯爆炸的化学反应机理、物理特性、传播过程中的影响因素及伤害机理。通过实验、数值模拟研究瓦斯爆炸冲击波、火焰、毒气在不同类型管道内的传播规律，进一步完善了瓦斯爆炸传播机理。建立了瓦斯爆炸冲击波、火焰波、有毒有害气体伤害模型，提出瓦斯爆炸防治对策措施，为预防和控制煤矿瓦斯爆炸事故提供理论基础和科学依据。

本书可供各类工科高校和科研院所科技工作者、煤矿企业管理人员及职工阅读参考，也可作为安全工程专业、采矿工程专业的研究生和本科生及安全管理人员、生产技术和研究人员的参考书。

图书在版编目（CIP）数据

复杂条件下瓦斯爆炸传播规律及伤害模型/景国勋等著. —北京：科学出版社，2017.6

ISBN 978-7-03-053123-0

Ⅰ. ①复⋯ Ⅱ. ①景⋯ Ⅲ. ①煤矿-瓦斯爆炸-研究 Ⅳ. ①TD712

中国版本图书馆 CIP 数据核字（2017）第 126577 号

责任编辑：杨 震 刘 冉 李丽娇/责任校对：王 瑞
责任印制：张 伟/封面设计：北京图阅盛世

科 学 出 版 社 出版

北京东黄城根北街 16 号
邮政编码：100717
http://www.sciencep.com

北京中石油彩色印刷有限责任公司印刷

科学出版社发行 各地新华书店经销

*

2017 年 6 月第 一 版 开本：B5（720 × 1000）
2017 年 6 月第一次印刷 印张：16 3/4
字数：340 000

定价：108.00 元

（如有印装质量问题，我社负责调换）

本书编写人员

景国勋　贾智伟　程　磊

段振伟　李　辉　高志扬

作者简介

  景国勋　1963 年生，教授，博士后，河南理工大学博士生导师，安阳工学院院长，中原经济区煤层（页岩）气河南省协同创新中心主任。享受国务院政府特殊津贴专家，国家安全生产专家，国家煤炭行业"653 工程"安全管理首席专家，国家杰出青年科学基金函评专家，教育部安全工程学科教学指导委员会委员，中国煤炭工业技术委员会安全技术专家组成员；中国职业安全与健康协会理事，河南省安全生产与职业健康安全协会副理事长；河南省安全科学与工程学科学术带头人，河南省安全生产专家综合组组长，河南省安全生产应急救援专家，河南省安全生产委员会专家，《国际职业安全与人机工程杂志》（*JOSE*）编委，《安全与环境学报》编委，《安全与环境工程学报》编委，《科技导报》编委。主持国家自然科学基金、省（部）级及企业委托等课题 30 余项，主持的课题曾获中国煤炭工业"十大"科技成果奖 1 项，河南省科学技术进步奖二等奖 2 项，中国煤炭工业企业现代化管理部级优秀成果奖一等奖 1 项，煤炭工业部科学技术进步奖三等奖 1 项，河南省科学技术进步奖三等奖 3 项；获得河南省教学成果奖特等奖 1 项、一等奖 1 项；出版国家规划教材及著作 10 余部，发表论文 160 余篇，曾获全国普通高等学校优秀教材奖二等奖，18 篇论文获中国优秀科技论文奖、河南省优秀论文奖等，被 EI、ISTP 收录论文 20 余篇。荣获中国青年科技创新奖、中国科学技术发展基金会孙越崎科技教育基金"优秀青年科技奖"，河南省优秀中青年骨干教师，河南省跨世纪学术及技术带头人，河南省高校创新人才，河南省杰出青年科学基金，河南省青年科技创新杰出奖，河南省教学名师奖，中国煤炭工业技术创新优秀人才，河南省优秀专家等。

前　言

　　由于瓦斯爆炸事故具有破坏性大和复杂性强的特点，所以瓦斯爆炸灾害长期以来一直困扰着煤矿的安全生产工作，虽然学者们对瓦斯爆炸的预防及控制进行了不少的研究，有关研究成果对预防和控制瓦斯爆炸起到一定的作用，但是瓦斯爆炸事故还是时常发生。目前，大多数事故发生是由于中、小煤矿安全措施差，通风能力不强，工人违章作业和管理人员安全素质差，但事情并非如此简单。2002 年，国家关闭了一批安全检查不合格的小煤矿，对一些生产能力低下的矿井进行了改造，然而煤矿瓦斯爆炸事故并没有大幅度减少。2004 年、2005 年在正规的国营大型煤矿也发生了瓦斯爆炸事故，这些煤矿的装备和管理并不都属于被关闭之列，说明还有许多本质的东西未被认识，对瓦斯爆炸机理的研究还存在许多科学问题需要解决，所以在控制瓦斯爆炸事故发生的工作没有收到显著的效果。瓦斯爆炸事故的频发在社会上造成了恶劣的影响，给国家和人民带来了巨大的损失。

　　为了有效地改变目前的这种状况，必须应用现代科学理论和高新技术的原理与方法及多学科交叉的集成攻关来提高和发展传统理论和技术，以求在煤矿瓦斯爆炸灾害防治理论与技术方面取得新的突破。

　　爆炸传播过程中的冲击波、火焰和毒害气体的发展变化特性决定了爆炸事故破坏和伤害程度的大小，只有熟知矿井瓦斯爆炸传播规律，才能科学地确立爆炸事故爆源的位置、事故类型、爆炸波及范围等，从而可以确定爆炸事故发生的原因和造成的损失。所以，对瓦斯爆炸的机理、瓦斯爆炸的传播特性及影响因素、瓦斯爆炸过程中的传质传热过程及伤害模型等基础理论的研究对于有效防治煤矿瓦斯爆炸事故的发生、降低瓦斯爆炸所造成的损失具有十分重要的意义。研究瓦斯爆炸传播规律及伤害模型有重要经济和社会意义。

　　本书系统地研究了管道内受限空间条件下瓦斯爆炸冲击波、火焰波、有毒有害气体的传播规律，在前面研究的基础上建立了瓦斯爆炸伤害模型，并且提出瓦斯爆炸应急救援对策措施。主要采用理论分析、实验研究和数值模拟对比分析的研究方法，对管道内受限空间瓦斯爆炸传播规律进行研究。对瓦斯爆炸传播特性进行了理论分析，包括瓦斯爆炸的化学反应机理、物理特性、传播过程中的影响因素及伤害机理。全面论述了瓦斯爆炸的产生、发展、造成的后果及防治措施。通过实验研究瓦斯爆炸冲击波、火焰、毒气在不同类型管道内的传播规律，根据实验要求搭建了实验平台，模拟研究矿井复杂巷道内瓦斯爆炸的传播规律。通过数值模拟研究瓦斯爆炸冲击波、火焰、毒气在不同类型管道内的传播规律，建立了与实验平台相同的数值计算模型，进一步完善了瓦斯爆炸传播机理。建立了瓦斯爆炸伤害模型，确立了事故伤害"三区"，编制了瓦斯爆炸事故应急救援预案，并且进行了实例分析。

本书由河南理工大学景国勋教授等著，编写人员由来自河南理工大学具有丰富教学和科研经验的老师组成。具体分工为：第一章由景国勋教授编写，第二章由景国勋教授和贾智伟副教授编写，第三章由贾智伟副教授和程磊副教授编写，第四章由程磊副教授和李辉副教授编写，第五章由段振伟讲师编写，第六章由高志扬讲师编写，全书最后由景国勋教授统稿。

本书的研究工作得到了国家自然科学基金项目"受限空间非瓦斯燃烧区复杂条件下瓦斯爆炸传播规律及事故模拟研究"（编号：51174080）的资助，在此表示感谢！另外，本书的出版得到了科学出版社的大力支持和帮助，在此表示由衷的感谢！本书编写中引用了大量参考文献，对所有这些参考文献的作者们表示真诚的感谢！

在课题研究过程中，博士生许胜铭、杨书召和硕士生耿进军、李鑫、乔奎红、解洪成参与了有关工作，在此一并表示感谢！

由于著者水平有限，书中不妥之处在所难免，敬请读者批评指正！

著　者

2017 年 3 月

目　　录

第一章 绪 论

第一节 瓦斯爆炸的研究背景及意义

一、研究背景

在 21 世纪前 50 年内，世界能源的发展趋势仍将以化石燃料为主。随着石油、天然气资源的日渐短缺和洁净煤技术的进一步发展，煤炭的重要性和地位还会逐渐提升。2009 年我国的能源消费结构是：煤炭占 77.2%，石油占 9.9%，天然气占 4.1%，水电、核电、风电占 8.8%。2016 年，我国能源消费总量低速增长，能源消费结构更趋合理，清洁能源比例继续提高，煤炭消费比例下降，非化石能源和天然气消费比例进一步提高。根据现在我国资源状况和煤炭在能源生产及消费结构中的比例，即使在新能源和可再生能源方面取得长足发展，得到应用，但至 2050 年，在我国能源消费结构中煤炭所占的比例仍然会在 50% 以上。由此可见煤炭依然是当今中国的主要能源，以煤炭为主体的能源结构在相当长的一段时间内不会改变，我国以煤炭为主的能源战略在短时间内也不会发生较大变化，而煤矿安全生产依然是我国经济发展的重要影响因素。

随着科学技术的进步及煤矿管理水平的提高及安全投入的增加和全社会对安全工作的重视，煤矿百万吨死亡率在逐年下降。虽然我国煤矿的安全状况正趋于好转，但仍然与国家、人民的期待有很大差距，还相当落后，与国际上发展中国家的水平有差距，与发达国家的先进水平相比差距更大。现在发展中的煤炭大国，如印度、南非、波兰等国家，百万吨死亡率在 0.5 左右，先进国家，如美国、澳大利亚，大概是 0.03、0.05，我国的煤炭安全状况现在正在赶超发展中的煤炭大国，但百万吨死亡率仍是发达国家的近 20 倍、30 倍[1]。由此可以看出，我国煤矿面临的安全形势依然严峻。

我国煤矿产能的 95% 来自井工矿，大中型煤矿平均开采深度 456 m，采深大于 600 m 的矿井产量占 28.5%，最深达 1365 m。超千米深井已超过 20 个，深井数量逐年增加。随着开采强度的不断加大，预计开采深度平均每年增加 10~20 m，煤矿相对瓦斯涌出量平均每年增加 1 m^3/t，地应力、瓦斯压力也随之增大，高瓦斯和煤与瓦斯突出矿井的比例逐渐增大，煤与瓦斯突出危险与冲击地压灾害耦合现象将会凸显出来[2]。

据统计，国有重点煤矿中，高瓦斯矿井占 21.0%，煤与瓦斯突出矿井占 21.3%，瓦斯矿井占 57.7%。地方国有煤矿和乡镇煤矿中，高瓦斯和煤与瓦斯突出矿井占

15%。我国煤矿具有瓦斯爆炸危险的矿井普遍存在；全国煤矿中具有瓦斯煤尘爆炸危险性的矿井占煤矿总数的 60%以上，煤尘爆炸指数在 45%以上的煤矿占16.3%；国有重点煤矿中具有瓦斯煤尘爆炸危险性的煤矿占 87.4%，其中具有强爆炸性的占 60%以上[2]。

在煤矿安全事故中，瓦斯爆炸是煤矿重大恶性事故之一，治理难度大而且最为严重，往往造成重大人员伤亡和财产损失。而多数重特大煤矿事故均有煤尘的参与，煤尘的参与不仅会使爆炸的威力剧烈增加，而且煤尘的不完全反应会释放出大量的毒气，从而造成更多的人员伤亡和财产损失。煤矿瓦斯爆炸等重大灾害事故的发生，不仅制约国民经济的快速发展、限制矿井生产能力，造成重大人员伤亡、财产损失和恶劣社会影响，而且严重地损害我国的国际形象。同时，爆炸事故的发生也暴露了目前在煤矿瓦斯煤尘爆炸防治方面存在的一些亟待研究和解决的重大理论和技术问题。

二、研究意义

在矿井爆炸事故中，瓦斯爆炸事故通常是瓦斯和煤尘混合爆炸，瓦斯爆炸形成的冲击波卷扬起沉积的煤尘形成煤尘云参与爆炸，其危害程度和范围要比单一瓦斯爆炸大得多，具有破坏性大和复杂性强的特点。所以瓦斯爆炸灾害长期以来一直受到国家及广大煤矿安全专家和学者的高度重视。多年来，特别是近几年国家相继出台了一系列煤矿瓦斯防治办法和技术防范措施，学者们对瓦斯爆炸的预防及控制进行了不少研究，对预防和控制瓦斯爆炸起到了一定的作用，但是瓦斯爆炸事故频发的势头仍然不能被遏制。

从基础理论角度来讲，研究矿井瓦斯爆炸，能够从根本上消除产生瓦斯爆炸的条件或者能够控制瓦斯爆炸的进一步传播，把灾害消灭在萌芽时期或限制在一定范围内，将破坏降到最小。从管理角度上讲，研究矿井瓦斯爆炸，及时采取防灾减灾措施消除爆炸隐患，也是减少事故发生的另一个重要途径。从基础理论方面进行研究能正确揭示复杂的矿井环境下的瓦斯爆炸机理，其研究成果将直接服务于对煤矿瓦斯爆炸事故的安全管理措施的制订，是制订防灾减灾措施的基础，国家也高度重视煤矿瓦斯灾害方面的防治技术的研究。

在矿井瓦斯爆炸事故中，一般是瓦斯在空气中的浓度达到爆炸极限，遇到火源引起爆炸。爆炸产生冲击波、火焰、有毒有害气体，在矿井巷道受限空间内进行传播，破坏巷道及巷道内设备设施，对人员的身体生命造成伤害。冲击波超压强度、火焰温度、有毒有害气体的浓度及传播的范围影响破坏与伤害程度的大小。因此，研究爆炸冲击波、火焰、有毒有害气体传播的规律尤显重要。

只有在研究了瓦斯爆炸传播规律之后，才能针对矿井具体条件采取有效防爆、抑爆措施和阻隔爆设施，预防和控制矿井瓦斯煤尘爆炸，将爆炸限定在一定范围内，减少爆炸造成的灾害与损失；才能在爆炸事故发生后，及时有效地组织救援，在其后进行的事故调查中，科学地分析与认定爆炸事故中爆源的位置、爆炸波及范围、爆炸事故发生的原因和造成的损失；才能从理论方面奠定瓦斯爆炸预防和控制新技术的研究基础，有助于研制出安全可靠的阻隔爆设施与性能稳定的避灾抗灾设施。

因此，无论是从煤矿瓦斯爆炸事故的防灾减灾，还是从矿山应急救援角度出发抑或从新技术、新设备的研发方面来考虑，都应该对爆炸的机理与传播特性进行研究。研究巷道受限空间内瓦斯爆炸传播规律，对于有效预防与减少煤矿瓦斯爆炸事故所带来的灾害与损失，具有十分重要的经济和社会意义。

第二节 国内外瓦斯爆炸研究现状

瓦斯爆炸事故伴随着煤炭开采而存在。随着煤矿采深逐年增加，矿井瓦斯涌出量越来越大，排放瓦斯的压力也越来越大，引起瓦斯爆炸的可能性增加。近 30 年来随着煤矿开采技术和安全技术的不断进步，对瓦斯爆炸的发生机理、传播过程、影响因素、灾后评估及救灾决策方面的研究取得了大量的成果，但是仍有几个重大问题没有得到很好的解决，所以研究成果在矿井瓦斯爆炸事故防治的过程中，应用效果不理想。

通过多年来对瓦斯爆炸的研究，预防瓦斯爆炸是本质安全型的技术措施，能从根本上消除瓦斯爆炸事故。目前国内外预防瓦斯爆炸事故的技术措施主要有以下几个方面：①加强通风管理；②加强瓦斯抽放；③尽可能消灭明火、电气火、摩擦火、自燃火等点火源；④加强检测监控。

这些措施能够从根本上消除瓦斯可燃可爆系统的形成，从而避免瓦斯爆炸事故的发生。但是国内外煤矿瓦斯爆炸事故还时有发生，目前对瓦斯爆炸事故发生后的抑制、救灾、评估方面的研究做得还不到位。

瓦斯爆炸过程是一个非常复杂的传质传热过程，主要是通过理论分析、实验研究、数值模拟等方法开展研究。理论分析主要采用爆炸力学、燃烧学、流体动力学、计算力学等交叉科学；实验研究主要通过大型实验巷道、实验室管道等手段模拟矿井瓦斯爆炸事故的发生过程；数值模拟主要应用 Fluent、AutoReagas、CMR 等大型数值计算软件开展研究。

国外一些工业化比较发达的国家对瓦斯爆炸的研究相对较早，从 20 世纪 80 年代对瓦斯爆炸机理开展了大量的研究，美国、澳大利亚、波兰、俄罗斯、日本等国家对预混可燃气体爆炸及传播特性进行了实验研究。美国建立了国家职业与健康研究所（NIOSH）匹兹堡研究中心、雷克莱恩（Lake Lynn）实验矿井，澳大利亚建立了 London Dare 安全研究中心，欧洲一些国家建立了预混可燃气体爆炸实验系统，并进行了实验研究。匹兹堡研究中心研制出主动抑隔爆装置，通过传感器探测爆炸所产生火焰和压力来触发抑隔爆装置，在实验矿井中得到了比较好的效果。南非 HS 公司主导研发了主动抑隔爆系统，该系统 10 ms 内通过光学原理发现并识别瓦斯爆炸信号，同时触发该装置喷射出高能抑爆介质，阻挡冲击波和火焰的进一步传播，形成一道保护墙，最大限度地保障人员的生命安全和避免财产损失。南非在应用该系统后成功抑制 5 起瓦斯爆炸事故，在之后的 18 年没有发生瓦斯爆炸对人员造成伤害的事故。

到目前，各主要产煤国建立了大型瓦斯爆炸试验巷道。主要有波兰巴尔巴拉瓦斯煤尘爆炸试验巷道、日本九州试验巷道、英国巴赫斯顿试验巷道、美国布鲁斯顿试验巷道、法国试验巷道、德国特雷毛尼阿试验巷道。我国对瓦斯爆炸的研究稍晚于欧美国家，但是我国对煤矿安全技术的研究一直高度重视。在政府和科技部门的大力支持下，20 世纪 80 年代我国对煤矿瓦斯爆炸机理开展了基础研究。近年来，我国各科研部门和科研团队建立了相关的试验系统，完善了相关的基础理论和技术支撑体系，取得了比较大的进展，开发出悬挂式水袋和自动式岩粉棚等方法，但是相比于美国和南非开发的主动抑隔爆装置，显得比较落后。我国从 1981 年开始，把开发瓦斯爆炸阻隔爆新装置、新方法这一计划列为煤矿安全重点科技攻关项目，煤炭科学研究总院重庆分院建立了一条长 900 m 的瓦斯爆炸试验直巷道，与日本九州煤炭研究中心进行合作，开展了煤矿瓦斯、煤尘爆炸的相关研究。由于开展瓦斯爆炸原型巷道试验投资巨大，该巷道建设为直巷道，不能够充分模拟井下复杂网络巷道瓦斯爆炸的实际情况。北京理工大学爆炸科学与技术国家重点实验室、中国矿业大学煤矿瓦斯与火灾防治教育部重点实验室、河南理工大学、煤炭科学研究总院抚顺分院、中国科学院力学研究所、南京理工大学能源与动力工程学院也相应建立了预混可燃气体爆炸试验管道系统，通过研究取得了大量成果。

一、瓦斯爆炸机理研究

国内外对瓦斯爆炸的研究成果表明，矿井内瓦斯与空气易形成有爆炸性的混合气体，遇到火源就发生爆炸，形成严重灾害事故。矿井瓦斯的主要成分为甲烷（CH_4），瓦斯爆炸可以看作是甲烷气体在外界热源激发下的剧烈化学反应过程，其最终化学反应式可简单表示如下：

$$CH_4+2O_2 \longrightarrow CO_2+2H_2O+886.2 \text{ kJ/mol} \tag{1-1}$$

$$CH_4+2(O_2+4N_2) \longrightarrow CO_2+2H_2O+8N_2+886.2 \text{ kJ/mol} \tag{1-2}$$

矿井瓦斯爆炸事故发生必须具备三个基本条件：瓦斯浓度处于瓦斯爆炸极限范围内（5%～16%）；有氧气存在且最低浓度不低于 12%；有大于引燃瓦斯最小点火能 0.28 mJ 的火源存在。

瓦斯爆炸过程是一个复杂的化学反应过程，上式只是反应的最终结果，它远远不能表达瓦斯爆炸过程物理和化学反应的本质特性。当爆炸混合物吸收一定的能量后，反应物分子内的化学键断裂，离解成两个或两个以上的游离基（自由基）。这种游离基具有很强的化学活性，成为反应连续进行的氧化中心，在适当的条件下，每个游离基又可进一步分解，产生两个或两个以上的游离基，如此循环，化学反应速率越来越快。最后发展成为燃烧或爆炸式的反应，最终产物二氧化碳（CO_2）和水（H_2O）。如果氧不足，反应则不完全，会产生一氧化碳（CO）。

实验研究和事故分析表明，瓦斯爆炸受很多因素影响，如混合气体比、环境压力、环境温度等。当有其他可燃气体混入瓦斯-空气混合气体中时，会造成两个方面的影响：一是改变了混合气体的爆炸下限；二是降低了混合气体氧气的浓度。因此，不能采用单纯的瓦斯爆炸三角形判别法来判断矿井的爆炸危险性。混合气体周围的环境温度越高，则瓦斯的爆炸界限范围越大。煤炭科学研究总院抚顺分院在内径 60 mm 的爆炸管中实验结果表明，当环境温度为 3000℃时，甲烷的爆炸上限可达 17%，下限降到 3.5%。

甲烷-空气混合气体的爆炸范围还与爆炸地点的压力有关，随着爆炸地点压力的升高，混合气体的爆炸范围逐渐扩大。

煤尘的存在对瓦斯的爆炸下限也会产生影响。实验证明，当空气中煤尘云达到一定浓度时，瓦斯爆炸下限有所下降。并且随着煤尘云浓度的升高，瓦斯的爆炸下限继续下降。

我国通常把粒径在 1.0 mm 以下的煤粒称为煤尘。由于煤尘爆炸比瓦斯爆炸现象要复杂得多，煤粉的爆炸大大增加了甲烷空气的爆炸威力。为了防止可能发生的煤尘爆炸事故，许多学者对煤尘爆炸机理进行了研究，他们认为煤尘粒子受热后生成挥发性气体，主要成分是甲烷，还有乙烷、丙烷、氢气和 1%左右的其他碳氢化合物。这些可燃气体集聚于煤尘颗粒的周围，形成气体外壳。当这些气体外壳内的气体达到一定浓度并吸收一定能量时，链反应过程开始。游离基迅速增加，发生颗粒的闪燃，若氧化放出的能量有效地传递给周围的颗粒，并使之参与链反应，反应速率急剧增加，达到一定程度时，便发展成爆炸。

研究表明，煤尘爆炸必须同时具备三个条件：煤尘本身具有爆炸性；煤尘悬浮在空中（即形成煤尘云）并达到一定的浓度；具有足够的能量，有能引起煤尘爆炸的着火源。

中国矿业大学赵雪峰等分析煤尘爆炸的机理和过程认为，煤尘悬浮在空气中，因颗粒小与氧气接触面积增大，加快了煤的燃烧速度和强度[3]；煤尘受热后可产生大量的可燃气，如 1 kg 的焦煤（挥发分在 20%~26%）受热后可产生 290~350 L 的可燃气体。煤尘爆炸第一阶段，煤尘在热源的作用下氧化释放大量可燃气体；第二阶段，可燃气体和空气混合后促使强烈氧化燃烧；第三阶段，热分子传导和火焰辐射在介质中迅速传播，煤尘扬起，受热燃烧，之后燃烧产物迅速膨胀而形成火焰，前面的压缩波、冲击波使火焰前方气体压力增高，引起火焰自动加速，继续循环下去，因煤尘的存在可持续发生剧烈的化学反应，使火焰跳跃或发生爆炸。这个过程是瞬间的。在煤尘爆炸地点发生激烈的化学反应，空气受热膨胀形成负压区，其负压值可达 5 MPa，造成逆向冲击波。如爆炸地点仍有煤尘瓦斯时可诱发二次爆炸。该地点爆炸力正反向交错，支架和物料设备移动方向紊乱，这是判断二次爆炸的重要依据。

煤矿中发生的重大爆炸事故往往是瓦斯、煤尘都参与爆炸引起的。当瓦斯爆炸后，沉积煤尘在瓦斯爆炸冲击波的作用下，会从沉积状态变为飞扬状态，即形成煤尘云；而煤尘云又被瓦斯爆炸火焰点爆或点燃，沿巷道煤尘参与反应，使爆炸得以自身延续和发展，其结果使原来的弱（或较弱）瓦斯爆炸发展成为煤尘参与的强爆炸，从而造成严重破坏。费国云等对瓦斯爆炸诱导煤尘爆炸的机理进行了实验研究，他们认为一旦沉积煤尘粒子受到扬升动力大于所需的最小动力，则煤尘粒子被飞扬起来。不同的煤尘粒子运动的轨迹各不相同，煤尘粒子在飞扬过程中还会相互碰撞，以上这些因素使煤尘粒子在爆压作用下形成紊流状态。由于瓦斯爆炸的火焰也随巷道传播，当遇到飞扬区中达到爆炸浓度的煤尘时，就会发生爆炸。

二、瓦斯爆炸冲击波传播规律研究

瓦斯爆炸冲击波的传播空间可以分为一般空气区和瓦斯燃烧区。在瓦斯燃烧区内冲击波和火焰波并存，火焰与冲击波是伴生的。瓦斯爆燃情况下冲击波传播速度大于火焰传播速度，冲击波扰动火焰前未燃瓦斯，使瓦斯燃烧速度加快，火焰的传播速度增加。在爆轰情况下，瓦斯燃烧速度明显大于冲击波传播速度，最大燃烧速度可以达到 2500 m/s，一般是由瓦斯爆炸引发煤尘参与爆炸才能出现这种情况。

在瓦斯爆炸一般空气区内，主要研究了冲击波传播影响因素及冲击波在复杂网络情况下的传播规律。苏联学者 C. K. 萨文科建立了瓦斯爆炸管道试验系统，利用直径 125 mm、300 mm 的管道研究冲击波的传播规律，得出了冲击波在巷道分叉和拐弯情况下的衰减系数，确定了冲击波与巷道截面尺寸和巷道粗糙度的关系，对冲击波在复杂网络巷道内的传播规律做了初步研究[4]。澳大利亚的 A. K. 格林对冲击波传播规律进行过探讨[5]。日本学者 Y. Inaba 对瓦斯爆炸在半开放空间的传播特性进行了研究[6]。Lebecki 分析了压力波的形成及压力波转变为冲击波的条件[7]。Pickles 用线性理论分析了瓦斯爆炸冲击波的产生问题[8]。

杨国刚、杨科之等通过数值计算得出了空气冲击波在直巷道内的传播规律[9,10]。王来、覃彬通过数值计算了爆炸冲击波在45°、90°拐弯处的衰减系数。曲志明通过理论分析了瓦斯爆炸冲击波在巷道壁面发生反射的规律。

河南理工大学景国勋教授课题组对瓦斯爆炸冲击波在一般空气区的传播规律进行了大量的研究。景国勋、贾智伟等通过实验研究，理论分析了在一般空气区内管道截面积变化率、转弯角度及初始超压对瓦斯爆炸冲击波超压衰减系数的影响关系[11]。景国勋、杨书召等通过实验研究，理论分析了瓦斯爆炸冲击波、火焰、毒害气体在管道内的传播规律[12]。

通过实验研究得出了瓦斯爆炸冲击波在巷道拐弯、分叉、截面变化情况下的衰减规律，通过理论分析与数值模拟验证了实验结果的可靠性。在此基础上建立了瓦斯爆炸冲击波伤害模型，划分了"伤害三区"，并且提出了瓦斯爆炸事故救援对策措施。课题组杨书召、程磊教授对瓦斯煤尘爆炸在管道内的传播规律进行了大量研究，得出瓦斯煤尘爆炸冲击波在管道截面变化、分叉、拐弯情况下的衰减规律。

中国矿业大学林柏泉教授课题组研究了瓦斯燃烧区冲击波和火焰的伴生关系，验证了冲击波对火焰的加速作用，得出了冲击波和火焰传播的相互影响规律，即随着爆炸波和火焰的传播，冲击波和火焰传播速度差越来越小。通过实验研究，得出了在瓦斯燃烧区内冲击波通过管道分叉处时传播速度增加的结论[13-17]。

王从银通过实验研究得出，瓦斯爆炸传播压力-时间曲线可分为三个区：前驱压力波区、负压区和爆炸产物膨胀所产生的正压区。菅从光通过实验分析了瓦斯爆炸冲击波的波阵面结构，两峰值时间间距随冲击波不断传播越来越小，当两峰值相遇时出现爆轰。徐景德通过实验研究表明，瓦斯爆炸火焰燃烧区长度远大于瓦斯积聚区长度，是其3~6倍，验证了瓦斯爆炸冲击波存在明显的扰动作用，即冲击波在传播的过程中携带经过地点的气体一同前进，使得瓦斯燃烧区域远大于原始瓦斯积聚区。文献通过实验得出了瓦斯爆炸冲击波对火焰的加速作用，而加速的火焰又增强湍流，使冲击波和火焰不断加强。叶青通过实验研究了外加磁场对瓦斯爆炸冲击波的作用原理，结果表明随着外加磁场的能量增加，冲击波最大值增加，冲击波对未燃烧气体的扰动作用也随之加大，从而导致火焰传播速度的增加[18]。

叶青、李静通过实验和理论分析了电磁场对瓦斯爆炸冲击波的加强作用，发现电场和磁场在瓦斯爆炸过程中相互制约，而不是简单的相互加剧关系[19,20]。周西华等针对高瓦斯矿井火区封闭情况下经常发生瓦斯爆炸事故这种情况，研究温度、压力、CO、惰性气体 CO_2 或 N_2 对瓦斯爆炸上下限的影响，绘制了混合气体的爆炸三角形，进行了惰性分区重新划分[21]。李润之研究了环境温度对瓦斯爆炸压力及上升速度的影响，研究表明随着环境温度的增加，冲击波超压最大压力减小，最大压力与环境温度的倒数呈线性关系；随着环境温度的升高，冲击波超压达到峰值所需的时间减少[22]。王东武通过大型试验巷道研究了不同浓度的瓦斯爆炸冲击波传播规律，得出了冲击波超压最大压力峰值在巷道内随时间和空间的变化规律[23]。聂百胜研究了泡沫陶瓷对瓦斯爆炸冲击波的抑制影响及机理，认为泡沫陶瓷对瓦斯爆炸冲击波超压有衰减作用，最大衰减可达到50%；因为泡沫陶瓷在微观上有三维连通网络结构，可以淬熄瓦斯爆炸火焰[24]。

Salzano、Maremonti 等通过数值模拟管道内瓦斯爆炸冲击波在不同浓度、截面变化、有障碍物时不同阻塞比情况下的传播规律。实验证实不同阻塞比、管道截面积变化对可燃气体产生扰动作用，使得气体燃烧进一步加速[25,26]。Tuld、Fairweather 等对瓦斯燃烧过程中障碍物的扰动效应进行数值模拟，得出冲击波在瓦斯燃烧区内在障碍物附近存在激励效应[27,28]。

赵军凯、马秋菊、朱传杰等通过数值计算研究了瓦斯浓度、巷道壁面粗糙度对管道内瓦斯爆炸冲击波传播的影响，并且研究了冲击波在管道内的振荡特征，为受限空间瓦斯爆炸事故防治提供了理论依据[29-31]。

通过上述研究表明，在管道或巷道内冲击波在一般空气区内传播过程中，遇到障碍物、拐弯都会发生衰减，最后变为声波。而在火焰燃烧区内，冲击波遇到障碍物、拐弯、分叉等扰动源时会对火焰产生明显的激励效应，从而使火焰燃烧速度加速，造成冲击波强度的进一步变大。冲击波在这两种情况下的传播规律研究成果为瓦斯爆炸事故灾后危险性评估和救援决策提供了理论支撑。

三、瓦斯爆炸火焰及有毒气体传播规律研究

燃烧理论将预混可燃气体化学反应区称为"火焰区"、"火焰阵面"、"反应波"等。预混可燃气体的流动状态对燃烧过程有很大影响，不同的流动状态产生不同的燃烧形态。预混可燃气体流速不变、没有扰动情况下燃烧平稳，火焰表面光滑，称为层流火焰；而预混气体在流动过程中上下扰动，火焰表面皱褶变形，称为湍流火焰。井下瓦斯爆炸事故属于可燃气体爆燃，因为火焰传播过程中总会遇到各种扰动源，所以大部分情况是湍流火焰。火焰刚开始以亚音速传播，冲击波以超音速传播，火焰面在冲击波扰动作用下形成了前驱冲击波和火焰波的两波三区结构。火焰在传播过程中碰到扰动源形成湍流，增大了瓦斯燃烧火焰面积，增加了能量释放速率，使得火焰燃烧速度变快。火焰一直加速，当冲击波阵面和火焰波阵面重合的时候称为爆轰，爆轰是瓦斯高速燃烧、高速释放能量的过程，能够造成重大的人员伤亡和财产损失。

Phylaktou、Dunn-Rankin 在管道内、柱形容器内研究了不同阻塞比的障碍物对瓦斯爆炸火焰的加速作用[32,33]。Dunn-Rankin、Babkin、Chekhov 等研究了直管道内障碍物扰动火焰加速传播并建立了数学模型[33-35]。Williams、Oh 等研究了瓦斯爆炸火焰在螺旋形管道中的加速特征，发现火焰的传播速度比没有放置障碍物时增加了近24倍。认为障碍物对火焰的扰动作用是火焰加速的主要机理，较小的障碍物就能

够引起火焰速度和压力强度的急剧上升[36,37]。Furukawa、Gulder 等对瓦斯爆炸火焰在圆形管道内的传播进行了研究，进一步证实障碍物对火焰的扰动加速作用[38,39]。

国内学者对管道内瓦斯爆炸火焰传播影响因素进行了较为广泛的研究。中国矿业大学林柏泉课题组开展了大量的研究，对瓦斯爆炸在 80 mm×80 mm 截面的钢质方形瓦斯爆炸试验管道内的火焰传播规律进行了研究[40-44]。研究结果表明，管道内障碍物、壁面的粗糙度、管道拐弯、分叉、截面变化等影响因素存在时，在瓦斯燃烧区内火焰的传播速度将迅速提高。障碍物扰动瓦斯气体形成湍流区对燃烧过程的正反馈是火焰加速的主要原因。通过实验研究了管道内瓦斯爆炸的影响因素，通过理论分析了火焰加速的机理。管道内瓦斯充填长度、障碍物、点火能、管道类型等影响瓦斯爆炸的因素在不同时期起不同的作用。

高建康通过实验研究得出的结论是，瓦斯爆炸过程中火焰速度峰值与冲击波超压峰值在粗糙管内比在光滑管中有大幅提高。湍流效应使火焰加速这种作用机制导致瓦斯爆炸传播过程中存在尺寸效应，即瓦斯爆炸传播影响因素很小的改变就能导致爆炸结果很大的变化[45]。

L. Kagan、Sorin 等通过对爆燃转爆轰距离测试的研究，认为减少爆燃距离和转变的时间可以控制爆燃转爆轰[46,47]。N. N. Smirnov 建立了以活化能方程为基础的两阶段反应数学模型，数值模拟了爆燃转爆轰的过程[48]。

郑有山通过数值模拟研究了管道变截面情况下瓦斯爆炸传播特性，认为冲击波经过壁面反射后与三波点碰撞能够导致二次爆炸的发生[49]。宋小雷通过实验和数值模拟研究了瓦斯爆炸过程中的火焰传播特性，得出了不同浓度的瓦斯爆炸火焰结构变化特性，并且得出火焰传播速度变化的特征曲线[50]。

国内外对自由空间炸药爆破、井下爆破作业产生的有毒有害气体的传播规律及对人体的危害、毒气扩散规律对大气污染进行了初步研究，对瓦斯爆炸事故有毒气体扩散及危险区域作了分析，而对瓦斯爆炸所产生的有毒气体在井下受限空间内的传播过程研究较少。河南理工大学杨书召对井下受限空间瓦斯爆炸产生的有毒气体传播特性进行了研究。贾智伟通过理论分析了井下受限空间瓦斯爆炸有毒气体随风流的扩散特性。

四、瓦斯爆炸数值模拟的研究

在研究方法上，随着计算流体力学的发展，国内外研究者采用数值模拟方法对爆炸进行研究，可以节省大量的财力、物力和人力。尤其是在实验条件不够完善的情况下，数值模拟的数值解可以描述现象的内部细微过程，可以获得比实验数据更多、更全面的计算结果。国内外研究者采用数值模拟方法对气相和气固两相爆炸进行了广泛研究。

欧洲建立了气体爆炸的模型和试验研究工程（MERGE），主要有七个著名研究机构组成联合体进行气体爆炸模型的研究。英国 Century Dynamics 公司和荷兰的 TNO 开发了 AutoReaGas，主要用于爆炸方面的模拟研究。CMR（Christian Michelsen Research AS）进行了大量的气体爆炸实验，开发了 FLACS（Flame Acceleration Simulator）软件包，该软件可以计算爆炸冲击波的超压和其他流场的参数。

　　国外学者 Chi 通过数值模拟研究了矿井巷道内火焰诱发高速气流的传播状况[51]。Chang、Tuld 等对瓦斯爆炸传播过程中障碍物的激励效应进行数值模拟，得出冲击波在传播过程中，在障碍物附近存在明显的激励效应的结论[52,53]。Clifford 和 Ulrich 对封闭管道内不同浓度混合气体爆炸进行了数值模拟，模拟结果说明甲烷-空气的爆炸燃烧过程相对于乙烯-空气要慢，大多数情况下发展不成爆轰，与实验结果吻合较好[54,55]。Catlin 模拟了封闭管道内的爆炸过程，模拟结果说明同向的冲击波和反向的稀疏波会加快火焰的燃烧速度，使得火焰面两侧的压力和温度都增加[56]。Fairweather 通过数值模拟障碍物对爆炸的影响，得出管道中气体爆炸超压主要是障碍物产生的湍流燃烧引起的结论[57]。Michele 用 AutoReaGas 对管道内气体爆炸进行了数值模拟，结果表明在不同截面积的连通器内获得的爆炸压力比在单一管道内的爆炸压力大得多，压力上升速度也明显加快[58]。Salzano 用 AutoReaGas 数值模拟管道内不同浓度情况下的气体爆炸情况，模拟结果与实验结果较为吻合[59]。

　　国内范宝春等对大型卧式管中铝粉-空气两相悬浮流的湍流燃烧加速导致爆炸过程进行了数值模拟，揭示了管中湍流火焰的加速机理[60]。林柏泉教授对瓦斯爆炸温度场进行数值模拟，得出了瓦斯爆炸温度场在火焰阵面附近区域比火焰阵面后区域变化陡峭并且温度较高，在障碍物附近温度达到最大值[61]。徐景德通过对瓦斯爆炸传播过程中障碍物激励效应进行数值模拟得出，冲击波在传播过程中，在障碍物附近存在明显的激励效应，激励效应的强度与爆炸状态及冲击波到达障碍物时的压力相关[62]。余立新通过数值模拟研究了管道内可燃气体爆炸火焰湍流加速过程，模拟了障碍物诱导湍流作用下的火焰和冲击波流场发展的过程[63]。张莉聪等进行了瓦斯-煤尘爆炸波与障碍物相互作用的数值研究，他们探讨了煤矿瓦斯和煤尘爆炸的物理机制，基于对甲烷和煤尘爆炸传播的理论分析，采用数值模拟方法研究了障碍物对甲烷和煤尘爆炸传播的影响[64]。吴兵对瓦斯爆炸运动火焰生成压力波进行数值模拟，证实障碍物附近温度场变化明显，存在激励效应[65]。司荣军、王春秋等开发研究了瓦斯、煤尘爆炸数值仿真系统用来模拟煤矿瓦斯、煤尘的爆炸事故过程[66]。张玉周对冲击波在障碍物附近的动力学过程进行了数值模拟，研究了冲击波沿巷道的传播及障碍物的激励效应[67]。

　　以上模拟研究成果也均集中在爆炸火焰与冲击波共同作用的区域，当爆炸转变为单纯空气波后，对其进行模拟研究的就相对更少。

侯玮、江丙友通过数值模拟研究了空气冲击波在巷道内的传播特性[68,69]。覃彬、张奇等进行数值模拟了炸药爆炸冲击波在管道45°、90°转弯的冲击波传播规律，爆炸冲击波在巷道拐弯处呈现出复杂的应力状态，冲击波在拐角处反射叠加，大约经过4倍长径比的距离才能发展成比较均匀的平面波，恢复到平面波后，冲击波随距离呈单调衰减规律[70-73]。王来、李廷春对直角拐弯通道中空气冲击波的传播规律进行了研究与数值模拟，其衰减系数在1.2～1.3[74]。贾智伟模拟研究了在一般空气区瓦斯爆炸冲击波在管道断面发生变化、管道转弯情况下的冲击波传播规律，模拟结果与实验相吻合[11]。杨书召模拟研究了直线巷道煤尘爆炸冲击波、火焰、毒害气体传播衰减过程[12]。

五、瓦斯爆炸的破坏效应和伤害研究

瓦斯爆炸过程从时间上可以分为两个阶段，即瓦斯-空气混合气体的点火阶段和气体爆炸的传播阶段。瓦斯爆炸的点火阶段的研究属于化学动力学的研究范畴，目前有显著价值的研究成果体现在两个方面：第一，根据瓦斯爆炸的化学反应式确定了瓦斯爆炸的最小点火能；第二，以不同大小的能量引爆瓦斯，爆炸过程中的力、速度和热力学参数变化的差异性。研究表明，当用猛炸药等高能流密度火源引爆瓦斯时，可以诱发爆轰现象。

瓦斯爆炸的传播过程，是瓦斯爆炸的关键阶段，瓦斯爆炸的破坏效应也体现在这一阶段。实验室研究和矿井瓦斯爆炸事故现场勘察结果表明，瓦斯爆炸产生的致命危险因素有三个：火焰锋面（高温灼烧）、冲击波（超压破坏）和井巷大气成分（有毒有害气体）的变化。实验室测试显示火焰锋面的最大传播速度可达2500 m/s，爆炸现场的温度可以达到2300℃。爆炸后一段时间内的受冲击的矿井巷道大气成分会发生明显变化，当CH_4为9.5%这一最佳浓度时，爆炸产物中O_2含量下降到6%，CO含量最高达12%，CO_2含量达9%。若瓦斯爆炸再引发煤尘爆炸，CO浓度会更高，如此高的CO浓度，在极短时间即可致人死亡。瓦斯爆炸冲击波的峰值压力可达3 MPa，其传播速度不低于音速。冲击波的破坏范围可达数千米，在一些矿井瓦斯爆炸产生的冲击波甚至通过井口破坏地面建筑物，伤害地面人员。

在爆炸冲击波及高压伤害研究方面，Brode从理论上推导了理想气体中产生的冲击波入射超压和正向入射冲量。Eisenberg和Hirsch等对冲击波的肺伤害及耳鼓膜的伤害进行了一定的研究，唐献述对冲击波动物伤害效应进行了试验研究[75]。在我国，杨书召、宇德明博士在炸药爆炸对冲击波所产生的冲击波伤害进行了较深入的研究[76,77]；第三军医大学野战外科研究所的杨志焕等对冲击波的危害也进行了一定的研究。提出了冲击波伤害准则，得出了冲击波对肺伤害、身体撞击、头部撞击的致死半径公式。目前对于自由空间冲击波伤害效应的研究比较成熟，而对于井下巷道这个受限空间，其伤害效应公式大多数是在自由空间冲击波伤害效应公式的基础上推导得出的，有一定的局限性。

曲志明等用燃烧学、爆炸力学和应用数学理论和实验，对瓦斯爆炸衰减规律和破坏效应进行了深入研究[78]。他们认为，瓦斯爆炸的破坏和伤害体现在爆炸的传播过程中，瓦斯被点燃后，燃烧产物膨胀，火焰阵面前形成冲击波，并压缩未反应的混合物，这种冲击波阵面到火焰阵面之间面积收敛，形成了较大的附加压缩，其最终的流场性质从冲击波到火焰是逐渐增加的。火焰传播速度越大，冲击波阵面到火焰阵面之间面积收敛越急剧，超压值越大。实验和理论分析均表明，点火阶段在瓦斯爆炸过程中所占时间极短，瓦斯爆炸事故的时间主要体现在传播阶段。从传播空间上，瓦斯爆炸的传播可分为含瓦斯气体和一般空气两个区域中传播。在含瓦斯气体区域，瓦斯爆炸传播的物理机制是：点火阶段形成的高温、高压气体迅速向远离火源的方向冲击，高温高压气体与前方气体之间在压力、温度、速度等物理参数上存在突变，即数学间断，表现出明显的波动效应，两种气体的接触面为前驱冲击波的波阵面。紧随前驱冲击波后面的是火焰波阵面，火焰波阵面实际上是在已受扰动的气体中传播，而火焰波后面的气体则与火焰区有显著差异。因此，这一阶段的爆炸冲击波结构是前驱冲击波波阵面和火焰波阵面的双波三区结构，由于火焰波不断补充能量，前驱冲击波的压力、波速是处于递增状态。在一般空气区域，瓦斯气体燃烧完毕，火焰波消失，爆炸波演变为一般空气冲击波传播阶段，由于摩擦、巷道壁面的吸热，冲击波的压力、温度、速度参数沿传播方向呈衰减状态，最终恢复至正常大气参数。在这一阶段，气体冲击波的冲量、波阵面的超压是决定其伤害与破坏的关键因素。煤矿瓦斯爆炸的属性一般为爆燃过程，但在一定条件下（瓦斯浓度分布条件、引爆方式和强度、瓦斯爆炸空间几何特性等），有可能发展为爆轰过程。煤矿巷道发生爆燃，其主要破坏特征是热破坏效应，机械破坏作用较为有限，但一旦发生瓦斯爆轰，出现激波，其形成的爆压、爆温、爆速对矿井的破坏效应比爆燃要大得多、惨重得多。火焰与超压之间的相互关系是：冲击波阵面的强度与火焰的传播速度有关，火焰速度大于 100 m/s 时，超压较小。由于超压是反映冲击波阵面强度的重要指标，因此，当火焰速度小于 100 m/s 时，反映出冲击波阵面强度较弱；一旦火焰速度超过 200 m/s，超压明显增大，冲击波阵面的强度提高。

国内外有关瓦斯煤尘爆炸事故中的高温烫伤伤害和有毒有害气体伤害研究文献较少。由于高温烟气灼伤伤害范围受限，高温烟气烫伤及火焰灼伤，大部分采用自由空间蒸气云爆炸火球热辐射规律理论进行研究，研究成果很少。瓦斯煤尘爆炸过程中毒气扩散引起大量人员伤亡的研究，采用自由空间毒气扩散规律研究的较多。鹿广利等对瓦斯爆炸生成的毒害气体传播过程进行了初步分析，其他针对矿井巷道受限空间内煤尘爆炸所产生有毒有害气体伤害效应的相关研究基本没有。

伤害模型研究方面，主要以 1936 年海因里希（Heinrich）提出的多米诺骨牌论事故模型为主。进入 20 世纪 80 年代，人们对事故的发生机理研究更加深入，提出了很多事故模型，主要有 1980 年泰勒斯（Talanch）提出的变化论模型；1995 年陈宝智提出的两类危险源的观点；1995 年 Reason 提出的人因事故原因模型；1996 年张力提出的复杂人-机系统中人因失误的事故模型；1998 年何学秋提出的事故发展变化的流变-突变理论；2001 年赵正宏等提出的工业安全管理的实用事故模型；2001 年董希琳提出的常见有毒化学品泄漏事故模型；2002 年魏引尚提出的瓦斯爆炸的突变模型。这些模型虽然揭示了一些事故发生的机理，但还不完善，特别是很少有针对煤矿煤尘事故的模型。

六、瓦斯爆炸应急救援技术研究

瓦斯爆炸事故应急救援属于矿山救援的组成部分。应用现代化的技术手段和方法建设煤矿瓦斯爆炸事故应急救援体系很有必要，能够快速提升煤矿安全管理水平，辅助煤矿实现安全生产。

工业发达国家的应急救援工作开展较早，目前的应急救援体系较为完善。美国、日本、欧盟等在应急救援法规、管理体系、指挥系统、资源保障等方面做了大量的工作。例如，美国建立了 116 支矿山救护大队；德国建立了矿山救护委员会，下辖 5 个救护总站、52 个救护站和 72 个事故抢险救护站；波兰建有三级矿山救护组织，下辖 10 个区域性救护总站和 92 个救护站。美国出台了《危险物质应急计划编制指南》、《综合应急计划指南》等法规，加拿大出台了《工业应急计划编制指南》等。经过多年的努力，这些国家建立了符合本国特点的应急救援体系。

根据《国务院关于进一步加强企业安全生产工作的通知》要求，我国要加快国家安全生产应急救援体系的建立、加强应急救援技术的研究、加大应急救援基地的建设，建立较为完善的企业安全生产预警机制。

近年来，随着我国煤矿安全监察体系的逐步完善和安全投入的加大，我国煤矿应急救援技术有了较大发展，救援能力大幅提升[79]。

1. 立法方面

我国关于煤矿瓦斯爆炸事故应急救援法律以前散见于如《安全生产法》、《矿山安全法》、《煤炭法》、《煤矿安全规程》、《煤矿安全监察条例》有关法律法规中。近年来随着应急救援体系的不断完善，应急救援相关法律法规《关于特大安全事故行政责任追究的规定》、《安全生产许可证条例》、《国家突发公共事件总体应急方案》、《国务院关于进一步加强安全生产工作的决定》、《国家安全生产事故灾难应急预案》等相继出台。

2. 应急救援组织

2003 年国家安监总局成立了"矿山救援指挥中心"和"国家矿山应急救援委

员会"，着手建设国家矿山应急救援体系。开始阶段由于缺乏资金投入和有效的管理手段，进展缓慢。2006 年 2 月，在北京成立了国家安全生产应急救援指挥中心，标志着我国应急救援体系的建立进入新的阶段。目前，我国拥有 18 个省级矿山救援指挥中心，14 个国家区域矿山救援基地、4 个国家矿山应急救援技术研究中心、2 个国家应急救援培训中心、76 支矿山救护大队等，形成了较完善的分级管理、统一指挥、协同作战的矿山救援体系。

3. 应急救援技术及装备

近年来我国应急救援技术有了较大发展。例如，采用互联网地理信息系统技术开发基于浏览器的数字地图应急救援预案编制技术。通过先进的网络技术、分布式数字图形化工业测控技术、光纤通讯技术开发出可适用于县级多级调度的应急救援指挥系统；研制了较先进的应急救援装备，如压缩氧自救器、化学氧自救器、全液压救灾钻机、救援机器人、瓦斯二次爆炸预警仪、煤矿井下定位系统、自产式救灾快速密闭气囊等。

4. 应急救援信息系统

煤矿应急救援系统的研究主要采用地理信息系统。通过对系统功能的设计、数据库建立、面向对象可视化设计等实现了图像和数据的结合，为煤矿应急救援快速决策提供了信息支持。

5. 煤矿重大灾害事故应急能力指标体系

系统的运行效率决定了应急能力。应急能力的评估较为复杂，我国选取了应急救援任务、危险源监控、日常建设工作、培训和演练、通信与预警系统、救援回复共 7 个指标来评矿井应急救援能力。

我国初步建立了较为完善的应急救援体系，国家煤矿安监总局煤矿救援指挥中心结构框架体系包括五大系统：煤矿救护及应急管理系统、煤矿救护及应急救援组织系统、煤矿救护及应急救援技术支持系统、煤矿救护及应急救援装备保障系统、煤矿救护及应急救援通信信息系统。

七、存在的问题

瓦斯爆炸是一个非常复杂的传质、传热过程，其发生爆炸链式连环反应复杂的物理化学机制仍需进一步研究。国内外投入大量人力和物力对瓦斯爆炸冲击波、火焰、有毒气体的传播规律进行了研究，并且分析了各种影响因素，得出了大量的成果，丰富了瓦斯爆炸事故防治与救灾决策理论体系。但是由于受限空间瓦斯爆炸具有尺寸效应，所以研究成果应用到实践中还有很大的困难。将目前的研究成果加以应用还有许多需要解决的问题。

1）由于矿井巷道内瓦斯爆炸产生的机理和过程影响因素复杂，大部分研究成果仅局限于管道内实验。管道实验与实际巷道之间的爆炸传播过程中的质量、热量输送方式、火焰传播特性，以及爆炸波结构和波阵面参数变化特征等有很大差异。目前还没有发现新型材料或方法能够抑制冲击波和火焰对井下工作人员造成伤害，没有研制出相应的设备。近年来我国引进南非研制的主动防隔爆装置能够有效防治爆炸冲击波和火焰对人体造成伤害，在南非得到了很好的验证。我国应该在本领域应用研究成果尽快开发相关的设备，为煤矿安全做出贡献。许多理论和技术问题需进一步完善。

2）由于受限空间瓦斯爆炸具有尺寸效应，爆炸条件很小的改变就能引起爆炸后果很大的不同，应用几何、物理相似性理论解决不了瓦斯爆炸的问题。所以目前实验室管道条件下研究成果难以应用到矿井实际巷道中去。

3）煤矿井下实际巷道一般为网络状巷道，存在很多分岔、拐弯和变截面等扰动源，诱导附加湍流，影响煤尘或瓦斯煤尘爆炸的传播。爆炸对人的伤害作用因素中，高速气流的冲击致伤作用研究的较少，已有的研究不能很好地解释井下大量致伤的影响因素及范围。

4）瓦斯爆炸过程实际上是爆炸波的传播，爆炸的破坏和伤害效应在传播过程中发生，而传播过程又在巷道受限空间中进行，存在着爆炸燃烧、冲击传播、传质传热和扩散等复杂的动力过程，已有的实验和理论还不能很好地解释。

5）对受限空间的瓦斯爆炸有毒气体的扩散规律研究不完善。有毒有害气体随新鲜风流在巷道中的扩散规律、影响毒气产生量的参与爆炸瓦斯量、瓦斯浓度等影响因素还需要进一步的研究，以利于瓦斯爆炸事故发生后的救援决策。井下煤尘爆炸或瓦斯煤尘爆炸瞬间完成，爆炸气体迅速膨胀向外冲击，而后又变为紊流扩散状态，气体传播影响因素多，是一个非常复杂的传播过程。目前，研究仅限于毒气扩散阶段，爆炸冲击阶段研究较少，不能系统解释毒气在复杂巷道网络中伤害作用的整个过程。

6）对瓦斯爆炸事故灾后危险性评估技术不够完善，目前救灾决策还主要是通过专家组的经验。因为瓦斯爆炸事故爆炸地点、毒气扩散情况及井下构筑物的破坏情况难以估计。目前对瓦斯爆炸传播规律已经进行了比较系统的研究，得出大量的成果，今后将这些成果进一步整合，为救灾决策提供理论支撑。

7）我国应急救援体系有待进一步发展和完善。目前应急救援技术落后、装备数量不足、救援能力较差，并且缺乏必要的应急演练等。

第二章　瓦斯爆炸传播特性分析

矿井瓦斯广义上讲是矿井中有毒有害气体的总称。矿井下各种有毒有害气体主要包括甲烷（CH_4）、二氧化硫（SO_2）、乙烷（C_2H_6）、丙烷（C_3H_8）、硫化氢（H_2S）、二氧化碳（CO_2）、一氧化碳（CO）等，其中主要成分是甲烷。在煤炭的采掘过程中，受采动的影响，煤层中部分游离态和吸附态的瓦斯通过煤层孔隙涌入巷道，另外部分采空区、巷道围岩、临近层的瓦斯也会涌入巷道。为解决大量瓦斯积聚的问题，主要采取加强通风管理、加强瓦斯抽放等措施，防止瓦斯爆炸事故的发生。瓦斯爆炸事故的发生，必须符合三个条件：①氧气体积分数大于 12%；②瓦斯的浓度在 5%～16%区间内；③有温度大于 650℃、存在时间大于瓦斯引火感应期的点火源存在。

一般情况下，矿井下大部分巷道内氧气的浓度符合瓦斯爆炸的条件。井下点火源（如电气火花、摩擦火花、明火、自燃火源等）难以控制，所以防止瓦斯爆炸事故最有效的方法是稀释瓦斯的浓度。

瓦斯爆炸事故发生后主要产生三种伤害因素，分别是冲击波、火焰波、有毒有害气体。一般情况下这三种伤害因素中，有毒有害气体的扩散对井下人员造成的伤害最严重，伤害范围最大；其次是冲击波，最后是火焰波。本书主要针对瓦斯爆炸的这三种伤害因素的传播展开研究。

第一节　瓦斯爆炸化学反应机理分析

矿井瓦斯爆炸是热一链式反应。当预混瓦斯气体吸收一定能量（点火源的热能）后，分子链离解成两个或两个以上的游离基，这些游离基化学活性很好，在一定条件下游离基可以进一步分解成两个或两个以上的游离基。这样游离基越来越多，化学反应速率越来越快，最后发展为瓦斯爆炸或爆轰。

在常温常压下，瓦斯在点火源的作用下，其化学反应式如下

$$CH_4 + 2O_2 \longrightarrow CO_2 + 2H_2O + 886.2 \text{ kJ/mol} \tag{2-1}$$

如果煤矿井下的氧气不足，化学反应方程式为

$$CH_4 + O_2 \longrightarrow CO + H_2 + H_2O \tag{2-2}$$

由于瓦斯爆炸机理比较复杂，所以提出了许多简化反应机理，提出了一套用于描述瓦斯爆炸化学动力学的 79 机理，根据基元反应的数目主要有 79 机理、54

机理、19 机理等。79 机理认为反应基元由 32 种物质和 79 个基元反应组成，如表 2-1 所示，分析了 H_2 与 O_2 的反应、自由基 HO_2 的传播反应、甲烷氧化反应过程、含有一个碳原子物质的反应、含有两个碳原子物质的反应、N_2 与含碳物质相互作用过程，该反应机理包括了甲烷氧化过程及与氮气相互作用的主要反应。该机理可以直接使用或进一步简化，常用的简化反应机理 54 机理和 19 机理认为反应基元分别由 54 和 19 个基元反应组成的机理[80]。

表 2-1　甲烷-空气氧化反应动力学机理（79 机理）

序号	化学反应	序号	化学反应	序号	化学反应
1	$O+OH \Longrightarrow O_2+H$	28	$CH+H \Longrightarrow C+H_2$	55	$CH+N_2 \Longrightarrow HCN+N$
2	$O+H_2 \Longrightarrow OH+H$	29	$CH+O_2 \Longrightarrow HCO+O$	56	$CN+N \Longrightarrow C+N_2$
3	$OH+OH \Longrightarrow O+H_2O$	30	$CH+H_2O \Longrightarrow CH_2O+H$	57	$CN+H_2 \Longrightarrow HCN+H$
4	$OH+H_2 \Longrightarrow H_2O+H$	31	$CH+CO_2 \Longrightarrow HCO+CO$	58	$CH_3+N \Longrightarrow H_2CN+H$
5	$H+O_2+M \Longrightarrow HO_2+M$	32*	$CH_2O+H \Longrightarrow HCO+H_2$	59	$H_2CN+M \Longrightarrow HCN+H+M$
6	$HO_2+OH \Longrightarrow H_2O+O_2$	33*	$CH_2O+OH \Longrightarrow HCO+H_2O$	60	$HCN+O \Longrightarrow HCO+N$
7	$HO_2+H \Longrightarrow OH+OH$	34	$CH_2O+O \Longrightarrow HCO+OH$	61	$HCN+O \Longrightarrow NH+CO$
8	$HO_2+H \Longrightarrow H_2+O_2$	35*	$HCO+M \Longrightarrow H+CO+M$	62	$CN+OH \Longrightarrow NCO+H$
9	$HO_2+O \Longrightarrow O_2+OH$	36*	$HCO+H \Longrightarrow CO+H_2$	63	$CN+O_2 \Longrightarrow NCO+O$
10	$H_2O+H \Longrightarrow H_2+OH$	37	$HCO+OH \Longrightarrow CO+H_2O$	64	$NCO+H \Longrightarrow NH+CO$
11	$H+H+M \Longrightarrow H_2+M$	38	$HCO+O \Longrightarrow CO+OH$	65	$NH+H \Longrightarrow N+H_2$
12	$H+OH+M \Longrightarrow H_2O+M$	39	$HCO+O_2 \Longrightarrow HO_2+CO$	66	$C+NO \Longrightarrow CN+O$
13	$H+H+H_2O \Longrightarrow H_2+H_2O$	40*	$CO+OH \Longrightarrow CO_2+H$	67	$CH+NO \Longrightarrow HCN+O$
14	$H+O+M \Longrightarrow OH+M$	41	$CH_3+CH_3+M \Longrightarrow C_2H_6+M$	68	$CH_2+NO \Longrightarrow HCNO+H$
15	$O+O+M \Longrightarrow O_2+M$	42	$C_2H_6+H \Longrightarrow C_2H_5+H_2$	69	$HCNO+H \Longrightarrow HCN+OH$
16	$CH_3+H+M \Longrightarrow CH_4+M$	43	$C_2H_6+OH \Longrightarrow C_2H_5+H_2O$	70	$NH+NO \Longrightarrow N_2O+H$
17	$CH_4+H \Longrightarrow CH_3+H_2$	44	$C_2H_6+O \Longrightarrow C_2H_5+OH$	71	$N_2O+H \Longrightarrow N_2+OH$
18	$CH_4+OH \Longrightarrow CH_3+H_2O$	45	$H+C_2H_4+M \Longrightarrow C_2H_5+M$	72	$N_2O+O \Longrightarrow NO+NO$
19	$CH_4+O \Longrightarrow CH_3+OH$	46	$C_2H_5+H \Longrightarrow CH_3+CH_3$	73	$N_2O+M \Longrightarrow N_2+O+M$
20	$CH_3+O \Longrightarrow CH_2O+H$	47	$C_2H_5+O \Longrightarrow C_2H_4+OH$	74	$HO_2+NO \Longrightarrow NO_2+OH$
21	$CH_3+H \Longrightarrow CH_2+H_2$	48	$C_2H_4+H \Longrightarrow C_2H_3+H_2$	75	$NO_2+H \Longrightarrow NO+OH$
22	$CH_3+OH \Longrightarrow CH_2+H_2O$	49	$C_2H_4+OH \Longrightarrow C_2H_3+H_2O$	76	$NO_2+O \Longrightarrow NO+O_2$
23	$CH_2+H \Longrightarrow CH+H_2$	50	$H+C_2H_2+M \Longrightarrow C_2H_3+M$	77	$N+NO \Longrightarrow N_2+O$
24	$CH_2+OH \Longrightarrow CH+H_2O$	51	$C_2H_3+H \Longrightarrow C_2H_2+H_2$	78	$N+O_2 \Longrightarrow NO+O$
25	$CH_2+OH \Longrightarrow CH_2O+H$	52	$C_2H_3+OH \Longrightarrow C_2H_2+H_2O$	79	$N+OH \Longrightarrow NO+H$
26	$CH_2+O_2 \Longrightarrow CO_2+H+H$	53	$C_2H_3+O_2 \Longrightarrow CH_2O+HCO$		
27	$CH_2+O_2 \Longrightarrow CH_2O+O$	54	$C_2H_2+O \Longrightarrow CH_2+CO$		

第二节　瓦斯爆炸过程的物理描述

瓦斯爆炸事故发生后，产生冲击波、火焰波、有毒有害气体。火焰锋面是井下巷道中高速运动着的化学反应区和高温气体，瓦斯爆燃速度到爆轰速度区间为 1～2.5 m/s 到 2500 m/s，火焰锋面的温度可高达 2150～2650℃；火焰锋面经过之处，井下工作人员可能被烧伤或死亡，可燃物被点燃引发火灾或二次爆炸。冲击波波阵面压力从几个大气压到二十几个大气压，冲击波在巷道拐弯、分叉、截面变化等反射区域可以达到 100 个大气压，传播速度大于一个大气压，最后衰减成声波后传播速度为当地音速，所经过之处通风构筑物等被破坏、巷道倒塌，造成人员伤亡。所以一般在瓦斯爆燃情况下，冲击波传播速度大于火焰传播速度。如果在爆轰的情况下，火焰传播速度大于冲击波传播速度，火焰锋面会赶上冲击波波阵面。爆燃在一定条件下可以转化为爆轰，爆轰在一定条件下也可以转化为爆燃，甚至熄灭。瓦斯爆炸产生的有毒有害气体随井下风流弥散，如果有煤尘的参与会产生大量的有毒有害气体，往往造成人员的群死群伤。瓦斯爆炸的破坏和伤害体现在爆炸的传播过程中。实验研究和现场勘察表明，瓦斯爆炸产生的致命危险因素有火焰锋面的高温灼烧、爆炸冲击波的超压破坏及作用时间和井巷内有毒有害气体成分的变化。

瓦斯爆炸过程的物理描述如下。

1）可爆炸的瓦斯浓度的甲烷空气预混气体被点燃后，形成最初的火焰（即爆源）。火焰呈球体形状向未燃预混气体中传播，火焰锋面迅速扩展。在燃烧过程中产生的爆炸反应气体在高温作用下膨胀，压缩巷道前面的未燃气体，从而形成一道以声速传播的压力波。

2）压力波在传播的过程中扰动未燃预混可燃气体，使火焰燃烧的速度加快，从而使后面产生的压力波压力增高、传播速度加快，后面产生的压力波波阵面赶上前面的压力波波阵面就形成冲击波，这种冲击波和火焰燃烧的正反馈作用使得火焰加速燃烧。除了冲击波影响火焰加速燃烧的扰动源，还有障碍物、管道分叉、拐弯、截面变化等。

3）瓦斯燃烧被不断加速，产生的冲击波波阵面压力峰值不断加大，冲击波波阵面的膨胀作用扰动前方未燃烧的瓦斯气体向前运动，从而使火焰传播的距离大于原始积聚的瓦斯体积（为 3～6 倍）。这种正反馈作用使火焰燃烧速度越来越快，当火焰的锋面赶上冲击波波阵面的时候产生爆轰。当瓦斯燃烧完毕后，冲击波强度达到最大，此后冲击波继续向前传播，但是压力和速度开始减小，直到衰减为声波[81]。瓦斯爆炸冲击波在传播过程中形成三个流场区域，瓦斯爆炸过程的两带两波三区结构示意图如图 2-1 所示。

图 2-1 两带两波三区结构示意图

第三节 瓦斯爆炸传播机理

一、瓦斯爆炸过程冲击波传播机理

（一）瓦斯爆炸过程分析

瓦斯爆炸的状态一般有两种，即爆燃和爆轰。当管道中的瓦斯气体被点火源点燃后，形成的火焰锋面向前加速运动。由于燃烧放热产生气体膨胀，从而在燃烧锋面前方形成以音速传播的压力波，压力波的追赶和叠加产生冲击波。这种由冲击波和燃烧波构成的可燃气体爆炸称为爆燃。爆燃是可燃气体自身燃烧传播的过程，火焰锋面的传播速度相对于波前扰动区域是亚声速的。当瓦斯量足够多时，则爆燃一直加速，从而使前驱冲击波的超压越来越大，最后导致冲击波的超压对可燃气体造成的高温就可以点燃瓦斯。爆轰是在冲击波的作用下，爆炸气体被强烈地冲击和压缩，在波阵面上，温度迅速提高，从而引起化学反应，放出热量支持波阵面运动。其点火是由冲击波引起的，点火位置是在燃烧区域前部，燃烧不依靠自身传播。爆燃在一定条件下可以转为爆轰，爆轰也可以衰减为爆燃甚至熄灭。爆轰通常伴随着强烈的冲击波和剧烈的燃烧反应，会对矿井系统造成巨大的破坏。

在实验室小直径管道内没有设置障碍物的情况下，瓦斯爆炸一般以爆燃的状态出现。瓦斯燃烧过程中产生大量的气体产物，这些气体产物膨胀所形成的一道道压缩波叠加形成冲击波在未扰动气体中传播，瓦斯爆炸过程如下[11,12]。

1）达到爆炸极限的瓦斯气体遇到引燃火源开始燃烧，形成一个球形的火焰锋面，向未燃预混气体中传播。火焰锋面迅速扩展到整个充满预混气体的巷道断面，在燃烧过程中，产生大量的有毒有害气体，这些有毒有害气体在高温作用下膨胀，对火焰锋面前方未燃的预混气体压缩，形成一道以声速传播的压力波，压力波对火焰前方的预混气体产生扰动，使其压力和温度略有上升。

2）燃烧过程中放出大量热量，使火焰锋面的燃烧反应速率增加，燃烧波的传播速度也相应增加，从而产生更强的压力波以当地声速向前传播。

3）随后产生的压力波在前方压力波扰动区域中传播，该区域中的声速大于初始状态下未燃气体中的声速，使后面的压力波追赶上前方的压力波，从而产生叠加，以超声速向未扰动区域传播。叠加的压力波以高强度超声速传播，形成冲击波。冲击波对未燃烧的瓦斯产生更大的扰动，使得未燃烧瓦斯的压力和温度显著上升，这样就使得后面的瓦斯燃烧在较高的温度和压力下进行，从而加速火焰波的传播。

4）瓦斯燃烧被不断加速，产生的冲击波强度不断加大，冲击波波阵面的膨胀作用推动前方瓦斯气体向前运动，从而使火焰传播的距离远远大于积聚的瓦斯体积；当瓦斯燃烧完毕后，冲击波强度达到最大，此后冲击波继续向前传播，但是压力和速度开始减小，直到衰减为声波。

当火焰阵面从火焰面向外扩展时，由于火焰阵面两侧状态发生突变，形成一个比火焰速度快的压缩波，此压缩波阵面称为前距冲击波阵面。这样一个瓦斯爆炸波在行进过程中形成三个流场区域，即两区三波结构。

（二）瓦斯爆炸过程冲击波的反射过程分析

管道内瓦斯被点燃，在点火处冲击波是以球面波的形式传播的。在传播过程中，球面冲击波的波阵面不断扩大，与管道壁面发生碰撞反射，如图2-2所示。当入射角 α 较小时，球面冲击波与管道壁面发生规则反射，碰到管道壁面的那部分球面冲击波以垂直于管道壁面的方向朝管道轴中心反射。随着传播的继续，冲击波的球面波阵面不断增大，球面冲击波与管道壁面的接触面积越来越大，入射角也逐渐增大，此时冲击波波阵面与管道壁面碰撞依然发生规则反射。当入射角到达临界值（ α 临界）时，开始发生马赫反射，这时产生一个新的垂直于管道壁面的新波阵面，而入射波不与管道壁面直接接触。这个新波称为马赫杆，管道上、下壁面出现了压力相等而温度和密度不相等的方向相反的马赫反射。随着冲击波的进一步传播，马赫杆不断增高，最后形成均匀的平面波。本章分析了冲击波传播规律，冲击波波阵面和管道发生马赫发射，经过足够的传播距离充分发展为平面波[82-84]。

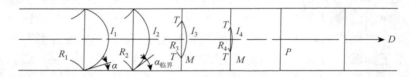

图 2-2 爆炸冲击波由曲面波发展为平面波的过程

R_1、R_2、R_3、R_4 为反射波；I_1、I_2、I_3、I_4 为入射波；α 为入射角；M 为马赫杆；$\alpha_{临界}$ 为临界入射角；D 为平面冲击波速度；T 为三波点；P 为平面空气冲击波

（三）瓦斯爆炸过程冲击波的结构

冲击波传播过程中的强度变化由燃烧膨胀做功补充能量与压缩气体耗能关系而定。当冲击波的补充能量大于传播过程中的能量消耗时，其强度增加，反之则强度减小。若补充能量等于消耗能量，冲击波的强度不变。瓦斯爆炸过程中，空间上分为瓦斯燃烧区和一般空气区。在瓦斯燃烧区内，由于瓦斯燃烧给冲击波补充能量，所以从爆炸开始到瓦斯燃烧完毕，冲击波的能量是逐渐加大的，其强度也是逐渐增加的。而到一般空气区，瓦斯燃烧完毕后，冲击波能量的补充来源消失，所以冲击波的整体能量是逐步减小的。在管道拐弯、截面积变化处可能出现压力增加的现象，冲击波与管道壁面多次反射，使得管道局部范围内压力增大的现象发生。当冲击波经过一段距离的充分发展后，冲击波总体来说是衰减的。

冲击波波阵面到达的地方，气体压力、密度、温度骤然升高，形成状态参数的突变间断面。从冲击波的结构图 2-3 可以清楚地认识冲击波波阵面峰值超压的变化规律。图 2-3 表示离爆源一定距离的某一点的冲击波峰值超压图（ΔP 为超压峰值），由于爆炸产生的气态产物剧烈膨胀，高压气

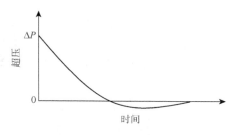

图 2-3　冲击波的结构

体迅速向外运动，一道道压缩波叠加形成冲击波。冲击波波阵面到达的瞬间，峰值超压迅速衰减，超压大于 0 的部分称为正压区。当超压降到 0 后出现了低于周围大气压力的负压区。形成负压区的原因是冲击波波阵面与管道摩擦及压缩波前气体等原因使得波阵面的能量不断减小，而受压缩的气体不断膨胀，这样就使得受压缩气体的压力不断降低。当受压缩气体膨胀到一定体积时，其压力和周围未扰动气体压力相等，此时受压缩气体由于惯性作用继续膨胀，使得其压力继续降低，形成了负压区。

冲击波可以看作无数道微弱的压缩波叠加而成，冲击波扫过后，气体的压力、密度、温度都会突变，它是超声速气流中特有的一种物理现象。瓦斯爆炸冲击波的形成如图 2-4 所示。该图最初的是压缩波形（a），然后后面的压缩波追赶先行的压缩波形成的波形（b），最后形成冲击波（c），离爆源很远并充分发育的爆炸冲击波波形与爆源压力和温度无关。

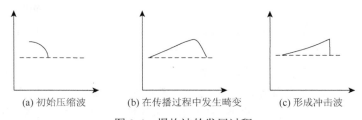

(a) 初始压缩波　　　(b) 在传播过程中发生畸变　　　(c) 形成冲击波

图 2-4　爆炸波的发展过程

常见的冲击波有正冲击波、斜冲击波、曲线冲击波。通过正冲击波波阵面的质点气流方向与波面垂直；通过斜冲击波的质点气流方向与波面斜交；曲线冲击波的波形为曲线。瓦斯爆炸冲击波，一般可当作正激波，在管道转弯的地方可能出现斜激波。

（四）管道内瓦斯爆炸冲击波传播影响因素

一般来说，影响瓦斯爆炸产生冲击波强度的影响因素有很多，机理也是相当复杂，下面列举主要的影响因素。在瓦斯燃烧区和一般空气区影响瓦斯爆炸冲击波强度的影响因素是不一样的。在瓦斯燃烧区，冲击波属于发展阶段，随着瓦斯

的加速燃烧，冲击波强度逐步增强，当火焰传播到一定位置，火焰速度达到最大。当冲击波的能量补充小于冲击波传播的能量损耗时，冲击波逐步减弱。瓦斯燃烧区冲击波传播主要影响因素如下所述。

1. 参与爆炸的瓦斯量

参与爆炸的瓦斯量对于形成的冲击波的强度影响很大。参与爆炸的瓦斯量越大，冲击波的强度越大；反之，则越小。

2. 参与爆炸的瓦斯浓度

对于标准状态下瓦斯-空气混合气体来说，当瓦斯体积百分数在 5%～16%时，点火后能发生爆炸，超出这个范围，则不能爆炸。当瓦斯体积百分数为 9.5%时，瓦斯爆炸最为猛烈。因此，参与爆炸的瓦斯浓度对于冲击波的强度影响是显而易见的。

3. 点火位置和点火方式的影响

点火位置对瓦斯爆炸冲击波强度也能产生很大的影响，点火位置越靠近封闭端，爆炸强度越大；反之，则越小。同样，点火方式的不同也能够对冲击波强度产生很大的影响，采用强点火源（如雷管）能够使爆炸强度加大，有可能直接产生爆轰；反之，则爆炸强度减小。瓦斯的最小点火能量为 0.28 mJ，低于这个能量时瓦斯不会爆炸。

4. 瓦斯燃烧区的长度

在瓦斯燃烧区内，瓦斯一直处于加速阶段。在开口条件下，瓦斯充填区并不是瓦斯燃烧区，因为瓦斯开始燃烧后，产生的冲击波推动未燃烧的瓦斯气体向前运动一段距离，通常瓦斯燃烧区为瓦斯充填区长度的 2～6 倍。在瓦斯燃烧区内，瓦斯燃烧一直加速，所以形成冲击波的强度越来越大。

5. 障碍物、管道壁面粗糙度及管道变形

在瓦斯燃烧区内设置障碍物有利于瓦斯燃烧的加速，对瓦斯燃烧产生激励。所以在瓦斯燃烧区设置障碍物能够加快瓦斯的燃烧，障碍物设置合理的话，能够产生爆轰。管道壁面粗糙度实际上和障碍物的性质是相同的，对瓦斯燃烧起加速作用，在光滑管道内瓦斯燃烧速度不如粗糙管道。同样道理，管道变形（截面积突变、拐弯、分叉）也相当于给瓦斯燃烧一个激励效应，能够加快瓦斯燃烧的速度。

6. 环境条件

环境的温度和湿度对瓦斯爆炸能够产生很大的影响。例如，巷道内设置岩粉棚、水袋就是改变瓦斯爆炸时的环境，使得瓦斯燃烧减速甚至熄灭。另外，惰性气体对于瓦斯燃烧也有抑制作用。

7. 预混可燃气体的性质

根据气体化学反应活性的高低，将可燃气体分为低反应活性、中反应活性、高反应活性气体。预混可燃气体的化学活性越高，气体的燃烧速度越快，冲击波的强度越大，反之则越小。矿井瓦斯中甲烷的含量比较大，还有乙烷、丙烷、硫化氢等可燃气体，甲烷的化学活性属于低等，丙烷属于中等[85]。不同气体的爆炸界限如表 2-2 所示。

表 2-2　煤矿内可燃气体的爆炸上限和下限

气体名称	化学式	爆炸下限/%	爆炸上限/%
甲烷	CH_4	5.00	16.00
乙烷	C_2H_5	3.22	12.45
丙烷	C_3H_8	2.40	9.50
氢气	H_2	4.00	74.20
一氧化碳	CO	12.50	75.00
硫化氢	H_2S	4.32	45.00
乙烯	C_2H_4	2.75	28.60
戊烷	C_5H_{15}	1.40	7.80

如果预混可燃气体中含有水蒸气、氮气等惰性反应气体时，其爆炸反应区间会缩小，惰性气体抑制自由基的发展，降低支链速率的反应，使得瓦斯爆炸冲击波的强度降低。如果预混可燃气体中含有煤尘、丙烷等化学活性高的可燃物参与的情况下，爆炸冲击波强度会加大，燃烧速度加快。

在一般空气区，瓦斯燃烧完毕，冲击波失去能量来源的支持，总体来讲是处于衰减阶段，其主要的影响因素如下所述。

1. 冲击波传播通过的距离和管道水力直径

瓦斯燃烧完毕后，冲击波失去能量来源，所以传播的距离越长，衰减越严重，冲击波强度越小。在管道这个封闭空间内，研究冲击波的传播规律，一般把冲击波的传播距离（R）和管道水力直径（d_B）处理为无量纲 R/d_B，是为了研究成果的进一步推广，冲击波的强度随着 R/d_B 增大而减小。

2. 初始冲击波的强度

初始冲击波的强度越大，冲击波所能传播的距离越长。初始冲击波的强度越大，冲击波的衰减速度也越快。

3. 管道的变形

管道的变形有截面积突变、拐弯、分叉等。管道的变化对冲击波的传播会产生很大的影响。管道截面积突然变小的情况下，冲击波强度会加强，是因为冲击波波阵面突然变小，使得冲击波波阵面单位面积上的能量加大；反之，管道截面积突然变大的情况下，冲击波强度会减弱。管道拐弯情况下，冲击波在拐弯处发生反射，局部有可能出现高压区，是冲击波发生多次反射后发展不均匀所致。随着冲击波继续向前传播，冲击波的强度有所降低，是因为管道壁面不是刚体，冲击波反射损耗了一定的能量。管道分叉和管道截面积变化是相同的道理，相当于分流的作用，冲击波波阵面单位面积的能量增加使冲击波强度加强，反之则减小。

4. 管道壁面上的能量损耗

冲击波迅速衰减的原因一是冲击波向前传播的过程不是等熵的，管道壁面散热损失一部分的能量，空气受冲击波压缩后一部分机械能转变为热能消耗掉，冲击波波阵面的能量逐渐减小；另外一个原因是冲击波波阵面以超音速向前传播，而波阵面后部的稀疏波以当地音速向前传播，这样波阵面前端的传播速度大于后端的传播速度，正压区不断被拉大，压缩区内空气量不断增加，正压作用时间不断加长，这样就使得冲击波波阵面内单位质量空气的平均能量逐步降低，冲击波波阵面的超压迅速衰减。

5. 流体质点的雷诺数和运动黏性系数

进入冲击波波阵面的流体质点雷诺数和运动黏性系数越大，冲击波衰减系数越大，衰减越快。

（五）冲击波在管道拐弯情况下传播的关系式

冲击波宏观上表现为一个运动着的曲面，它经过之处，物质的压力、密度、温度均发生急剧变化。微观上讲，物质内部分子间的相互作用抵制突变的发生，物质的黏性和热传导抵制这些突变的发生。当变化来得太快时，这种能量的传递过程来不及扩展到较远的距离，只能影响到几个分子间距，这就造成了状态量宏观上很小范围内发生急剧变化，相当于在一个几何位置上的突变。

管道在拐弯处 O 点左边截面积为 S_0，右边截面积为 S_1。冲击波传播到管道拐弯处时产生斜激波 OB，进入斜激波前流体质点的参数为 u_0、P_0、ρ_0，经过斜激波之后的参数变为 u_1、P_1、ρ_1。流体质点在斜激波前、后的速度被分解为与激波面垂直的分速度 u_{0n}、u_{1n} 及与斜激波面平行的分速度 $u_{0\tau}$、$u_{1\tau}$。斜激波前、后的流体质点参数的关系用下面的方程表示，如图2-5所示。

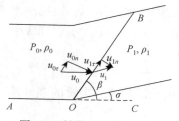

图 2-5　斜激波传播示意图

通过斜激波面流体质点的质量流量与切向速度 $u_{0\tau}$、$u_{1\tau}$ 无关，只与法向速度 u_{0n}、u_{1n} 有关。冲击波两侧的间断关系式为[86-88]

$$\rho_0 u_{0n} = \rho_1 u_{1n} = m \tag{2-3}$$

$$P_1 - P_0 = \rho_0 u_{0n}(u_{0n} - u_{1n}) \tag{2-4}$$

$$\rho_0 u_{0n}(u_{1\tau} - u_{0\tau}) = 0 \tag{2-5}$$

$$e_1 + \frac{u_{1n}^2}{2} + \frac{P_1}{\rho_1} = e_0 + \frac{u_{0n}^2}{2} + \frac{P_0}{\rho_0} \tag{2-6}$$

状态方程为

$$e = \frac{1}{\gamma - 1} \frac{P}{\rho} \qquad (2-7)$$

图 2-5 中，β 为斜激波角，σ 称为气流转折角，即为管道拐角。由图中的几何关系可得

$$u_{0n} = u_0 \sin\beta \qquad u_{1n} = u_1 \sin(\beta - \sigma) \qquad \frac{u_{0n}}{c_0} = M \sin\beta$$

其中，u_0、P_0、ρ_0 为管道中进入波阵面的空气初始速度、初始压力、初始密度；u_1、P_1、ρ_1 为管道中过冲击波波阵面的空气速度、压力、密度；e 为内能；γ 为空气绝热指数 1.4。

对于冲击波在管道拐弯处传播，可以看作是超音速气流在管道拐弯处形成斜激波的问题。如图 2-6 所示，假设超音速气流以速度 u_1 沿 AO 直壁做稳定运动。在 O 处直壁向内凹有一转折角 σ，以 O 为扰动点，产生一个扰动波 OB，气流经过 OB 后向上转折了 σ 角，沿与 OC 面平行的方向以速度 u_2 流动。因为气流的通流截面减小，所以气流受压缩扰动，流速减小，而压力、密度增加。

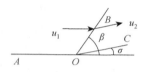

图 2-6　气流转折示意图

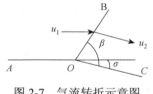

图 2-7　气流转折示意图

如图 2-7 所示，设超音速气流以速度 u_1 沿 AO 直壁做稳定运动。在 O 处直壁向外凸有一转折角 σ，以 O 为扰动点，产生一个扰动波 OB，气流经过 OB 后向上转折了 σ 角，沿与 OC 面平行的方向以速度 u_2 流动。因为气流的通流截面减小，所以气流受膨胀扰动，流速增大，而压力、密度减小。

对于管道内瓦斯爆炸冲击波在管道拐弯情况下的传播就可以看作是图 2-6 和图 2-7 两种情况的合成，如图 2-8 所示。

冲击波波阵面以相反于 u_1 的方向在上壁面 CPD 和下壁面 AOE 组成的管道中传播，波阵面前的质点朝向波阵面以 u_1 的速度进入波阵面，巷道在

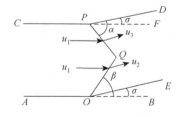

图 2-8　管道内气流转折示意图

O、P 点拐弯，流体经过下壁面 O 点时产生斜激波 OQ（即冲击波的传播方向发生改变，斜激波角 β），靠近下壁面的流体以速度 u_1 进入斜激波面，以 u_2 速度流出。流体经过上壁面 P 点时产生斜激波 PQ（斜激波角 α），靠近上壁面的流体以速度 u_1 进入斜激波面，以速度 u_3 流出。两条斜激波交汇于 Q 点，流体经过斜激波 PQO 面时，压力、速度、密度发生比较大的变化。但是经过斜激波面时靠近上壁面和下壁面的流体状态参数（压力、速度、密度）不一样，

靠近下壁面的流体速度小，密度和压力大。而靠近上壁面的流体速度大，密度和压力小。

为了计算方便，将冲击波复杂的反射过程简单化，作者做如下假设：

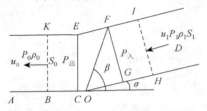

图 2-9 冲击波在管道拐弯情况下
传播示意图

1）冲击波经过管道拐角处产生的斜激波面为一平面，而不是曲面。

2）流体质点过斜激波面后，靠近上壁面和下壁面的流体质点在极短的时间内经过能量交换，最终状态参数（压力、速度、密度）一样，如图 2-9 所示。

根据假设 1 可得，斜激波面 OF 是一平面，而不是曲面。假定冲击波波阵面在单位时间内以速度 D 从 FG 经过斜激波面 FO 到达 EC，作者认为 FG、FO、EC 在几何上是重合的（忽略冲击波波阵面的变化过程）。为了更好地显示冲击波波阵面经过斜激波面的变化过程，故把冲击波波阵面分开，其实这个变化过程是瞬时的。波阵面经过斜激波面前的强度为 $P_入$，过斜激波面后的强度变为 $P_出$。

管道在拐弯处 O 点左边截面积为 S_0，右边截面积为 S_1。取 $KBHI$ 所包含的部分为控制体，流体质点以相反于冲击波的传播方向进入波阵面之前的状态参数为 u_0、P_0、ρ_0，经过波阵面之后的参数变为 u_1、P_1、ρ_1。因为冲击波波阵面 FG 在极短的时间内经过斜激波面 FO 到达 EC，认为 FG、FO、EC 在几何上是重合的（认为是一个面），所以控制体就是 $KBCE$ 和 $FGHI$ 所包含的部分。忽略质量力和壁面摩擦力，则可按动量定理列出沿流动方向的动量方程。

冲击波波阵面从右向左传播，质点朝向波阵面从左向右进入控制体，沿质点流动方向控制体所受的水平方向的合外力为

$$P_0 S_0 - P_1 S_1 \cos\sigma + P_入 S_1 \cos\sigma - P_出 S_0$$

单位时间质点进出该控制体的动量变化为

$$\rho_1(u_1 - D)^2 S_1 - \rho_0(u_0 - D)^2 S_0$$

作用在控制体上的合外力等于单位时间进出控制体流体的动量变化，所以，

$$P_0 S_0 - P_1 S_1 \cos\sigma + P_入 S_1 \cos\sigma - P_出 S_0 = \rho_1(u_1 - D)^2 S_1 \cos^2\sigma - \rho_0(u_0 - D)^2 S_0 \quad (2-8)$$

联立式（2-3）～式（2-8），可得

$$P_入 S_1 \cos\sigma - P_出 S_0$$

$$= 4\rho_0 c_0^2 S_1 \frac{(\gamma+1)M^2 \sin^2\beta}{2 + (\gamma-1)M^2 \sin^2\beta} \frac{\cos^2\sigma}{\sin(\beta-\sigma)} \frac{1}{(\gamma+1)^2} (M\sin\beta - \frac{1}{M\sin\beta})^2 \quad (2-9)$$

$$- \rho_0 c_0^2 (u_0/c_0 - \frac{1}{M})^2 S_0 - P_0 S_0 + P_0 (\frac{2\gamma}{\gamma+1}M^2 \sin^2\beta - \frac{\gamma-1}{\gamma+1}) S_1 \cos\sigma$$

气流转折角和斜激波角的关系为

$$\tan \sigma = \cot\beta \frac{M^2 \sin^2 \beta - 1}{1 + M^2(\frac{\gamma+1}{2} - \sin^2 \beta)} \qquad (2\text{-}10)$$

式（2-9）和式（2-10）表示冲击波在管道拐弯情况下的传播规律，$P_入$、$P_出$和冲击波的传播马赫数有关。对于管道中瓦斯爆炸冲击波传播，在研究一般空气区冲击波传播的过程中，由于波阵面以超音速向前传播，进入波阵面的质点是管道中的空气。u_0、P_0、ρ_0代表管道中进入波阵面空气的初始速度、初始压力、初始密度；c_0代表当地音速；γ代表空气的绝热指数，为 1.4；S_1、S_0代表管道的截面积；M代表冲击波波阵面的传播马赫数；$P_入$、$P_出$分别代表过管道拐弯处的入射波和出射波强度。

式（2-9）和式（2-10）分析如下。

1）将冲击波的基本间断关系式应用到管道拐弯情况下，取管道拐弯部分为控制体，建立了冲击波在管道拐弯情况下传播的动量方程，推导出了一般空气区冲击波在管道拐弯情况下的传播规律式（2-9）和式（2-10）。

2）式（2-9）是在管道拐弯处冲击波波阵面压力 $P_入$、$P_出$的关系式，$P_入$、$P_出$的关系随着冲击波传播马赫数的变化而变化，说明冲击波的作用效果和传播速度是息息相关的。

3）式（2-9）中除了冲击波传播速度 D 是未知数外，其余 u_0、P_0、ρ_0、c_0、γ、S_1、S_0 都是已知数，所以式（2-9）的含义就是 $P_入$、$P_出$与冲击波传播速度 D 之间的关系式，即过管道拐弯处冲击波波阵面压力变化关系式。在给定 D 的情况下，$P_入$、$P_出$之间的关系可以通过式（2-9）得到。

4）式（2-9）表示一般空气区冲击波在管道拐弯情况下的传播规律，其中包含了冲击波传播速度 D 这个未知数，在没有给定冲击波传播速度 D 的情况下，不能直接计算。

另外，冲击波波阵面的厚度非常小，约为 10^{-4} mm。因此一般不对冲击波波阵面的内部情况进行研究，所关心的是气流经过冲击波前后参数的变化。为简化计算和应用方便，利用冲击波波阵面后突跃的参数来表征冲击波。下面通过适当的简化来推导一般空气区冲击波在管道拐弯情况下的传播规律。

对上述方程组求解，由于是 5 个方程，有 u_1、P_1、P_2、ρ_1、e、D 共 6 个未知数，所以只能得出未知数 P_1、P_2 与冲击波传播速度 D 之间的关系式，而不能得到解析解。而本书研究的目的是为了得到冲击波过管道拐弯后压力和过拐弯前压力之间的关系，所以建立冲击波在管道突变情况下传播的动量方程来封闭方程组，以达到消元未知数 D 的目的。

建立管道拐弯情况下的冲击波传播动量方程，作者认为冲击波波阵面在管道拐弯前的传播速度和拐弯后的传播速度是近似相等的，把冲击波传播速度 D 和其他参数的关系式代入建立的动量方程，得出冲击波过管道拐弯后压力的解析解。

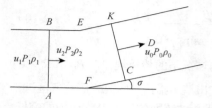

图 2-10 冲击波在管道拐弯情况下
传播简化示意图

在给定冲击波过管道拐弯前压力和管道拐弯角度情况下，能够计算出管道拐弯后冲击波的压力，得出冲击波在管道拐弯情况下的传播规律公式。

假设冲击波波阵面在单位时间内从管道内 AB 面传播到 CD 面，如图 2-10 所示。

对冲击波在管道拐弯情况下的传播过程进行适当的简化，作者做如下假设。

1）冲击波波阵面在单位时间内从 AB 面传播到 CD 面，即流体质点经过冲击波波阵面 CD 由状态 u_0、P_0、ρ_0 变为 u_2、P_2、ρ_2；再过波阵面 AB，冲击波状态参数由 u_2、P_2、ρ_2 变为 u_1、P_1、ρ_1。

2）冲击波波阵面 AB 由波阵面后突跃参数 u_1、P_1、ρ_1 表征；冲击波波阵面 CD 由波阵面后突跃参数 u_2、P_2、ρ_2 表征。

3）忽略冲击波波阵面的反射变化过程，即假设冲击波波阵面由 AB 面传播到 CD 面的过程中，$ABCD$ 内靠近 CD 的压力参数为 P_2，靠近 AB 的压力参数为 P_1。

4）假定管道壁面为绝热刚体，冲击波在传播的过程中能量没有损失。忽略流体质点的质量力，在建立动量守恒方程时不考虑质量力。

将式（2-3）～式（2-7）应用到图 2-10 中 AB、CD 冲击波波阵面，认为过 AB、CD 面流体质点的质量守恒，没有损失，可得

$$\rho_1(u_1 - D) = \rho_0(u_0 - D) \tag{2-11}$$

$$\frac{\rho_1}{\rho_0} = \frac{(\gamma+1)P_1 + (\gamma-1)P_0}{(\gamma+1)P_0 + (\gamma-1)P_1} \tag{2-12}$$

作者认为冲击波波阵面在巷道拐弯前的传播速度和拐弯后的传播速度大小是近似相等的，只是方向有所不同，可得

$$u_0 - D = -\sqrt{\frac{P_1 - P_0}{\rho_1 - \rho_0} \frac{\rho_1}{\rho_0}} \tag{2-13}$$

取 $ABCD$ 中间的部分为控制体，忽略质量力和壁面摩擦力，则可按动量定理列出沿流动方向的动量方程。

冲击波波阵面以速度 D 由左向右传播，质点朝向波阵面进入控制体，沿质点流动方向控制体所受的合外力为[根据假设 3），引入冲击波波阵面压力 P_2，S 代表管道截面积]

$$P_0 S - P_1 S \cos\sigma + P_1 S \cos\sigma - P_2 \sigma$$

单位时间质点进出该控制体的动量变化为

$$\rho_1 \cos^2 \sigma (u_1 - D)^2 S - \rho_0 (u_0 - D)^2 S$$

作用在控制体上的合外力等于单位时间进出控制体流体的动量变化，所以

$$P_0 S - P_1 S \cos \sigma + P_1 S \cos \sigma - P_2 \sigma = \rho_1 \cos^2 \sigma (u_1 - D)^2 S - \rho_0 (u_0 - D)^2 S \quad （2\text{-}14）$$

联立式（2-11）～式（2-13）代入式（2-14），可得

$$P_1 - P_2 = \frac{1 - \cos^2 \sigma}{2} [(\gamma + 1) P_0 + (\gamma - 1) P_1] \quad （2\text{-}15）$$

其中，P_1、P_2 分别代表冲击波在管道拐弯前、拐弯后的强度；σ 代表管道拐弯角度；γ 代表绝热指数，为 1.4；

一般空气区冲击波在管道拐弯情况下的传播规律简化公式分析如下。

1）将冲击波的基本间断关系式应用到管道拐弯情况下，建立了管道拐弯冲击波两侧间断关系式，得到一般空气区冲击波在管道拐弯情况下的传播规律简化公式，不需要给定冲击波的传播速度，能够直接计算出冲击波在管道拐弯处的压力变化规律。

2）式（2-15）是在管道拐弯情况下，冲击波波阵面压力 P_2、P_1、P_0 的关系式，P_0、σ 是已知数，在给定入射波强度 P_1 的情况下能够计算出过巷道拐弯情况下的出射波强度 P_2。

3）管道拐弯情况下冲击波的反射如图 2-10（入射角 σ 相当于管道的拐角）所示，出射波沿管道拐弯后的方向规则传播，这种情况其实是理想情况。在实际过程中，冲击波在管道拐弯处要经历多次反射，传播一定的距离后才能看作是沿管道拐弯后方向规则传播。

4）推导式（2-15）的过程中，作者认为冲击波的传播速度不变，这与实际情况有误差，冲击波在管道拐弯处，经过数次反射后，能量有所损失，传播速度有所下降。从动量方程式（2-14）可以得出，冲击波经过管道拐弯后，损失的动量为 $\rho_1 \sin^2 \sigma (u_1 - D)^2 S$。实际上冲击波经过管道拐弯处时产生斜激波，过斜激波面冲击波传播方向不一定和管道拐弯后的方向一致。所以过冲击波波阵面后大部分流体质点和管道壁面产生反射，冲击波传播一段距离后，反射减弱后，冲击波沿管道拐弯后方向传播。所以，实际过程中，冲击波过管道拐弯处损失的动量比 $\rho_1 \sin^2 \sigma (u_1 - D)^2 S$ 小。以上分析，式（2-15）用来计算管道拐弯情况下冲击波的传播规律是可行的，在管道拐弯角度较小的情况下，冲击波超压大于 $1.01 \times 10^5 \, \text{Pa}$ 情况下，式（2-15）误差较小。

（六）冲击波在管道截面突变情况下传播的关系式

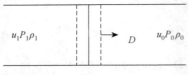

图 2-11　冲击波传播示意图

对于一维正冲击波，如图 2-11 所示。定义 D 为冲击波的传播速度，波前相对于波阵面而言，质点朝向波阵面流动的区域，以参数 u_0、P_0、ρ_0 表征；波后即相对于波阵面而言，质点穿过波阵面到达的那一边，以 u_1、P_1、ρ_1 参数表征，间断关系式有

$$\rho_1(u_1 - D) = \rho_0(u_0 - D) \tag{2-16}$$

$$\rho_1(u_1 - D)^2 + P_1 = \rho_0(u_0 - D)^2 + P_0 \tag{2-17}$$

$$e_1 = \frac{1}{2}(u_1 - D)^2 + \frac{P_1}{\rho_1} = e_0 + \frac{1}{2}(u_0 - D)^2 + \frac{P_0}{\rho_0} \tag{2-18}$$

状态方程可写为

$$e = \frac{1}{\gamma - 1}\frac{P}{\rho} \tag{2-19}$$

其中，u_0、P_0、ρ_0 为管道中进入波阵面的空气的初始速度、初始压力、初始密度；u_1、P_1、ρ_1 为管道中过冲击波波阵面空气的速度、压力、密度；e 为内能；γ 为空气绝热指数，为 1.4。

对于管道截面积突变（由 S_1 到 S_0）情况，瓦斯爆炸冲击波传播如图 2-12 所示。

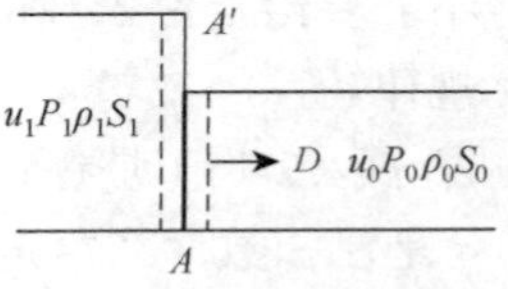

在管道中，瓦斯爆炸冲击波波阵面传播到 AA' 突变面时，波阵面强度发生突变，为了清楚地显示波阵面强度变化情况，假设冲击波波阵面在单位时间内从 AB 面到达 EF 面（实际上 AB 面和 EF 面在几何上是重合的），强度由 $P_入$ 变为 $P_出$，此时控制体由 $ABCK$ 和 $EFGH$ 所包含的两部分组成，如图 2-13 所示。

图 2-12　冲击波在管道截面突变情况下传播示意图

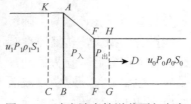

图 2-13　冲击波在管道截面积突变情况下传播等效示意图

取两条虚线中间的部分为控制体，忽略质量力和壁面摩擦力，则可按动量定理列出沿流动方向的动量方程。

冲击波波阵面以速度 D 由左向右传播，质点朝向波阵面进入控制体，沿质点流动方向控制体所受的合外力为

$$P_0 S_0 - P_1 S_1 + P_入 S_1 - P_出 S_0$$

单位时间质点进出该控制体的动量变化为

$$\rho_1(u_1 - D)^2 S_1 - \rho_0(u_0 - D)^2 S_0$$

作用在控制体上的合外力等于单位时间进出控制体流体的动量变化，得

$$P_0 S_0 - P_1 S_1 + P_入 S_1 - P_出 S_0 = \rho_1 (u_1 - D)^2 S_1 - \rho_0 (u_0 - D)^2 S_0 \qquad (2\text{-}20)$$

式（2-16）～式（2-20）中已知量有 u_0、P_0、ρ_0、S_1、S_0，未知量有 u_1、P_1、ρ_1、$P_入$、$P_出$、D、e，五个方程包含 7 个未知数，在给定入射波强度 $P_入$ 的情况下，可以把出射波强度 $P_出$ 表示为冲击波传播速度 D 的方程。

定义马赫数 $M=D/c_0$（c_0 代表当地音速），联立式（2-16）～式（2-20），得

$$
\begin{aligned}
P_入 S_1 - P_出 S_0 &= \frac{(\gamma+1)M^2 \rho_0}{(\gamma-1)M^2+2} \frac{4 c_0^2 S_1}{(\gamma+1)^2} \left(M - \frac{1}{M} \right)^2 - \rho_0 c_0^2 \left(u_0 / c_0 - \frac{1}{M} \right)^2 S_0 \\
&\quad - P_0 S_0 + P_0 \left(\frac{2\gamma}{\gamma+1} M^2 - \frac{\gamma-1}{\gamma+1} \right) S_1
\end{aligned}
\qquad (2\text{-}21)
$$

对于管道中瓦斯爆炸冲击波传播，在研究一般空气区冲击波传播的过程中，由于波阵面以超音速向前传播，进入波阵面的质点是管道中的空气，u_0、P_0、ρ_0 代表管道中进入波阵面空气的初始速度、初始压力、初始密度；c_0 代表当地音速；γ 代表空气的绝热指数，为 1.4；S_1、S_0 代表管道的截面积；M 代表冲击波波阵面的传播马赫数；$P_入$、$P_出$ 分别代表过截面积突变面的入射波和出射波强度。

对式（2-21）分析如下。

1）将冲击波的基本间断关系式应用到管道截面积突变情况，取截面突变处流体为控制体，建立了一般空气区瓦斯爆炸冲击波在管道突变情况下传播的动量方程，推导出冲击波在管道截面突变情况下的传播规律[式（2-21）]。

2）式（2-21）是在管道截面积突变面冲击波波阵面压力 $P_入$、$P_出$ 的关系式，除了冲击波传播速度 D 是未知数外，其余 u_0、P_0、ρ_0、c_0、γ、S_1、S_0 都是已知数，所以式（2-21）的含义就是 $P_入$、$P_出$ 与冲击波传播速度 D 之间的关系式，即过管道截面积突变面冲击波波阵面压力变化关系式。$P_入$、$P_出$ 的关系随着冲击波传播马赫数变化而变化，说明冲击波的作用效果和传播速度是息息相关的。在给定 D 的情况下，$P_入$、$P_出$ 之间的关系可以通过式（2-21）得到。

3）式（2-21）是计算冲击波波阵面在管道截面积突变情况下的传播规律的。其中包含了冲击波传播速度 D 这个未知数，在没有给定冲击波传播速度 D 的情况下，不能够直接计算。另外，冲击波波阵面的厚度非常小，因此一般不对冲击波波阵面的内部情况进行研究。

为简化计算和应用方便，利用冲击波波阵面后突跃的参数来表征冲击波。下面通过适当的简化来推导冲击波波阵面在管道截面积突变情况下的传播规律公式。

对式（2-16）～式（2-20）求解，由于是 5 个方程，有 u_1、P_1、P_2、ρ_1、e、D 共 6 个未知数，所以只能得出未知数 P_1、P_2 与冲击波传播速度 D 之间的关系式，

而不能得到解析解。而本书研究的目的是为了得到冲击波过管道截面突变面后压力和过突变面前压力之间的关系，所以建立冲击波在管道突变情况下传播的动量方程来封闭方程组，以达到对未知数 D 进行消元的目的。

建立管道截面突变情况下的冲击波传播动量方程，作者认为冲击波波阵面在截面积变化前的传播速度和变化后的传播速度是近似相等的，把冲击波传播速度 D 和其他参数的关系式代入建立的动量方程，得出冲击波过管道截面突变面后压力的解析解。

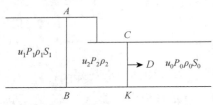

图 2-14　冲击波在管道截面突变
情况下传播简化示意图

在给定冲击波过截面突变面前压力和管道截面变化率情况下，能够计算出截面突变面后冲击波的压力，得出了冲击波在管道截面突变情况下的传播规律公式。

假设冲击波波阵面在单位时间内从管道内 AB 面传播到 CK 面，如图 2-14 所示。

对冲击波在管道截面突变情况下的传播过程进行适当的简化，作者做如下假设。

1）冲击波波阵面在单位时间内从 AB 面传播到 CK 面，即流体质点经过冲击波波阵面 CK 由状态 u_0、P_0、ρ_0、S_0 变为 u_2、P_2、ρ_2；再过波阵面 AB，冲击波状态参数由 u_2、P_2、ρ_2 变为 u_1、P_1、ρ_1、S_1。

2）冲击波波阵面 AB 由波阵面后突跃参数 u_1、P_1、ρ_1、S_1 表征；冲击波波阵面 CK 由波阵面后突跃参数 u_2、P_2、ρ_2 表征。

3）忽略冲击波波阵面的反射变化过程，即假设冲击波波阵面由 AB 面传播到 CK 面的过程中，$ABCK$ 内靠近 CK 的压力参数为 P_2，靠近 AB 的压力参数为 P_1。

4）假定管道壁面为绝热刚体，冲击波在传播的过程中能量没有损失。忽略流体质点的质量力，在建立动量守恒方程时不考虑质量力。

将式（2-16）～式（2-19）应用到图 2-14 中 AB、CK 冲击波波阵面，可得

$$\rho_1(u_1 - D)S_1 = \rho_0(u_0 - D)S_0 \tag{2-22}$$

$$\frac{\rho_1 S_1}{\rho_0 S_0} = \frac{(\gamma + 1)P_1 S_1 + (\gamma - 1)P_0 S_0}{(\gamma + 1)P_0 S_0 + (\gamma - 1)P_1 S_1} \tag{2-23}$$

作者认为冲击波波阵面在截面突变前的传播速度和变化后的传播速度是近似相等的，所以，

$$u_0 - D = -\sqrt{\frac{P_1 - P_0}{\rho_1 - \rho_0} \frac{\rho_1}{\rho_0}} \tag{2-24}$$

取 $ABCK$ 中间的部分为控制体，忽略质量力和壁面摩擦力，则可按动量定理列出沿流动方向的动量方程。

冲击波波阵面以速度 D 由左向右传播，质点朝向波阵面进入控制体，沿质点流动方向控制体所受的合外力为[根据假设 3），引入冲击波波阵面压力 P_2]

$$P_0 S_0 - P_1 S_1 + P_1 S_1 - P_2 S_0$$

单位时间质点进出该控制体的动量变化为

$$\rho_1 (u_1 - D)^2 S_1 - \rho_0 (u_0 - D)^2 S_0$$

作用在控制体上的合外力等于单位时间进出控制体流体的动量变化，所以

$$P_0 S_0 - P_1 S_1 + P_1 S_1 - P_2 S_0 = \rho_1 (u_1 - D)^2 S_1 - \rho_0 (u_0 - D)^2 S_0 \tag{2-25}$$

联立式（2-10）～式（2-13），可得

$$P_2 = P_1 - \cfrac{(P_1 - P_0)\left(\cfrac{S_0}{S_1} - 1\right)\left[(\gamma + 1)P_0 + (\gamma - 1)\cfrac{S_1}{S_0}P_1\right]}{\left[(\gamma + 1) - (\gamma - 1)\cfrac{S_1}{S_0}\right]P_1 + \left[(\gamma - 1)\cfrac{S_0}{S_1} - (\gamma + 1)\right]P_0} \tag{2-26}$$

其中，u_0、P_0、ρ_0 代表管道中进入波阵面的空气的初始速度、初始压力、初始密度；γ 代表空气的绝热指数，为 1.4；S_1、S_0 代表管道的截面积；P_1、P_2 分别代表过截面积突变面的入射波和出射波强度。

管道截面积突变情况下冲击波传播简化公式分析如下。

1）将冲击波的基本间断关系式应用到管道截面积突变情况下，推导出了在管道截面积突变面冲击波波阵面压力的变化式（2-26），不需要给定冲击波的传播速度，能够直接计算出冲击波在管道截面积突变情况下的压力变化规律。

2）式（2-26）是在管道截面积突变面冲击波波阵面压力 P_2、P_1、P_0 的关系式，P_0、γ、S_1、S_0 都是已知数，在给定入射波强度 P_1 的情况下能够计算出过管道截面积突变面出射波 P_2。

3）为引入过管道截面积突变面出射波强度 P_2 这个变量，在建立的动量方程（2-25）左边项有所改动，其实在截面积不变的情况下，控制体内流体质点所受的合外力可以表示为 $P_0 S_0 - P_1 S_0 + P_2 S_0 - P_2 S_0$，这样就把冲击波波阵面的压力参数 P_2 消除掉了，在管道截面积突变的情况下冲击波波阵面的压力参数 P_2 就不能消除，所以根据假设 3）建立的动量方程式（2-25）是合理的。只不过假设 3）中认为 $ABCK$ 内靠近 CK 的压力参数为 P_2，靠近 AB 的压力参数为 P_1，这样处理冲击波波阵面在巷道截面积突变面的变化情况时与实际可能存在误差。式（2-26）中，当管道截面积不变的情况下（$S_1 = S_0$），得出 $P_2 = P_1$，与实际情况相符。

4）式（2-26）认为冲击波波阵面在截面积变化前的传播速度和变化后的传播速度是近似相等的，这与实际情况有误差，其实冲击波经过管道截面积突变面速度是会发生改变的。因为如果冲击波波阵面传播速度不发生改变，冲击波波阵面单位面积上的能量就不发生改变，而此时截面积发生变化，就意味着冲击波波阵

面的能量有所变化（增加或消失），这与假设 4）中的能量守恒是有误差的。在管道截面积变化率不大的情况下，为了计算方便，作者认为冲击波波阵面传播速度是不发生改变的。

（七）冲击波在单向分岔管道中传播的关系式

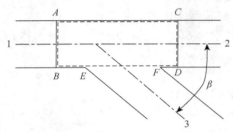

图 2-15　冲击波在单向分岔巷道中
传播示意图

冲击波在单向分岔巷道中的传播，如图 2-15 所示，巷道 1 到 2 为直线巷道，巷道 3 与直线巷道夹角为 β，冲击波从巷道 1 传入，从 2、3 巷道传出。

由于冲击波传播是空气介质在远远大于分子自由程尺度上的宏观运动，冲击波波阵面的各物理量在跃变前后的值依然连续的；冲击波压力的数量级一般为 MPa，促使矿井下风流流动压力一般为 Pa，风流流动对冲击波的传播影响可以忽略；研究分岔点前后冲击波的衰减规律，长度较小，壁面阻力可以忽略。因此，为进行理论推导，对于冲击波在分岔巷道中的传播，可做如下假设。

1）设气流为理想气体，忽略巷道的壁面作用力，巷道 1、3 的流通面积相等。

2）冲击波在巷道 1 中以一维正冲击波传播，到达 AB 处时冲击波受到分岔巷道的影响，形成冲击波的反射、衍射等一系列复杂波系，当冲击波传入巷道 2 一段距离后，到达 CD 处时，冲击波恢复一维正冲击波传播形式。对于传入巷道 3 的冲击波也是如此，冲击波从 EF 口进入巷道 3 一段距离后也以一维正冲击波形式传播。

3）在直线巷道中建立控制体，如图 2-16 中的 ABCD 所示。假设入射冲击波从 AB 处瞬间传播到 CD 处后恢复一维正冲击波，波后压力为 P_2，波前压力为环境压力 p_0。由于冲击波瞬间传播可认为冲击波到达 CD 处时 AB 处的气流参数仍为入射时的冲击波参数，即 AB 处的压力为 P_1。冲击波传播到巷道 3 并恢复一维正冲击波后，波后压力为 P_3，波前压力为 P_0。

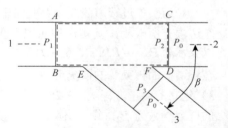

图 2-16　控制体示意图

4）设巷道中冲击波传入前的环境压力 $P_0=101\ 325\mathrm{Pa}$，密度 $\rho_0=1.225\ \mathrm{kg/m^3}$，速度 $u_0=0\ \mathrm{m/s}$。

当入射冲击波传播到 AB 处时，波前气流参数为巷道的环境参数，根据质量、动量和能量守恒定律可建立式（2-3）～式（2-6）方程组。

联立方程组可得波阵面各参数，通过上述求解入射冲击波波后参数过程，可同样求出巷道 2 和巷道 3 中出射冲击波的波后各参数。

$$\rho_2 = \rho_0 \frac{(\gamma+1)P_2 + (\gamma-1)P_0}{(\gamma+1)P_0 + (\gamma-1)P_2} \tag{2-27}$$

$$D_2 = \sqrt{\frac{P_2 - P_0}{\rho_2 - \rho_0} \times \frac{\rho_2}{\rho_0}} \tag{2-28}$$

$$u_2 = \sqrt{(P_2 - P_0)\frac{\rho_2 - \rho_0}{\rho_2 \rho_0}} \tag{2-29}$$

式（2-27）～式（2-29）是巷道 2 中密度、冲击波传播速度、波后气流速度以压力 P_2 为函数的表达式。

$$\rho_3 = \rho_0 \frac{(\gamma+1)P_3 + (\gamma-1)P_0}{(\gamma+1)P_0 + (\gamma-1)P_3} \tag{2-30}$$

$$D_3 = \sqrt{\frac{P_3 - P_0}{\rho_3 - \rho_0} \times \frac{\rho_3}{\rho_0}} \tag{2-31}$$

$$u_3 = \sqrt{(P_3 - P_0)\frac{\rho_3 - \rho_0}{\rho_3 \rho_0}} \tag{2-32}$$

式（2-29）～式（2-31）是巷道 3 中密度、冲击波传播速度、波后气流速度以压力 P_3 为函数的表达式。

对图 2-16 中的控制体 $ABCD$ 建立质量守恒方程，单位时间流入控制体的质量为 $\rho_1 u_1$，从巷道 2 流出的质量为 $\rho_2 u_2$，从控制体 EF 处流出的质量是巷道 3 流出的质量 $\rho_3 u_3$，因此有

$$\rho_1 u_1 = \rho_2 u_2 + \rho_3 u_3 \tag{2-33}$$

对图 2-16 中的控制体 $ABCD$ 建立沿直线巷道方向的动量守恒方程。由于 AB 处由假设可知该处的状态参数为 ρ_1、u_1、P_1。在 CD 处控制面取在冲击波的左边，即该处气流参数为巷道 2 的出射冲击波波后压力。取控制体随巷道 2 处的出射冲击波一起运动。对于 EF 处流出控制体的动量，由于此处正处于分岔处，冲击波系复杂，因此无法确定其准确的流入动量。$ABCD$ 控制体是把坐标系建立在巷道 2 中的冲击波上，为了在控制体上建立巷道 3 的冲击波关系，这里相对的改变巷道中冲击波前气流的初始速度，在巷道 2 中相当于一股气流以速度 D_2 从巷道 2 向巷道 1 中运动，同时巷道 3 中也是一样。因此在巷道 3 中，冲击波后气流速度变为 $(D_2 - u_3)$，从 EF 处流入控制体的动量在巷道 1 轴向方向上的分量就为 $\rho_3 (D_2 - u_3)^2 \cos^2 \beta$。根据以上分析，可得动量方程：

$$P_1 + \rho_1 (D_2 - u_1)^2 = P_2 + \rho_2 (D_2 - u_0)^2 + \rho_3 (D_2 - u_3)^2 \cos^2 \beta \tag{2-34}$$

为了求出 P_2、P_3 的值，将式（2-27）代入式（2-28）得

$$D_2 = \sqrt{\frac{(\gamma+1)P_2 + (\gamma-1)P_0}{2\rho_0}} \tag{2-35}$$

将式（2-27）代入式（2-29）得

$$u_2 = (P_2 - P_0)\sqrt{\frac{2}{\rho_0[(\gamma+1)P_2 + (\gamma-1)P_0]}} \tag{2-36}$$

将式（2-28）代入式（2-30）得

$$u_3 = (P_3 - P_0)\sqrt{\frac{2}{\rho_0[(\gamma+1)P_3 + (\gamma-1)P_0]}} \tag{2-37}$$

由式（2-27）、式（2-30）、式（2-35）～式（2-37）得出，ρ_2、ρ_3、D_2、u_2、u_3 分别为 P_2 和 P_3 的函数，将这些函数关系式代入式（2-33）和式（2-34），通过联立求解式（2-33）和式（2-34）得到 P_2 和 P_3。

在给定初始压力的条件下，利用方程组（2-38）就可以求出 P_1/P_2、P_1/P_3，从而可得出单向分岔巷道中直线巷道、分岔支线巷道的衰减系数，得出爆炸冲击波在单向分岔巷道内的传播规律。

$$\begin{cases}
\rho_1 = \rho_0 \dfrac{(\gamma+1)P_1 + (\gamma-1)P_0}{(\gamma+1)P_0 + (\gamma-1)P_1} \\[2mm]
\rho_2 = \rho_0 \dfrac{(\gamma+1)P_2 + (\gamma-1)P_0}{(\gamma+1)P_0 + (\gamma-1)P_2} \\[2mm]
\rho_3 = \rho_0 \dfrac{(\gamma+1)P_3 + (\gamma-1)P_0}{(\gamma+1)P_0 + (\gamma-1)P_3} \\[2mm]
D_2 = \sqrt{\dfrac{(\gamma+1)P_2 + (\gamma-1)P_0}{2\rho_0}} \\[3mm]
u_2 = (P_2 - P_0)\sqrt{\dfrac{2}{\rho_0[(\gamma+1)P_2 + (\gamma-1)P_0]}} \\[3mm]
u_3 = (P_3 - P_0)\sqrt{\dfrac{2}{\rho_0[(\gamma+1)P_3 + (\gamma-1)P_0]}} \\[3mm]
\rho_1 u_1 = \rho_2 u_2 + \rho_3 u_3 \\[1mm]
P_1 + \rho_1(D_2 - u_1)^2 = P_2 + \rho_2(D_2 - u_0)^2 + \rho_3(D_2 - u_3)^2 \cos^2\beta
\end{cases} \tag{2-38}$$

（八）冲击波传播规律理论分析

1. 冲击波在管道拐弯情况下传播规律理论分析

苏联学者萨文科曾通过小直径钢管空气冲击波超压衰减实验，得出空气冲击波在管道拐弯处的超压衰减系数，但是实验证明在管道拐弯处的冲击波超压衰减

系数不能简单地认为是常数，实践证明冲击波初始超压对衰减系数的影响很大，不能忽略。

中国矿业大学叶青研究表明，当直管道和拐弯管道内全部充填瓦斯时，冲击波在拐弯处强度增大，这主要是拐弯处瓦斯燃烧火焰湍流效应引起的。当拐弯处没有瓦斯燃烧时，冲击波是衰减的。

冲击波在管道拐弯情况下传播规律理论如下所述。

在直管道内，瓦斯爆炸冲击波的传播呈衰减趋势，其主要原因如下。

1）管道壁面粗糙度。当流体质点以相反于冲击波波阵面的方向经过波阵面时，与管道壁面发生摩擦，损失了一部分能量，降低了流体质点的流动速度，消耗了部分冲击波的能量。

2）冲击波在传播的过程中，不断地压缩流体质点，使得流体质点的压力和温度都有所升高，从而消耗了冲击波波阵面的能量。

3）冲击波是一个强间断，其传播过程不是等熵过程。冲击波内层和外层之间存在着黏性摩擦、热传导和热辐射等不可逆的能量消耗，以及管道壁面和内部流体也存在着热交换，加剧了冲击波的衰减。

4）当冲击波向前传播时，冲击波波阵面压缩了一部分流体质点，使得流体质点的压力和温度升高。所以流体质点经过波阵面后高速膨胀做功，由于其流体质点在高速膨胀的过程中有惯性，一直膨胀到低于一个大气压，到达一个平衡状态，这时冲击波波阵面后产生一个负压区，形成以当地声速传播的稀疏波，稀疏波削弱了冲击波的强度，使得冲击波衰减。冲击波波阵面附近是个高压区，随着冲击波的传播流体质点膨胀，高压区不断拉宽，使得单位质量的流体质点能量下降，冲击波强度衰减。

在直管道内，冲击波的衰减大部分来源于以上原因，当冲击波传播到管道拐弯处时，发生剧烈衰减的原因有以上四方面的作用，除此之外还有以下原因。

冲击波传播到管道拐弯处时，与管道壁面作用发生剧烈的反射，产生复杂的流场。管道拐弯角度越大，反射越严重，使得冲击波的部分能量消耗在管道壁面的反射上。当管道拐弯角度越大、冲击波的初始强度越大，所产生的反射区域越大，冲击波产生的湍流越严重，消耗在管道壁面反射上的能量越大，冲击波衰减得越快。

冲击波在瓦斯燃烧区和一般空气区的传播规律是不一样的。在瓦斯燃烧区，冲击波的强度依赖火焰波的燃烧速度，所以管道壁面粗糙度、管道拐弯、分叉等扰动源能够使得火焰燃烧速度加大，产生湍流作用，从而加大冲击波的强度。而在一般空气区中，冲击波失去能源补充来源，管道壁面粗糙度、管道拐弯、分叉使得冲击波与管道壁面产生摩擦和反射，产生复杂流场，从而降低了冲击波的强度。

由式（2-15）可以得出，管道拐弯角度 σ 越大，出射波超压 P_2 越小，冲击波衰减得越快。

$$P_1 - P_2 = \frac{1 - \cos^2 \sigma}{2}[(\gamma + 1)P_0 + (\gamma - 1)P_1] \tag{2-39}$$

其中，$\dfrac{P_1 - P_0}{P_2 - P_0}$ 代表冲击波超压衰减系数 A；$P_1 - P_0$ 代表冲击波初始超压。

式（2-15）变形为

$$A = \frac{2(P_1 - P_0)}{2(P_1 - P_0) - (1 - \cos^2 \sigma)[(\gamma + 1)P_0 - (\gamma - 1)P_1]} \tag{2-40}$$

变形后的方程两边同除以 P_1，当 P_1 趋于无穷大时，求极限可得

$$\lim_{P_1 \to \infty} A = \frac{2}{2 - (1 - \cos^2 \sigma)(\gamma - 1)} \geqslant 1 \tag{2-41}$$

当 P_1 减小时，$\lim\limits_{P_1 \to P_0} A = 0$。

所以冲击波超压衰减系数随着冲击波初始压力的增大而增大。冲击波初始压力越大，冲击波超压衰减系数越大，冲击波衰减越快。

2. 冲击波在截面变化情况下传播规律理论分析

冲击波由小断面进入大断面、大断面进入小断面的情况下，冲击波初始超压越大，冲击波的衰减系数越大，冲击波衰减越快。这是由于冲击波初始超压越大，冲击波波阵面在管道截面突变处产生的湍流作用越大，冲击波消耗在管道壁面反射的能量越大，冲击波衰减越快。

当管道截面积变化率越大，冲击波衰减系数越大，冲击波衰减越快。当冲击波由小断面进入大断面时，管道截面积变化率越大，冲击波波阵面的膨胀作用就越大，冲击波波阵面单位面积的能量越小，冲击波强度越小，冲击波衰减越快。当冲击波由大断面进入小断面时，冲击波波阵面的强度有所增强，但是冲击波波阵面面积变小，冲击波波阵面的总体能量是变小的。管道截面积变化率越大，冲击波波阵面的强度增加越大，但是冲击波由于湍流作用消耗在管道壁面的反射的能量越多，冲击波波阵面总体能量的消耗越大，衰减系数越接近于 1，冲击波总体衰减越快。

由式（2-26），

$$P_2 = P_1 - \frac{(P_1 - P_0)(\frac{S_0}{S_1} - 1)[(\gamma + 1)P_0 + (\gamma - 1)\frac{S_1}{S_0}P_1]}{[(\gamma + 1) - (\gamma - 1)\frac{S_1}{S_0}]P_1 + [(\gamma - 1)\frac{S_0}{S_1} - (\gamma + 1)]P_0} \tag{2-42}$$

可以得出，当 $S_0 = S_1$ 时，$P_1 = P_2$，冲击波不发生衰减。这是式（2-42）应用的极限情况。

当 $S_0 \geqslant S_1$ 时，$P_1 \geqslant P_2$，冲击波由小断面进入大断面，冲击波的强度减小。冲击波由小断面进入大断面时，面积变化率 S_0 / S_1 越大，冲击波衰减越快；反之，冲击波由大断面进入小断面时，当 $S_0 \leqslant S_1$ 时，$P_1 \leqslant P_2$。面积变化率 S_0 / S_1 越大，冲击波强度增加越大，冲击波总体衰减越快。

3. 冲击波在管道单向分叉情况下传播规律理论分析

方程组（2-38）比较复杂，通过程序进行循环迭代求解比较快捷方便，因此采用 Fortran 语言编写了相应的求解程序，求解过程如图 2-17 所示。

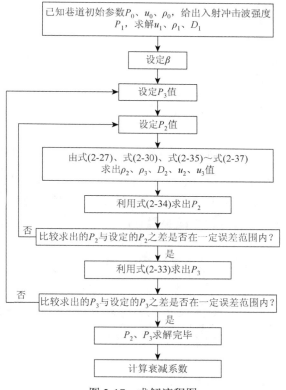

图 2-17　求解流程图

如表 2-3 和图 2-18 所示，是理论计算的单向分岔巷道内不同初始压力下支线巷道的超压衰减系数随分岔角的变化情况。可以看出，随初始压力的增加，其衰减系数呈增加的趋势，与实验结果一致。

表 2-3　理论计算不同初始压力单向分岔巷道中支线的冲击波衰减系数

单向分岔巷道支线分岔角度/(°)	0.3 MPa	0.5 MPa	0.7 MPa	0.9 MPa	1.1 MPa
20	1.7279	1.8134	1.8590	1.8874	1.9068
30	1.7610	1.8489	1.8957	1.9249	1.9449

续表

单向分岔巷道支线分岔角度/(°)	0.3 MPa	0.5 MPa	0.7 MPa	0.9 MPa	1.1 MPa
40	1.8157	1.9075	1.9565	1.9871	2.0080
50	1.9057	2.0040	2.0565	2.0893	2.1118
60	2.0633	2.1728	2.2315	2.2682	2.2934
70	2.3837	2.5159	2.5871	2.6319	2.6626
80	3.3258	3.5240	3.6320	3.7005	3.7478

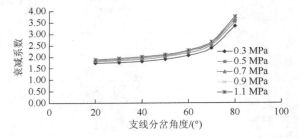

图 2-18　理论计算不同初始压力下支线巷道的超压衰减系数随分岔角度的变化

　　表 2-4 为入射冲击波压力为 0.4 MPa 时的冲击波数值，图 2-19 为巷道 2（直线巷道）和巷道 3（支线巷道）中超压衰减系数随夹角的变化。可以看出在 90°以下直线巷道中超压衰减系数呈减小趋势，随分岔角度的增大，逐渐靠近 1。单向分岔支线巷道中超压衰减系数呈增大趋势，这与实验相符。也可看出，大于70°时，单向分岔支线巷道中超压衰减系数随角度增大而剧增，在接近 90°时误差较大。

表 2-4　理论计算入射冲击波压力为 0.4 MPa 时的冲击波衰减系数

单向分岔巷道支线分岔角度/(°)	巷道 2 超压衰减系数（直巷道）	巷道 3 超压衰减系数（支线巷道）
10	1.477 96	1.800 09
20	1.466 66	1.818 89
30	1.447 01	1.853 68
40	1.417 67	1.911 27
50	1.376 49	2.006 05
60	1.320 09	2.171 93
70	1.243 27	2.509 12
80	1.138 09	3.500 81
85	1.071 95	5.395 51
87	1.043 07	7.823 73
89	1.013 79	19.450 13

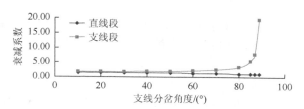

图 2-19　单向分岔巷道中直线段和支线段的超压衰减系数随夹角的变化

一般空气区煤尘爆炸冲击波在单向分岔巷道内的传播规律的理论推算公式分析如下。

1）将冲击波的基本间断关系式应用到单向分岔巷道情况下，建立了单向分岔巷道得到了爆炸冲击波两侧间断关系式，得到一般空气区煤尘爆炸冲击波在单向分岔情况下的直线巷道、分岔支线巷道内的压力计算公式。在已知初始条件下，不需要给定冲击波的传播速度，能够直接计算出冲击波在单向分岔巷道内分岔点后的压力变化规律。

2）理论分析推算出来单向分岔巷道分岔点后直线段、支线段的压力表达式，从而可以求出相应衰减系数。P_0、β 是已知数，在给定入射波强度 P_1 的情况能够计算出单向分岔巷道内直线段、支线段的冲击波压力 P_2、P_3，基于 Fortran 语言编写了计算程序。

3）单向分岔巷道在分岔点处冲击波的反射非常复杂，出射波在单向分岔点后沿分岔直线段、支线段内的规则传播，是理想情况。在实际过程中，爆炸冲击波在分岔处要经历多次反射，传播一定的距离后才能看作是沿管道拐弯后方向规则传播。实验布置测点考虑此种情况，测点选择在岔点 6 倍管径后。

4）推导单向分岔巷道内直线段、支线段压力计算的过程中，认为冲击波的传播速度不变，这与实际情况有误差。冲击波经过巷道分岔处，其波长、速度、压力等都会改变，爆炸冲击波经过巷道分岔处时会产生斜激波、附体波、脱体波，在此呈现非常复杂的状态。过分岔点后冲击波传播方向不一定和管道分岔后的传播方向一致，随分岔角度的增大，斜激波的反射角度也越来越大，甚至造成回流。而在理论推导过程中均未考虑这些因素的影响，因此推导出的压力计算公式，在支线分岔角小于 70°的情况下与实验结果吻合，随分岔角度增大，计算衰减系数差值增大。

冲击波在双向分岔巷道中传播如图 2-20 所示，入射冲击波从巷道 1 传入巷道 2、巷道 3。

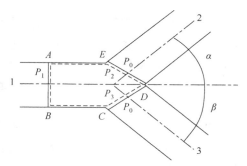

图 2-20　冲击波在双向分岔巷道中传播示意图

在分岔处建立控制体 $ABCDE$，在此所做的假设与上节一样。在控制体上建立沿巷道 1 轴向方向的动量守恒方程，设控制体随 D_2 在巷道 1 流向上的分量速度运动，可得

$$P_1 + \rho_1(u_1 - D_2\cos\alpha)^2 = P_2\cos\alpha + \rho_2(u_2\cos\alpha - D_2\cos\alpha)^2 +$$
$$P_3\cos\beta + \rho_3(u_3\cos\beta - D_2\cos\beta)^2 \qquad (2\text{-}43)$$

由于双向分岔巷道中的冲击波传播公式推导与单向分岔的区别在于式（2-43）和式（2-34）不同，其他推导过程均一样，在这里不再重复叙述。

$$\begin{cases} \rho_1 = \rho_0 \dfrac{(\gamma+1)P_1 + (\gamma-1)P_0}{(\gamma+1)P_0 + (\gamma-1)P_1} \\[3mm] \rho_2 = \rho_0 \dfrac{(\gamma+1)P_2 + (\gamma-1)P_0}{(\gamma+1)P_0 + (\gamma-1)P_2} \\[3mm] \rho_3 = \rho_0 \dfrac{(\gamma+1)P_3 + (\gamma-1)P_0}{(\gamma+1)P_0 + (\gamma-1)P_3} \\[3mm] D_2 = \sqrt{\dfrac{(\gamma+1)P_2 + (\gamma-1)P_0}{2\rho_0}} \\[3mm] u_2 = (P_2 - P_0)\sqrt{\dfrac{2}{\rho_0[(\gamma+1)P_2 + (\gamma-1)P_0]}} \\[3mm] u_3 = (P_3 - P_0)\sqrt{\dfrac{2}{\rho_0[(\gamma+1)P_3 + (\gamma-1)P_0]}} \\[3mm] \rho_1 u_1 = \rho_2 u_2 + \rho_3 u_3 \\[2mm] P_1 + \rho_1(u_1 - D_2\cos\alpha)^2 = P_2\cos\alpha + \rho_2(u_2\cos\alpha - D_2\cos\alpha)^2 + \\ \qquad P_3\cos\beta + \rho_3(u_3\cos\beta - D_2\cos\beta)^2 \end{cases} \qquad (2\text{-}44)$$

在给定初始压力的条件下，利用方程组（2-44）就可以求出 P_1/P_2、P_1/P_3，从而可得出双向分岔巷道中巷道 2、巷道 3 的衰减系数，得出爆炸冲击波在双向分岔巷道内的传播规律。

同样，通过程序进行循环迭代求解比较快捷方便，也采用 Fortran 语言编写了相应的求解程序。

如表 2-5 和图 2-21 所示，是在初始压力 0.4 MPa 与 0.8 MPa 下，巷道 2 的分岔角为 30°不变时，巷道 3 的分岔角逐渐变化时，超压衰减系数的变化。可以看出初始压力增大超压衰减系数增大。当巷道 2 的分岔角不变时，巷道 3 的衰减系数随分岔角的增大而增大。

表 2-5　巷道 2 的分岔角为 30°时巷道 3 的超压衰减系数随夹角的变化

巷道 3 夹角/（°）	衰减系数	
	0.4 MPa 时	0.8 MPa 时
20	1.4457	1.7699
30	1.6221	1.9566
40	1.7292	2.0848
50	1.9002	2.3178
60	2.1822	2.5902
70	2.7430	3.3056

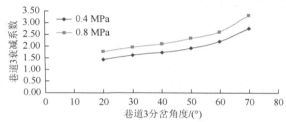

图 2-21　巷道 2 的分岔角为 30°时巷道 3 的超压衰减系数随夹角的变化

表 2-6、图 2-22 对应于表 2-5、图 2-21 巷道 2 中超压衰减系数变化情况。从图中可以看出，巷道 2 在夹角不变时，超压衰减系数随巷道 3 夹角的变大而变小，而其衰减系数均随初始压力的增大而增大。

表 2-6　巷道 2 的分岔角为 30°时的超压衰减系数随巷道 3 夹角的变化

巷道 3 夹角/（°）	衰减系数	
	0.4 MPa 时	0.8 MPa 时
20	2.2124	2.5352
30	2.1292	2.4423
40	1.9683	2.2652
50	1.7879	2.0835
60	1.5786	1.8652
70	1.2743	1.5387

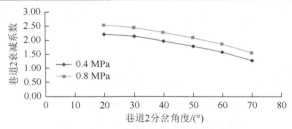

图 2-22　巷道 2 的分岔角为 30°时巷道 2 的超压衰减系数随巷道 3 夹角的变化

一般空气区煤尘爆炸冲击波在双向分岔巷道内的传播规律的理论推算公式分析如下：

1）基于单向分岔巷道的压力推导过程，增加控制体随在主巷道流向上的分量速度推导出分岔点后的压力计算公式。在已知初始条件下，不需要给定冲击波的传播速度，能够直接计算出冲击波在单向分岔巷道内分岔点后的压力变化规律。

2）理论分析推算出双向分岔巷道分岔点后各分岔内的压力表达式，从而可以求出相应的衰减系数。P_0、α、β 是已知数，在给定入射波强度 P_1 的情况就能够计算出单向分岔巷道内直线段、支线段的冲击波压力 P_2、P_3，基于 Fortran 语言编写了计算程序。

3）双向分岔巷道在分岔点处冲击波的反射非常复杂，出射波在分岔点后沿各分岔进行规则传播，是理想情况。在实际过程中，爆炸冲击波在分岔处要经历多次反射，传播一定的距离后才能看作是沿管道拐弯后方向规则传播。

4）基于单向分岔巷道的压力推导过程，得出双向分岔巷道各巷道的压力计算，也是认为冲击波的传播速度不变，这与实际情况有误差。冲击波经过巷道分岔处，其波长、速度、压力等都会改变，爆炸冲击波经过巷道分岔处时会产生斜激波、附体波、脱体波，在此呈现非常复杂的状态。过分岔点后冲击波传播方向不一定和管道分岔后的传播方向一致，在双向分岔巷道内，随分岔角度的增大，斜激波的反射角度也越来越大，甚至造成回流。同样在理论推导过程中也未考虑这些因素的影响，因此推导出的压力计算公式，在分岔角小于 70° 的情况下适用，随分岔角度增大，计算衰减系数差值较大。

二、瓦斯爆炸过程火焰波传播机理

对于静止的预混瓦斯可燃气体被点燃发生化学反应情况，随着时间的推移，此反应将在预混可燃气体中传播，根据反应机理的不同可以分为爆燃和爆轰两种形式。火焰正常传播是由于可燃气体分子的自由扩散和已燃气体对未燃气体分子的加热作用形成的，燃烧波不断向未燃气体中传播。火焰波的传播形式可以分为层流火焰传播和紊流火焰传播两种形式。层流火焰传播是指火焰缓慢地一层一层地向未燃气体中传播，影响因素主要有热扩散率、压力、初始温度、理论燃烧温度、过量空气系数等，对于大多数预混可燃气体的层流燃烧速度量级是 0.5 m/s。紊流火焰传播的传播速度很快，速度可以达到 200 m/s 以上。一般情况下，在各种影响因素下，矿井巷道内的瓦斯爆炸气体火焰波是以紊流形式传播的。

在火焰的传播过程中，湍流在火焰传播和燃烧过程中发挥着非常重要的作用。由于湍流作用能使火焰传播速度增加 1~2 个数量级。另外，预混瓦斯可燃气体从爆燃转变为爆轰，是从起始较慢的火焰速度连续地加速到某一速度，在此化学反应的传播机理突然改变，即从气体分子自由扩散控制转变为由冲击波压缩加热的自动点火。发生这种转变的可能性也取决于火焰加速程度。矿井巷道内瓦斯爆炸火焰燃烧先传达到巷道壁，火焰在充满可燃气体的巷道中受冲击波影响，传播速度会产生很大的变化。如果是在巷道内的一端瓦斯气体被点燃，火焰向另一端传播时，燃烧气体会迅速膨胀，这时候冲击波逐步推向未燃烧的气体，使得未燃烧气体被迅速压缩。未燃气体被压缩后会使气体密度增加，冲击波使燃烧传播速度加快，前段未燃烧提起压力更大，如此循环火焰传播速度越来越快，可以达到超音速。起初，在点火后，火焰通常是层流的，随着火焰从点火中心生长，就逐步"湍流化"，而湍流化过程指的就是火焰加速机理。矿井巷道内瓦斯爆炸是一个动态加速的过程，目前描述瓦斯爆炸火焰加速机理主要有火焰阵面微分加速机理、加热和压缩机理、火焰阵面不稳定加速机理、火焰阵面湍流加速机理[11,12]。

（一）火焰加速机理

1. 火焰阵面微分加速机理

火焰阵面微分加速机理，是基于压缩和提高了未燃气体的温度和压力，从而增加了燃烧的速度，燃烧波压缩再次向前形成压缩波，进一步使未燃气体的温度和压力提高，这个过程是一个渐进的过程，所以称为微分加速机理。在微分加速机理作用下，火焰通常加速几毫秒，通过一段距离才能发展为爆轰波。通常微分加速机理在火焰加速的早期阶段起作用，在此之后将逐步促发湍流加速机理。

通常，火焰传播速度在起爆瞬间比较慢，一段时间后，火焰速度逐渐加快，在某一位置达到最大值。如果没有能量补充，由于热损失、内摩擦及膨胀作用，其传播速度到一定距离时火焰速度减慢到熄灭。如果能量得到补充，当火焰速度持续加速并达到临界速度，爆燃就会转为爆轰，在此速度下，化学反应机理突然从扩散、输运模式转变为冲击波加热的自点火模式。初始层流火焰在一定条件下会转变成湍流火焰，使火焰加速。这种转变的可能性和转变距离取决于火焰传播速度及其加速度。

2. 加热和压缩机理

加热和压缩机理是指火焰产生的前驱冲击波对未燃混合物的加热和压缩，是一种使火焰加速到爆轰的正反馈机理，属于气体动力学的正反馈机理，对火焰早期的加速阶段起作用，同时可以触发形成湍流火焰。一旦湍流火焰形成，则湍流加速机理将起主导作用。

3. 火焰阵面不稳定加速机理

预混气体的不稳定性是指理想的平面火焰在微小扰动下出现幅度随时间增大的皱褶。火焰不稳定性的根源是此时化学反应和流动的平衡处于不稳定状态，这种平衡即使是在微小的扰动下也会失稳，从而达到另一种平衡。由于火焰阵面不稳定弄破了平面火焰阵面，增大燃烧速度和火焰传播速度。燃烧速度增大的另一个原因是火焰阵面前的紊流涡流使火焰阵面变为折叠形，增大了火焰与氧气的接触面积，从而使火焰燃烧速度加快。火焰的气体膨胀、扩散热效应、重力都能导致火焰阵面不稳定。预混火焰的自身不稳定性主要存在三种不同类型的现象，即水力效应、体积效应和扩散热效应。

水力效应是火焰放热引起气体膨胀产生的。火焰由于受到扰动而出现轻微皱褶，对于向预混气体凸起部分，由于气体膨胀导致流线偏折，加剧了火焰锋面凸起；相反，对于凹陷部分，越发加剧了火焰的凹陷，这样扰动就有被放大的趋势。水力学效应是预混火焰最基本的自身不稳定性，因为任何预混燃烧都是放热的，并且伴随着强烈的气体膨胀现象。

体积力效应是由上下层流体的密度差异造成的。如果火焰由下向上传播，上层是密度较大的未燃预混气体，下层为密度较小的燃烧产物，这样在上下层流体的边界处诱发不稳定性。如果火焰由上向下传播，重力是稳定机理。

扩散-热效应引起的为稳定性出现在预混气体的路易斯数 $Le<1$ 的预混火焰中，其原因是热扩散和组分扩散的速率不相等导致离开火焰锋面的热量和火焰锋面扩散的燃料所携带的化学能之间的不平衡。在 $Le<1$ 的情况下，扩散-热效应使火焰向预混气体流凸起部分具有大于平面火焰的局部传播速度；而使凹陷部分具有小于平面火焰的局部传播速度，因此皱褶被加剧，产生了不稳定性。相反，$Le>1$ 对火焰皱褶有抑制作用。

根据以上预混火焰不稳定性产生的机理分析，重力、气体膨胀和扩散-热效应往往同时存在，所以不稳定性与火焰的传播方向、扰动波数 K、预混气体的路易斯数 Le、火焰的放热率有关。对于向下传播的火焰，重力是稳定机制，抑制各种波数的火焰锋面皱褶；气体膨胀效应对各种尺度的皱褶都有放大作用；扩散-热效应产生中等尺度的皱褶。三种效应对火焰不稳定性的综合影响可以看作三种影响的线性叠加。

4. 火焰阵面湍流加速机理

在燃烧学中，把从一种光滑火焰表面出现的任何变化都定义为湍流火焰。显然，在这一普遍范围内，很多因素都可能对层流任何一种变化产生影响。在点火后，火焰通常是层流的，随着火焰从点火中心扩散，火焰逐步由层流变为湍流，这一过程就是一个火焰加速过程。在层流火焰中，热量和质量传输以分子扩散方式来进行。而在湍流火焰中，热量和质量传输主要以涡团混合来进行。涡团混合是几种形状的函数，因此在湍流火焰中，热量及质量的传输与涡团几何尺寸有关。所以湍流燃烧速度不是混合物的特征参数，它与巷道尺寸有关，而层流燃烧速度是燃料混合物的特征参数，不受这些因素的影响。

（二）爆燃转爆轰

预混瓦斯爆炸可燃气体被点燃后，就会在点火源处形成最初火焰，起始火焰厚度非常薄，仅 0.01～0.1 mm。

在预热带内将未燃预混瓦斯爆炸可燃气体的初始温度 T_i 加热接近着火温度，此时开始在化学反应带里进行放热的化学反应，反应带结束处火焰波温度达到 T_b；在预热带内，由于预混可燃气体向反应带扩散，其浓度缓慢下降；当进入反应带时，甲烷燃烧使得浓度急剧减少；爆炸产物浓度曲线在反应带中央为最高，它的两侧大致呈正态分布。

在一定条件下，瓦斯爆炸形式可以从爆燃转变为爆轰。爆轰波是以爆轰速度运动着的冲击波和被加热、被压缩的气体所组成的。当冲击波经过后发生剧烈的化学反应，随着反应的进行，可燃气体温度升高，而密度和压力降低。P、T 与 ρ 分别表示无因次压力 P/P_0、温度 T/T_0 及密度 ρ/ρ_0 的变化。

火焰波的湍流效应对火焰加速有重要作用，湍流燃烧可以用式（2-45）表示：

$$s_t = s_L + \left(2s_L k_t \left\{ 1 - \frac{s_L}{k_t} \left[1 - \exp\left(-\frac{k_t}{s_L} \right) \right] \right\} \right)^{\frac{1}{2}} \qquad (2\text{-}45)$$

其中，S_t 为火焰湍流燃烧速度，m/s；S_L 为火焰层流燃烧速度，m/s；k_t 为湍流尺度因子，反应湍流的强度，与雷诺数相关。

爆燃和爆轰的基本特征参数比较如表 2-7 所示[12]。

表 2-7　预混可燃气体爆燃与爆轰参数比较

项目	数值范围		备注
	爆燃	爆轰	
M_{a0}	<1	>1	
M_{a1}	$\leqslant 1$	$\leqslant 1$	下标"0"表示火焰锋面前的参数，"1"表示火焰锋面后的参数，M_a 为燃烧波传播的马赫数，P 是压力，T 是绝对温度，ρ 是密度
P_1/P_0	$0.98\sim0.99$	$13\sim55$	
T_1/T_0	$4\sim16$	$8\sim21$	
ρ_1/ρ_0	$0.06\sim0.25$	$1.4\sim2.6$	

三、瓦斯爆炸过程毒气传播机理

有毒气体，顾名思义，就是对人体产生危害、能够致人中毒的气体。井下巷道内发生瓦斯爆炸事故后会产生大量的 CO 等有毒有害气体，人们在中毒时表现出的反应为头晕、恶心、呕吐、昏迷，也有一些毒气使人皮肤溃烂，气管黏膜溃烂。深中毒状态为休克，甚至死亡。井下瓦斯爆炸事故引起人员大量伤亡的伤害因素就是有毒有害气体[12]。

有毒气体传播规律的基本问题就是研究湍流、毒气传播与毒气浓度衰减的关系问题。在自由空间和受限空间的条件下，影响毒气传播的因素是不一样的。在自由空间条件下，影响毒气传播的主要因素有风向、风速及大气稳定度。而对于受限空间，则主要是风向和风速两大因素。在井下巷道这个受限空间内，人们普遍关心的问题是有毒气体的浓度及覆盖的范围。

目前处理毒气传播这个问题主要有两种广泛应用的理论，即梯度输送理论和湍流统计理论。梯度输送理论是按分子扩散的菲克定律形式类比而建立起来的，认为扩散速度与浓度成正比。湍流统计理论认为有毒气体分子湍流运动的随机性导致其在空间分布上符合正态分布。湍流扩散速度比分子扩散速度快得多，而在风流主方向上风速远大于湍流的脉动速度，故在有明显风流条件下（风速大于 3 m/s）平流输送扩散作用是主要的，这一点在井下巷道中表现尤为明显。下面将应用基于湍流统计理论的高斯烟团扩散模型对井下有毒气体扩散进行分析。

（一）毒气扩散理论研究

1. 研究矿井瓦斯爆炸产生毒气 CO 的扩散规律所引用的模型

对于自由空间气体扩散，国外在 20 世纪七八十年代就有研究，到目前为止提出不少的扩散计算模型。应用比较广泛的有高斯烟羽和烟团模型、BM 模型、Sutton 模型、有限元模型等[11]。气体泄漏分为连续泄漏和瞬时泄漏，一般认为泄漏时间在半小时以上的为连续泄漏，瞬时泄漏是指气体在短时间全部泄漏，聚集在事故源口而形成一团，随下风向移动。

在开阔地面，毒气在垂直地面方向扩散时会碰到大气层边界的一个稳定的逆流层，使得毒气被反射回来，这样毒气就被抑制在地面和逆温层之间，此种扩散称为封闭型扩散。封闭型烟团扩散模型如式（2-46）所示：

$$C(x,y,z,u,H) = \frac{2M}{(2\pi)^{1.5}\sigma_x\sigma_y\sigma_z}\exp\left\{-\frac{1}{2}\left[\frac{(x-ut)^2}{\sigma_x^2}+\frac{y^2}{\sigma_y^2}\right]\right\}$$

$$\sum_{n=-3}^{3}\left\{\exp\left[-\frac{1}{2}\frac{(z-H+2nD)^2}{\sigma_z^2}\right]+\exp\left[-\frac{1}{2}\frac{(z+H+2nD)^2}{\sigma_z^2}\right]\right\}$$

（2-46）

其中，x,y,z 为该点坐标，m；C 为气体或污染物扩散浓度（以百分数表示的体积分数）；σ_x、σ_y、σ_z 分别为 x、y、z 方向上的扩散系数，m；M 为气体或污染物的泄放总量，m^3；n 为气体或污染物在地面与逆温层之间的反射次数，为了计算方便，一般处理为 3 或 4；u 为 x 方向上的风流速度，m/s；t 为扩散时间，s；H 为泄漏源高度，m；D 为混合层到地面的高度，m。

自由空间毒气扩散模型示意如图 2-23 所示。

2. 模型的改进

发生瓦斯爆炸事故后，在井下巷道中产生大量有毒有害气体，CO 是最主要的致死性气体已引起世

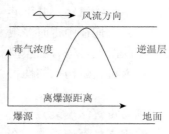

图 2-23　自由空间毒气扩散
模型示意图

界各主要产煤国家的高度注意。在风流作用下，CO 迅速在巷道中扩散，造成人员的大量伤亡。井下巷道中瓦斯爆炸所产生的 CO，可以看作是瞬时泄漏，可采用较为成熟的高斯烟团模型。高斯烟团模型适用于轻气体或与空气密度相差不多的气体的扩散。CO 相对于空气的密度为 0.97，密度和空气相差不多，即能不考虑重力影响应用高斯烟团模型研究有毒气体扩散。

应用高斯模型须对 CO 扩散过程进行如下假设。

1）瓦斯爆炸产生 CO 的过程为瞬时泄放，泄放时间小于扩散时间。即认为扩散过程为烟团扩散而不是连续的烟羽扩散。

2）CO 在扩散过程中不发生化学反应，瓦斯爆炸所产生的 CO 全部参与扩散。

3）瓦斯爆炸所产生的压力、温度、湿度及重力等因素对 CO 扩散无影响。

4）CO 在巷道中服从高斯分布（空间上服从正态分布）。

5）在下风向上湍流扩散相对于平流扩散可以忽略不计（主要是由于风流主方向上风速远大于湍流的脉动速度）。

对于井下巷道，巷道顶板、底板可以看作是逆温层和地面，同理，巷道两侧壁面也可以看作是逆温层和地面，瓦斯爆炸事故产生的毒气 CO 扩散过程中在 y、z 方向上（顶板、底板和巷道两侧壁面之间）发生反射，然后沿 x 方向（风流主方向）扩散。对上述公式简化处理，当 $y, z, H = 0$ 时，如式（2-47）所示：

$$C(x,0,0,u,0) = \frac{2Qb}{(2\pi)^{1.5} \sigma_x \sigma_y \sigma_z} \exp\left[-\frac{1}{2}\frac{(x-ut)^2}{\sigma_x^2}\right]$$
$$\sum_{n=-3}^{3} \exp\left[-\frac{(2nA)^2}{\sigma_y^2}\right] \sum_{n=-3}^{3} \exp\left[-\frac{(2nB)^2}{\sigma_z^2}\right] \tag{2-47}$$

其中，C 为气体或污染物扩散浓度，g/m³；A、B 分别为巷道宽度和高度，m；Q 为参爆瓦斯量，m³；b 为每立方米瓦斯爆炸产生有毒气体 CO 量，50 g/m³（体积分数为 4%）；其余的符号与式（2-46）中相同。

井下巷道内瓦斯爆炸 CO 扩散示意如图 2-24 所示。

σ_x、σ_y、σ_z 扩散系数的确定非常

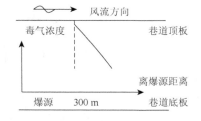

图 2-24　井下巷道内瓦斯爆炸 CO 扩散示意图

困难，往往需要进行特殊的气象观察和大量在开阔平原田野的计算工作。实际工作中，往往采取近似估算法，有扩散参数算法、Briggs 扩散参数算法、美国 ASME 扩散参数（BNL 扩散参数）算法、上海宝钢扩散参数算法等。在井下瓦斯爆炸事故产生的 CO 毒气扩散研究中，采用形式较为简单的美国 ASME 扩散参数近似估

算法，在水平方向上认为 $\sigma_x = \sigma_y$，扩散系数计算如表 2-8 所示[11]。

表 2-8　扩散系数计算表

大气稳定度	σ_y	σ_z
A	$0.40x^{0.91}$	$0.40x^{0.91}$
B~C	$0.36x^{0.86}$	$0.33x^{0.86}$
D	$0.32x^{0.78}$	$0.22x^{0.78}$
E~F	$0.31x^{0.71}$	$0.06x^{0.71}$

选择扩散系数计算公式时，先确定大气稳定度，而大气稳定度的求法比较复杂，和太阳辐射等级有密切的关系。大气稳定度如表 2-9 所示。

表 2-9　大气稳定度表

地面风速/ (m/s)	晴天太阳辐射			阴天或夜晚	夜晚多云	
	强	一般	弱		薄云覆盖 ≥50%	厚云覆盖 <40%
<2	A	A~B	B	D	—	—
2~3	A~B	B	C	D	E	F
3~5	B	B~C	C	D	D	E
5~6	C	C~D	D	D	D	D
>6	D	D	D	D	D	D

针对井下巷道中并无太阳辐射的实际情况，对照大气稳定度等级表作近似处理。鉴于瓦斯爆炸频发地采掘工作面风速一般为 3 m 左右，井下巷道中并无太阳辐射，故大气稳定度选取 E 等级，扩散参数如式（2-48）所示。

$$\sigma_y = 0.31x^{0.71}, \quad \sigma_z = 0.06x^{0.71} \tag{2-48}$$

以上几种扩散参数的求法是经验公式，实际大气湍流性质十分复杂，绝非简单的函数关系。

3. 模型的计算

高斯模型适用于轻气体或与空气密度相差不多的气体，是在大量气体扩散数据基础上得出的经验公式，因此只具有数学统计意义，可以对气体浓度在空间的分布做近似估算，精度不高。所以在对高斯烟团模型进行改进和数学计算时，做近似处理而不做精确的数学求导。

（1）扩散参数的修正

分析式（2-47），记为

$$U = \exp\left[-\frac{1}{2}\frac{(x-ut)^2}{\sigma_x^2}\right], \quad V = \sum_{n=-3}^{3}\exp\left[-\frac{(2nA)^2}{\sigma_y^2}\right], \quad W = \sum_{n=-3}^{3}\exp\left[-\frac{(2nB)^2}{\sigma_z^2}\right],$$

$$C_{\max} = \frac{2Qb}{(2\pi)^{1.5}\sigma_x\sigma_y\sigma_z} \tag{2-49}$$

U、V、W 分别代表 x、y、z 方向上扩散对气体最大浓度的影响程度。当 $x = ut$，巷道宽度和高度 A、$B = 0$ 时，CO 的浓度 C 最大，记作 $C_{\max}$。根据井下实际情况，风流主方向（x 方向）上 u 是影响浓度的主导因素，巷道宽度、高度（y、z）方向上由于巷道壁面反射，对浓度的影响很小。把式（2-48）代入式（2-47）计算出的结果误差相当大，发现巷道宽度方向上 V 对浓度影响小，证明扩散参数 σ_y 比较符合实际情况。而高度方向上 W 对浓度影响很大，明显不符合井下实际情况，这是由于扩散参数经验公式是经过大量的实验得出的，考虑了在 z 方向上太阳辐射因素，而井下并无太阳辐射，故在 z 方向上的扩散参数 σ_z 误差很大，导致 W 对浓度的影响明显不符合实际情况。到目前为止，尚未有文献对井下巷道中毒气扩散参数进行研究，所以在井下巷道中，认为 x、y、z 方向上扩散参数相等，如式（2-49）所示：

$$\sigma_x = \sigma_y = \sigma_z = 0.31x^{0.71} \tag{2-50}$$

（2）模型的简化

对式（2-47）、式（2-49）进行联立求解，得出当 $x = ut$ 时（此时在 x 点位置浓度最大），几种井下瓦斯爆炸事故频发区典型巷道的毒气 CO 传播规律计算公式如表 2-10 所示。由于井下巷道不是规则的长方形，以上巷道宽度和高度为大体估计值，可按照巷道截面积大体选择。按照式（2-47）计算出的浓度在巷道风流方向上大体符合正态分布，鉴于非线形公式拟合不够成熟，再加上毒气扩散致死区范围一般都在数百米，所以只对离爆源处大于 300 m 的巷道中毒气浓度进行拟合，经方差检验拟合精度较好。

表 2-10 CO 传播规律计算公式表

巷道	巷道宽度/m	巷道高度/m	巷道截面积/m²	计算公式
1	2.74	1.86	5.1	$C = 5204.87Qx^{-1.876}$
2	3	2.1	6.3	$C = 2483.88Qx^{-1.781}$
3	3	2.27	6.8	$C = 2150.235Qx^{-1.762}$
4	3.5	2	7	$C = 1675.158Qx^{-1.732}$
5	3.05	3.05	9.3	$C = 1004.3Qx^{-1.667}$

注：表中计算公式只对离爆源处大于 300 m 的巷道中的毒气浓度进行计算

（二）伤害区域的划分

有毒气体 CO 弥散在井下巷道中，当超过一定浓度并且持续一段时间后，会使井下工人中毒，离泄漏源越近，浓度越大，接触时间越长，造成的人员伤亡越大。目前，尚没有文献对瓦斯爆炸事故毒气扩散伤害效应进行研究，对于自由空间毒气伤害效应的研究，大多采用英国卫生安全执行局提出的毒负荷概念来估算对人的伤害程度。计算毒气与人的接触时间时，由于井下这个特殊的作业环境，有许多不确定因素。例如，发生瓦斯爆炸事故后，工人迅速打开自救器自救；工人在井下走动及工人在井下的位置难以确定等因素，使工人接触毒气的时间难以计算。所以在毒气扩散危险区域划分过程中为了方便计算，假定"致死区"、"重伤区"的最长接触时间为 30 min，"轻伤区"由于覆盖面积大，疏散困难，最长接触时间假定为 60 min。

为了便于分析，将毒气 CO 的扩散区域划分为致死区、重伤区和轻伤区。在致死区内有半数的人员死亡，在重伤区人员受重度中毒，在轻伤区人员受轻度中毒。毒气 CO 的致死区可根据半致死剂量 LC_{t50} 计算，半致死剂量为 192 $g \cdot min/m^3$（240 000 ppm·min）（1ppm=10^{-6}）；重伤区可根据半伤害剂量 IC_{t50} 计算，半伤害剂量为 96 $g \cdot min/m^3$（120 000 ppm·min）；轻伤区可根据半中毒剂量 PC_{t50} 计算，半中毒剂量为 14.4 $g \cdot min/m^3$（18 000 ppm·min）。根据上述假设的接触时间，致死区浓度阈值为 6.4 g/m^3，重伤区浓度阈值为 3.2 g/m^3，轻伤区浓度阈值为 0.24 g/m^3。

在得知参爆瓦斯量后，根据表 2-10 中的公式，求出各巷道死亡距离、重伤距离和轻伤距离。

第四节　瓦斯爆炸伤害机理

一、瓦斯爆炸冲击波伤害机理

冲击波效应主要以超压的挤压和动压的撞击，使人员受挤压、摔掷而损伤内脏或造成外伤、骨折、脑震荡等。冲击波的压力分为超压、动压、负压三种。冲击波波阵面压缩区内超过正常大气压的压力称为超压；高速气流运动所产生的压力称为动压；冲击波波阵面后面稀疏区内低于正常大气压的压力称为负压。冲击波的杀伤破坏作用主要是由超压和动压造成的，而负压的作用较小，但是不可忽视，波阵面前方超压和动压及波阵面后面的负压对构筑物造成摇摆而使其严重破坏。

冲击波波阵面到达某一点所需的时间，称为冲击波的到达时间。冲击波到达某一点，压力从开始上升到达峰值所需的时间，称为压力上升时间。超压持续作用的时间越长，则杀伤破坏作用就越强，反之则越弱。

瓦斯爆炸事故一旦发生，会造成井下工作人员的群死群伤和惨重的财产损失，有时候会引发煤尘爆炸、矿井火灾、巷道垮塌、顶底板事故等二次灾害。冲击波对人体的伤害主要表现为对人体的耳鼓膜、肺部等其他身体部位的冲击作用，目前研究冲击波对人体的伤害准则主要是冲量准则、超压准则、超压-冲量准则等。

二、瓦斯爆炸火焰波的伤害机理

矿井瓦斯爆炸火焰灼烧是一种烧伤、冲击波及有毒气体中毒复合伤，属于特殊类型的创伤，常发生在煤矿采煤和掘进工作面。矿井内瓦斯爆炸后所产生的温度很高，在流通空气中可达 1850℃，在密闭空气中可达 2650℃。矿井巷道内高速热气流传播速度非常快，人体接触时间非常短暂，所以大多数为人体暴露部位的二度烧伤，面积基本上小于 50%。如井下人员离爆源比较近，可造成衣服下面烧伤，穿深色衣服者衣下烧伤较穿浅色衣服者重。如果引燃衣服则可导致大面积深度烧伤，或吸入粉尘形成吸入性损伤。

瓦斯爆炸高温灼烧以暴露部位多见，烧伤面积较大，创面污染严重，但多为浅度烧伤，偶尔有大面积深度烧伤者。瓦斯爆炸烧伤一般较浅，但创面疼痛较剧烈，且合并伤较多，抢救时必须注意。应尽早将创面或伤口包扎。有外伤、骨折的肢体要固定，已灭火的衣服不要脱掉，以减少疼痛。救护伤员时注意避免再次损伤及创面污染。

（一）瓦斯爆炸火焰波传播影响因素

瓦斯爆炸火焰传播速度与预混瓦斯气体的物理化学性质有关。影响火焰传播速度的因素主要有以下几方面。

1）预混瓦斯可燃气体的性质。火焰传播速度与瓦斯气体的物理化学性质有关。爆燃情况下火焰传播速度小，爆轰情况下火焰传播速度大。导热系数大的可燃气体分子间传热比较快，所以火焰传播也快。预混瓦斯可燃气体的体积浓度也影响火焰传播速度，而且当该体积浓度超过一定范围时，火焰不能传播。在瓦斯气体浓度偏高的情况下，燃烧连锁反应的活性中心浓度较大，燃烧反应进行较快，加速了火焰传播；相反则减小，甚至不能向前传播。当瓦斯气体中含有惰性气体时，也会使火焰传播速度减小。

2）预混瓦斯可燃气体的预热温度。提高预混瓦斯可燃气体的初始温度能显著提高火焰的传播速度。随温度的增高而急剧上升，因为预热温度越高，将可燃混合物加热到着火温度所需要的时间越短，火焰传播速度则越快。

3）巷道内影响瓦斯爆炸传播的扰动源。巷道内总是存在一些障碍物，在瓦斯区内瓦斯燃烧时，障碍物或其他扰动源（巷道壁面粗糙度、巷道拐弯、巷道分叉等）使得未燃烧气体混合充分从而加速了气体的燃烧，火焰传播速度越来越快；在一般空气区内，瓦斯燃烧完毕，这些扰动源对冲击波的传播起到衰减的作用，冲击波慢慢变为声波，而这个区域内没有火焰存在。

（二）瓦斯爆炸火焰高温热辐射伤害模型

瓦斯爆炸火焰高温热辐射能引起大面积火灾，造成人员伤亡，热辐射对眼睛的危害最大、范围最大，夜间时更严重。井下瓦斯爆炸火焰热辐射对人的伤害形式主要表现为呼吸道和视网膜烧伤、皮肤烧伤等伤害类型，伤害严重时可导致死亡。

常见的热辐射伤害准则主要有热通量准则、热通量-热强度准则、热强度准则、热通量-时间准则和热强度-时间准则[12]。

热通量是指单位时间、单位面积发射或接收的热能。

热强度是热通量与作用时间的乘积。

1）热通量准则。热通量准则是以热通量作为衡量目标是否被伤害的指标参数，当目标接收到的热通量大于或等于引起目标伤害所需要的临界热通量时，目标被伤害。适用范围为热通量作用时间比目标达到热平衡所需要的时间长。

2）热强度准则。热强度准则以目标接收到的热强度作为目标是否被伤害的指标参数，当目标接受到的热强度大于或等于目标伤害的临界热强度时，目标被伤害。适用范围为作用目标的热通量持续时间非常短，以至于接收到的热量来不及散失掉。

各种伤害准则有其应用条件，对于瓦斯爆炸火焰的瞬时性，适合采用热通量准则。对于接收较长时间的热辐射伤害应采用与时间和热通量有关的伤害准则，所以热通量-热强度准则、热强度准则、热通量-时间准则和热强度-时间准则在原理上是相同的。

三、矿井瓦斯爆炸生成的 CO 损伤机理

CO 是矿井瓦斯与煤尘爆炸中，具有很大毒性的窒息性气体，CO 由呼吸道进入体内，在肺泡中通过气体交换作用而进入血液循环，CO 与血红蛋白 Hb 结合形成碳氧血红蛋白 HbCO。

首先，碳氧血红蛋白 HbCO 丧失了携氧的能力，从而造成全身各组织器官缺氧。CO 与血红蛋白 Hb 的亲和力要比氧气（O_2）与血红蛋白 Hb 的亲和力高很多，当吸入 20.9%的氧气和 0.07%的 CO 的空气时，血液中 HbCO 与 HbO_2 的量相等，即 CO 与血红蛋白 Hb 的亲和力比氧气与 Hb 的亲和力大 300 倍。因此 CO 与血红蛋白 Hb 的亲和速度比氧气快得多，而且 CO 能将 HbO_2 氧气排出去，并取而代之。所以即使吸入的空气中含有少量的 CO，也能形成大量的 HbCO 而造成全身缺氧。

反过来，虽然 HbCO 和 HbO_2 的解离速度是 HbO_2 解离速度的 1/3600 左右，但是一旦吸入 CO，其毒性作用持续时间较长。实验研究表明，患者停止吸入 CO 后，再吸入正常的空气，血液中 HbCO 减少一半所用的时间大约为 320 min，全

部解离需要 24 h。HbCO 不仅自身失去携氧功能，而且还阻碍正常的 HbO_2 解离，使 HbO_2 虽然携带氧，但不能把氧释放出来，供组织利用，使患者缺氧更加严重。实验研究表明，瓦斯浓度在 9.5%以下时瓦斯燃烧最完全，产生的 CO 浓度较低，大约为数百 ppm，瓦斯浓度大于 9.5%时瓦斯燃烧不完全，巷道内会产生大量的 CO，浓度可达数千到上万 ppm。由此可见井下瓦斯爆炸事故产生的 CO 会引起大量的人员伤亡[12]。

　　由瓦斯爆炸的条件可见，预防和控制瓦斯爆炸事故的发生，可以从两方面入手：一是采取措施，预防瓦斯爆炸事故的发生，即控制作业场所的瓦斯浓度，使其远低于瓦斯爆炸极限的下限，杜绝火源的出现；二是采取措施控制瓦斯爆炸事故影响范围的扩大，即在可能发生瓦斯爆炸的地点，采取必要的预防措施，以便在瓦斯爆炸发生后，使事故的损失降低到最低限度。

　　CO 对人体的伤害结果如表 2-11 所示。

表 2-11　不同浓度 CO 对人体的伤害影响

气体浓度/ppm	对人体的影响
50	可暴露 8 h
200	2～3 h 引起轻微的前额头痛
400	1～2 h 引起轻微的前额头痛并呕吐，2.2～3.5 h 可引起眩晕
800	45 min 之内头痛、头晕、呕吐，2 h 内昏迷可能死亡
1600	20 min 之内头痛、头晕、呕吐，1 h 内昏迷可能死亡
3200	5～10 min 头痛头晕，30 min 无知觉可能死亡
6400	1～2 min 头痛头晕，10～15 min 无知觉可能死亡
12 800	马上无知觉，1～3 min 可能死亡

第三章 复杂条件下瓦斯爆炸传播规律实验研究

第一节 管道内瓦斯爆炸冲击波传播规律实验研究

对于瓦斯爆炸事故，难以准确、及时地测定现场事故的数据，而且其爆炸机理复杂，很难对瓦斯爆炸事故进行复制。为了很好地预测、控制瓦斯爆炸事故的发生，对其爆炸过程及其传播规律进行实验研究，是十分必要的。目前，对于直管道内瓦斯爆炸传播规律及其影响因素研究成果较多，对于复杂管道内瓦斯爆炸传播规律的研究，则显得不够系统。在井下巷道实际环境下，瓦斯爆炸事故并不都是在直巷道内发生和传播，井下巷道呈复杂的网络状，所以对一般空气区复杂管道（拐弯、截面突变情况下）内瓦斯爆炸传播规律的研究很有现实意义。

当瓦斯爆炸冲击波传播到管道拐弯、截面突变处时，其传播的方向、大小都要发生变化，从而产生复杂的流场，冲击波本身的物理参数将发生变化。寻找冲击波参数的变化规律就是本章实验要研究的内容。

一、一般空气区瓦斯爆炸冲击波在管道拐弯情况下传播规律实验研究

（一）实验系统

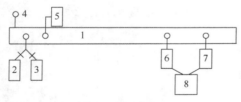

图 3-1 瓦斯爆炸实验系统

1. 瓦斯爆炸实验腔体；2. 真空泵；3. 配气系统；
4. 真空表；5. 高能点火器；6. 瓦斯爆炸压力测试系统；
7. 瓦斯爆炸火焰测试系统；8. 动态数据采集分析系统

实验系统为中国矿业大学"211工程"重点学科建设项目建成的"瓦斯爆炸实验系统"，包括7个部分，即瓦斯爆炸实验腔体、真空泵、配气系统、高能点火器、动态数据采集分析系统、瓦斯爆炸压力测试系统、瓦斯爆炸火焰测试系统，其结构图如图3-1所示。

1. 配气系统

采用 SY-9506 型配气仪，向配气系统中充入一定量的空气，再充入一定量的瓦斯气，配制所需浓度的瓦斯-空气混合气体。将实验腔体抽真空，然后充入配制好浓度的瓦斯-空气混合气体。

2. 高能点火器

高能点火器用来点燃瓦斯气体，该装置是低压储能，高压放电。点火能量分5个档：100 J、80 J、60 J、40 J、20 J。可以手动或自动充放电，同时备有遥控器，

能够远距离操作放电。

3. 瓦斯爆炸实验腔体

本章实验腔体采用 80 mm×80 mm 方形管道，总长 24 m，每节长有 0.5 m、1 m、1.5 m、2.5 m 共 4 种。瓦斯爆炸实验腔体如图 3-2 所示。

图 3-2 瓦斯爆炸实验腔体

4. 瓦斯爆炸压力测试系统

压力测试系统包括压力传感器及供电系统、数据线、压力信号采集器。等电位联结端子箱用来给压力传感器供电、信号传输，传感器采集到压力信号为电压信号，通过电位联结端子箱进入数据采集分析系统，压力测试系统如图 3-3 所示。

5. 瓦斯爆炸火焰测试系统

传感器为光敏三极管，即使 CH_4 在暗淡光源下，也可以通过放大电路采集到火焰信号，可以满足微秒级采集速度。传感器采集到的火焰信号经过火焰速度测试仪进入 TST 3000 动态数据采集分析系统。瓦斯爆炸火焰测试系统如图 3-4 所示。

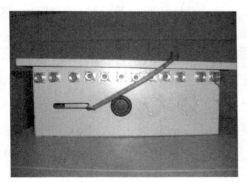

图 3-3 等电位联结端子箱

图 3-4 瓦斯爆炸火焰测试系统

6. 动态数据采集分析系统

工业 PC 机与动态数字化波形纪录仪集成一体，通过高速数据采集板及处理软件，将高速动态信号处理为数字信号。数据处理系统如图 3-5 所示。

（二）实验步骤

1. 调试实验设备

根据实验要求，设计好实验系统后，要测试实验系统能否正常工作，这是开展实验

图 3-5 动态数据采集分析系统

前必不可少的步骤。首先检测压力传感器是否正常，TST 3000 动态数据采集分析系统是否能够采集到冲击波压力信号，需要试爆几次来测试。根据出现的问题采取相应的措施加以解决。

2. 充填瓦斯气体

根据实验要求确定要充填瓦斯气体的管道范围，先配制一定量的瓦斯气体，然后将管道抽真空，并充填瓦斯气。

3. 点火

确定 TST 3000 动态数据采集分析系统工作正常后，利用高能点火装置进行点火，引爆管道内的瓦斯气体。

4. 数据采集

TST 3000 动态数据采集分析系统自动采集压力传感器传输过来的压力信号，将压力信号处理为数字信号，绘制出测点冲击波超压变化曲线，保存此次爆炸冲击波信号曲线。

5. 排气

管道内瓦斯爆炸后，残留一定量的有毒气体和粉尘，这时不能够直接抽真空，否则抽出的有毒气体可能对实验室工作人员构成危害，另外粉尘对真空泵也有损害作用。所以，再进行下次爆炸实验前必须对上次爆炸实验残留气体进行排除。利用空气压缩机吹出管道内有毒气体，再利用其他辅助设备将有毒气体排出实验室。此时，可以为下次实验做准备。

（三）实验目的及方案

为了研究瓦斯爆炸冲击波在管道拐弯情况下的传播规律，设计实验系统图 3-6，改变冲击波拐弯前的初始压力，改变管道拐弯角度，得出冲击波在管道拐弯情况下的传播规律。

本章的主要研究内容是一般空气区内冲击波在管道拐弯情况下的传播规律，所以压力传感器布置在瓦斯燃烧区外。在小尺寸管道内瓦斯爆炸一般以爆燃状态传播，压力传感器布置在瓦斯充填区 2 倍长度以外，即通过压力传感器前端透明管道观测不到火焰，保证瓦斯燃烧火焰到达不了压力传感器的布置地方。此实验腔体截面积为 80 mm×80 mm，直管道长度为 19.2 m。管道拐角为 30°、45°、60°、90°、105°、120°、135°、150°共 8 种角度，研究在各种角度情况下瓦斯爆炸冲击波超压衰减规律。每种角度对应三种实验方案，分别充填 4 m、5.5 m、7 m 浓度为 10%的瓦斯，用来改变拐弯处冲击波初始压力，研究拐弯处冲击波超压衰减与初始压力的关系。布置在拐弯前的压力传感器用来测试冲击波拐弯前初始压力，测试拐弯后冲击波的压力传感器布置在 6 倍管径（方形管道的管径换算为圆形管道当量直径）处。这是由于拐弯处是冲击波反射区，为使冲击波发展均匀，故压力传感器布置在冲击波反射区外，6 倍管径（0.5 m）外冲击波发展比较均匀。

本实验主要研究瓦斯爆炸冲击波在管道拐弯处的传播规律，实验过程中发现冲击波的传播规律和管道拐弯角度、拐弯前初始压力有关系。因此，实验设计管道左侧封闭端分别充填 4 m、5.5 m、7 m 瓦斯-空气混合气体，验证初始压力对冲击波在管道拐弯情况下传播规律的影响。管道拐弯角度 σ 分别为 30°、45°、60°、90°、105°、120°、135°、150°共 8 种角度。设计实验系统如图 3-6 所示。

（四）实验数据分析

表 3-1、表 3-2 分别给出了管道拐角 σ 小于、大于 90°情况下冲击波压力的变化数据。数据表征不同角度、不同参与爆炸瓦斯量情况下的冲击波的传播规律。总共有 8 种管道拐角，每种管道拐角对应三种参与爆炸瓦斯量，每种情况做 3 次相同的实验，总共进行了 72 次实验。

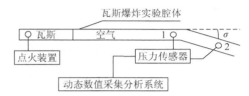

图 3-6　管道拐弯情况下冲击波传播实验系统

表 3-1　冲击波在管道拐弯处压力变化表（小于 90°）

冲击波超压	管道拐角 σ /(°)	管内瓦斯长度（80 mm×80 mm 管内 10%的瓦斯)/m	传感器 1 超压（×101 325 Pa）	传感器 2 超压（×101 325 Pa）
峰值超压	30	4	0.181 7	0.147 9
			0.213 3	0.151 2
			0.247 5	0.187 7
		5.5	0.322 3	0.263 7
			0.514 3	0.311 7
			0.524 3	0.317 0
		7	0.572 8	0.359 6
			0.625 7	0.362 7
			0.695 7	0.446 9
	45	4	0.223 2	0.169 1
			0.229 6	0.166 3
			0.266 8	0.195 9
		5.5	0.409 7	0.276 4
			0.422 2	0.282 6
			0.441 3	0.279 2
		7	0.501 7	0.378 3
			0.596 1	0.339 5
			0.614 9	0.334 2
	60	4	0.294 1	0.242 4
			0.348 1	0.276 1
			0.395 8	0.283 5
			0.411 8	0.297 7
		5.5	0.439 4	0.296 6
			0.522 3	0.315 8

续表

冲击波超压	管道拐角 σ /(°)	管内瓦斯长度（80 mm×80 mm 管内 10%的瓦斯）/m	传感器 1 超压（×101 325 Pa）	传感器 2 超压（×101 325 Pa）
峰值超压	60	7	0.573 6	0.346 0
			0.634 4	0.402 2
			0.697 8	0.393 7
	90	4	0.303 2	0.241 5
			0.348 1	0.276 1
			0.394 3	0.276 5
		5.5	0.411 8	0.286 7
			0.438 5	0.295 6
			0.534 3	0.304 8
			0.573 6	0.346 0
		7	0.634 4	0.372 2
			0.697 8	0.373 7

表 3-2　冲击波在管道拐弯处压力变化表（大于 90°）

冲击波超压	管道拐角 σ /(°)	管内瓦斯长度（80 mm×80 mm 管内 10%的瓦斯）/m	传感器 1 超压（×101 325 Pa）	传感器 2 超压（×101 325 Pa）
峰值超压	105	4	0.385 3	0.258 8
			0.404 2	0.240 2
			0.436 0	0.249 8
		5.5	0.436 6	0.261 4
			0.438 5	0.268 1
			0.444 3	0.317 7
		7	0.500 8	0.276 9
			0.596 0	0.314 0
			0.634 5	0.319 0
	120	4	0.261 1	0.179 0
			0.278 3	0.200 5
			0.354 3	0.241 0
		5.5	0.474 4	0.319 9
			0.500 5	0.334 1
			0.506 6	0.343 1
		7	0.592 4	0.355 4
			0.630 4	0.353 3
			0.659 1	0.357 6
	135	4	0.382 3	0.260 6
			0.445 0	0.271 3
			0.445 1	0.284 1
		5.5	0.492 4	0.280 1
			0.509 4	0.317 2
			0.598 5	0.328 9
		7	0.624 4	0.366 8
			0.677 8	0.367 5
			0.743 8	0.381 5

冲击波超压	管道拐角 σ /(°)	管内瓦斯长度（80 mm×80 mm 管内 10%的瓦斯)/m	传感器 1 超压（×101 325 Pa）	传感器 2 超压（×101 325 Pa）
峰值超压	150	4	0.193 5	0.147 7
			0.234 9	0.151 7
			0.253 7	0.172 5
		5.5	0.275 4	0.172 7
			0.289 0	0.192 7
			0.373 8	0.174 9
		7	0.605 5	0.318 0
			0.680 2	0.323 6
			0.692 0	0.330 1

表 3-1、表 3-2 中 1、2 号测点的压力数据为超压，测定的 2 号测点和 1 号测点压力数据是基于图 3-6 实验装置得出的。实验装置左端封闭，充填一定量的瓦斯后，用薄膜将瓦斯-空气混合气体与瓦斯爆炸实验腔体中的空气分离。瓦斯被点燃后，由于冲击波波阵面的膨胀作用和湍流效应，一部分瓦斯-空气混合气体冲破薄膜而扩散，所以原来的瓦斯充填区域并不是瓦斯燃烧区域。在实验的过程中，瓦斯爆炸实验腔体接入了可以观测瓦斯爆炸火焰的透明管道，观测到瓦斯燃烧区域大体是瓦斯充填区域的 2 倍。当瓦斯充填区域长度是 7 m 时，瓦斯燃烧区域大体在 14 m。把 1 号测点布置在距左边管道封闭端 19 m 处，是为了保证瓦斯燃烧区域到达不了 1 号测点位置，实验过程中在透明管道处已经观测不到火焰。这样得出的压力数据就是一般空气区冲击波在管道拐弯处的变化数据。2 号测点布置在距 1 号测点 0.5 m 的位置，实验过程中发现距 1 号测点 0.5 m 的位置冲击波在管道拐弯处的反射效应基本消失，冲击波发展为平面波。

在相同工况下，每次爆炸所产生的压力数据是不同的，这是由于瓦斯爆炸传播的影响因素太多，每次爆炸实验的条件不可能完全相同，微小的差别就会给实验结果带来很大的差别。鉴于此，每组实验在相同的条件下做 3 次。实验的结果是要得到管道拐弯角度对压力变化的影响，在实验的初始过程中发现瓦斯量的多少（即每次实验 1 号测点的初始压力）对于实验的结果影响很大，所以增加了实验的内容，把瓦斯爆炸所产生的初始压力考虑在内。

测点 1、2 测定的冲击波压力是超压，为减小计算误差，处理数据时将超压作为表征冲击波状态的参数。定义：

1 号测点超压/2 号测点超压=冲击波超压衰减系数

通过两种情况来分析实验数据，一种是在管道拐弯角度确定情况下分析冲击波初始超压对衰减系数的影响，一种是在冲击波初始超压确定情况下分析管道拐角对衰减系数的影响。基于表 3-1 和表 3-2 中的数据，分析在管道角度确定情况下冲击波超压衰减系数与冲击波初始超压（1 号测点超压）的关系，如图 3-7～图 3-10 所示。

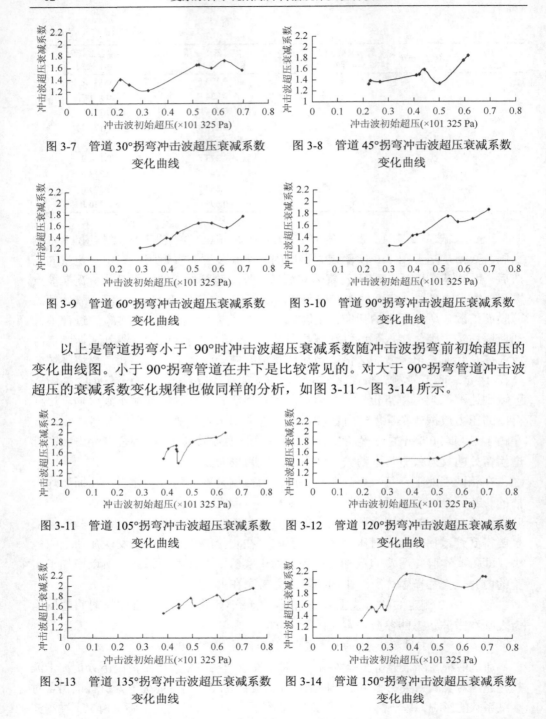

图 3-7　管道 30°拐弯冲击波超压衰减系数　　　图 3-8　管道 45°拐弯冲击波超压衰减系数
　　　　变化曲线　　　　　　　　　　　　　　　　　变化曲线

图 3-9　管道 60°拐弯冲击波超压衰减系数　　　图 3-10　管道 90°拐弯冲击波超压衰减系数
　　　　变化曲线　　　　　　　　　　　　　　　　　变化曲线

　　以上是管道拐弯小于 90°时冲击波超压衰减系数随冲击波拐弯前初始超压的变化曲线图。小于 90°拐弯管道在井下是比较常见的。对大于 90°拐弯管道冲击波超压的衰减系数变化规律也做同样的分析，如图 3-11～图 3-14 所示。

图 3-11　管道 105°拐弯冲击波超压衰减系数　　图 3-12　管道 120°拐弯冲击波超压衰减系数
　　　　　变化曲线　　　　　　　　　　　　　　　　变化曲线

图 3-13　管道 135°拐弯冲击波超压衰减系数　　图 3-14　管道 150°拐弯冲击波超压衰减系数
　　　　　变化曲线　　　　　　　　　　　　　　　　变化曲线

　　从 8 个管道拐弯角度冲击波衰减系数随冲击波初始超压的变化曲线图中可以

得出，随着冲击波初始超压（1 号测点超压）的增加，冲击波超压衰减系数呈逐渐递增趋势，在管道内冲击波初始超压小于 1.01×10^5 Pa 情况下，冲击波超压衰减系数在 1.2～2.3 范围内呈递增趋势。从衰减系数变化的范围来看，冲击波超压衰减系数和冲击波初始压力有很大关系。

对 30°、60°、120°、135°管道拐角情况下冲击波超压衰减系数变化曲线进行对比分析（图中曲线为冲击波超压衰减系数变化趋势线），如图 3-15 所示。

从图 3-15 可以得出，随着管道拐弯角度的加大，冲击波超压衰减系数呈增加趋势，但增加的幅度并不是很大。这就说明，冲击波初始压力和管道拐弯角度是影响冲击波超压衰减系数的两个重要因素。相比较而言，冲击波初始压力对其影响更大。

以上分析了在管道拐弯角度确定情况下冲击波初始超压对衰减系数的影响，下面分析在冲击波初始超压确定情况下管道拐角对衰减系数的影响，如图 3-16～图 3-18 所示。

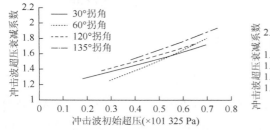

图 3-15　管道不同拐弯角度冲击波超压衰减系数变化曲线

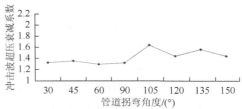

图 3-16　管内 4 m 瓦斯冲击波超压衰减系数变化曲线

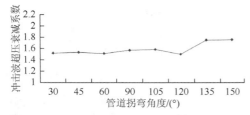

图 3-17　管内 5.5 m 瓦斯冲击波超压衰减系数变化曲线

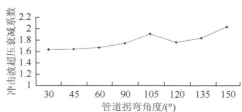

图 3-18　管内 7 m 瓦斯冲击波超压衰减系数变化曲线

从图 3-16～图 3-18 得出，冲击波超压衰减系数随着管道拐弯角度的增大而增大。当管道内充填瓦斯为 4 m 时，衰减系数随管道角度的增大在 1.3～1.65 范围内增大；当管道内充填瓦斯为 5.5 m 时，衰减系数随管道角度的增大在 1.5～1.75 范围内增大；当管道内充填瓦斯为 7 m 时，衰减系数随管道角度的增大在 1.6～2 范围内增大。

绘制管内瓦斯分别为 4 m、5.5 m、7 m 情况下冲击波超压衰减系数变化曲线图，如图 3-19 所示。

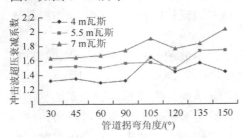

图 3-19　管内充填不同瓦斯量冲击波超压衰减系数变化曲线

从图 3-19 可以得出，冲击波超压衰减系数随管内充填瓦斯量的增加而增大，增大的幅度比较大。图 3-15 和图 3-19 分别从两种不同的情况分析了冲击波超压衰减系数的变化规律，通过对图 3-15 和图 3-19 的对比分析，可以得出冲击波在管道拐弯前的初始超压对衰减系数的影响大，管道拐角对衰减系数的影响相对要小。

假设冲击波在管道拐弯处的超压衰减系数和冲击波初始超压、管道拐弯角度的大小有关，认为冲击波超压函数关系式为 $\Delta P_2 = f(\Delta P_1, \sigma)$，$\Delta P_1$ 代表冲击波在管道拐弯前超压，ΔP_2 代表冲击波管道拐弯后超压，σ 代表管道拐弯角度，P_0 代表当地大气压，以下符号代表的意义相同。

对函数关系式进行无量纲化处理，然后泰勒展开为

$$\frac{\Delta P_1}{\Delta P_2} = a + b\frac{\Delta P_1}{P_0}\sin\sigma + c\left(\frac{\Delta P_1}{P_0}\sin\sigma\right)^2 + d\left(\frac{\Delta P_1}{P_0}\sin\sigma\right)^3 \tag{3-1}$$

其中，a、b、c、d 为待定系数，由实验数据利用最新二乘法求得。$\Delta P_1/\Delta P_2$ 是冲击波在管道拐弯处超压衰减系数，用 φ 表示。式（3-1）适用于管道拐角小于 90° 的情况，冲击波超压衰减系数随冲击波初始超压 ΔP_1 的增大而增大，随管道拐弯角度 σ 的增大而增大。

当管道拐弯角度大于 90° 时，冲击波超压衰减系数变化公式处理为

$$\varphi = a + b\frac{\Delta P_1}{P_0}\cos(\pi-\sigma) + c\left[\frac{\Delta P_1}{P_0}\cos(\pi-\sigma)\right]^2 + d\left[\frac{\Delta P_1}{P_0}\cos(\pi-\sigma)\right]^3 \tag{3-2}$$

其中，a、b、c、d 为待定系数，由实验数据利用最新二乘法求得。φ 是冲击波在管道拐弯处超压衰减系数。式（3-2）适用于管道拐角大于 90°的情况，冲击波超压衰减系数 φ 随冲击波初始超压 ΔP_1 的增大而增大，随管道拐弯角度 σ 的增大而增大。

基于表 3-1、表 3-2 中冲击波超压在管道拐弯处的变化规律数据，拟合公式为

$$\varphi = 1.24 + 0.61\frac{\Delta P_1}{P_0}\sin\sigma + 0.45\left(\frac{\Delta P_1}{P_0}\sin\sigma\right)^2 - 0.1\left(\frac{\Delta P_1}{P_0}\sin\sigma\right)^3 \tag{3-3}$$

$$\varphi = 1.76 - 1.81\frac{\Delta P_1}{P_0}\cos(\pi-\sigma) + 4.82\left[\frac{\Delta P_1}{P_0}\cos(\pi-\sigma)\right]^2 - 1.4\left[\frac{\Delta P_1}{P_0}\cos(\pi-\sigma)\right]^3 \tag{3-4}$$

式（3-3）适用于管道拐弯小于 90°的情况，式（3-4）适用于管道拐弯大于 90°的情况。

二、一般空气区瓦斯爆炸冲击波在管道截面变化情况下传播规律实验研究

本实验主要研究瓦斯爆炸后冲击波在管道截面突变情况下的传播规律，实验初期调试过程中，发现冲击波的传播规律不仅和管道截面变化率有关系，而且和冲击波在管道截面积变化前的初始压力也有很大的关系。因此，在管道左侧封闭端分别充填 4 m、5.5 m、7 m 瓦斯-空气混合气体，研究初始压力对冲击波在管道截面突变情况下的传播规律的影响。由边长 80 mm 正方形截面分别变为边长 90 mm、100 mm、110 mm、120 mm、140 mm、160 mm 正方形截面，然后分别由 90 mm、100 mm、110 mm、120 mm、140 mm、160 mm 正方形截面变为 80 mm 正方形截面，总共 6 种类型的连通管道，长度均为 1 m，实验管道总长 23 m，实验系统如图 3-20 所示。

如表 3-3 中测定的 1、2、3 号测点压力数据是基于图 3-20 实验装置得出的。1、2、3 号测点的压力数据为超压，数据表征不同截面积变化率、不同参与爆炸瓦斯量情况下的冲击波在管道截面突变情况下的传播特性，总共 6 种连通管道。一种连通管道对应三种参与爆炸

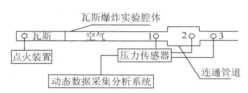

图 3-20　管道截面突变情况下冲击波传播实验系统

瓦斯量，每种情况做 3 次相同的实验，总共进行了 54 次实验。实验中改变瓦斯量的目的是要得到不同的初始压力。实验装置左边封闭，充填一定量的瓦斯后，用薄膜把瓦斯-空气混合气体与瓦斯爆炸实验腔体中的空气分离。瓦斯被点燃后，由于冲击波波阵面的膨胀作用和湍流效应，一部分瓦斯-空气混合气体冲破薄膜而扩散，故原来的瓦斯充填区域并不是瓦斯燃烧区域。

表 3-3　冲击波在管道截面突变情况下压力变化表

冲击波超压	管道尺寸（mm ×mm）	80 mm×80 mm 管内 10%的瓦斯充填长度/m	传感器 1 超压 （×101 325 Pa）	传感器 2 超压 （×101 325 Pa）	传感器 3 超压 （×101 325 Pa）
峰值超压	90×90	4	0.256	0.168	0.254
			0.321	0.198	0.298
			0.332	0.205	0.307
		5.5	0.389	0.242	0.345
			0.455	0.267	0.375
			0.469	0.276	0.390
		7	0.512	0.304	0.415
			0.526	0.300	0.411
			0.612	0.333	0.453

冲击波超压	管道尺寸（mm×mm）	80 mm×80 mm 管内10%的瓦斯充填长度/m	传感器 1 超压（×101 325 Pa）	传感器 2 超压（×101 325 Pa）	传感器 3 超压（×101 325 Pa）
峰值超压	100×100	4	0.278	0.183	0.276
			0.293	0.182	0.279
			0.312	0.198	0.317
		5.5	0.456	0.285	0.403
			0.496	0.305	0.428
			0.512	0.301	0.423
		7	0.635	0.361	0.491
			0.678	0.376	0.453
			0.729	0.382	0.448
	110×110	4	0.257	0.158	0.255
			0.312	0.194	0.307
			0.336	0.209	0.317
		5.5	0.412	0.241	0.387
			0.453	0.252	0.333
			0.467	0.252	0.334
		7	0.695	0.365	0.455
			0.721	0.365	0.405
			0.723	0.382	0.436
	120×120	4	0.263	0.147	0.292
			0.298	0.169	0.339
			0.318	0.178	0.287
		5.5	0.547	0.295	0.442
			0.548	0.292	0.427
			0.569	0.306	0.491
		7	0.628	0.324	0.414
			0.636	0.323	0.413
			0.645	0.280	0.361
峰值超压	140×140	4	0.256	0.132	0.266
			0.276	0.147	0.280
			0.325	0.158	0.249
		5.5	0.426	0.199	0.324
			0.431	0.189	0.275
			0.475	0.193	0.274
		7	0.615	0.247	0.307
			0.649	0.309	0.375
			0.712	0.305	0.375
	160×160	4	0.256	0.143	0.230
			0.264	0.139	0.228
			0.315	0.156	0.263

续表

冲击波超压	管道尺寸（mm×mm）	80 mm×80 mm 管内10%的瓦斯充填长度/m	传感器 1 超压（×101 325 Pa）	传感器 2 超压（×101 325 Pa）	传感器 3 超压（×101 325 Pa）
峰值超压	160×160	5.5	0.397	0.183	0.313
			0.428	0.191	0.272
			0.437	0.218	0.290
		7	0.591	0.247	0.313
			0.628	0.275	0.330
			0.634	0.264	0.313

把 1 号测点布置在距左边管道封闭端 19 m 处，是为了保证瓦斯燃烧区域到达不了 1 号测点位置，实验过程中在透明管道处已经观测不到火焰。得出的压力数据表征一般空气区冲击波经过管道截面积突变处的传播特性。2 号测点布置在连通管道靠近右端出口的位置，2 号测点布置在此位置能够测定冲击波经过管道截面积突变面后的压力变化值，远离冲击波反射区域，减小冲击波反射给测定值带来的误差。3 号测点布置在离连通管道右端出口 0.5 m 的位置，冲击波在管道截面突变处的反射效应已经不太明显，冲击波经过管道截面突变处后发展为平面波。

每组实验在相同的条件下做 3 次，实验的结果是想要得到管道截面突变情况下冲击波超压变化规律，在实验的初始过程，没有考虑瓦斯量对于实验结果的影响。但实际情况是，瓦斯量的多少（即每次实验 1 号测点的初始压力）对于实验的结果影响很大，所以增加了实验的内容，把参与爆炸的瓦斯量也考虑在内，寻找其对冲击波传播规律的影响。

（一）实验数据分析

测点 1、2、3 测定的冲击波压力为超压，为减小计算误差，处理数据时将超压作为表示冲击波状态的参数。定义：

1 号测点超压/2 号测点超压=冲击波超压衰减系数

大断面截面积/小断面截面积=截面积变化率

通过两种不同情况分析实验数据，一种是在管道截面积变化率确定情况下分析冲击波初始超压对衰减系数的影响，一种是在冲击波初始超压确定情况下分析管道截面积变化率对衰减系数的影响。

基于表 3-3 和表 3-4 中数据，分别绘制不同管道截面积变化率情况下冲击波超压衰减系数与冲击波初始超压的关系曲线，如图 3-21～图 3-32 所示。

图 3-21～图 3-26 中曲线表示冲击波由小断面进入大断面（由边长 80 mm 正方形截面分别变为边长 90 mm、100 mm、110 mm、120 mm、140 mm、160 mm 正方形截面）情况下衰减系数变化规律，图 3-27～图 3-32 表示冲击波由大断面进入小断面（分别由边长 90 mm、100 mm、110 mm、120 mm、140 mm、160 mm 正方形

截面变为边长 80 mm 正方形截面）情况下衰减系数变化规律。从图 3-21～图 3-26 可以得出，冲击波由小断面进入大断面情况下，随着冲击波初始超压的增加，冲击波超压衰减系数呈上升趋势。说明冲击波超压越大，冲击波衰减越快。当冲击波初始超压在 $0.2 \times 10^5 \sim 1.01 \times 10^5$ Pa 变化时，其衰减系数在 1.4～2.5 的范围内变化。

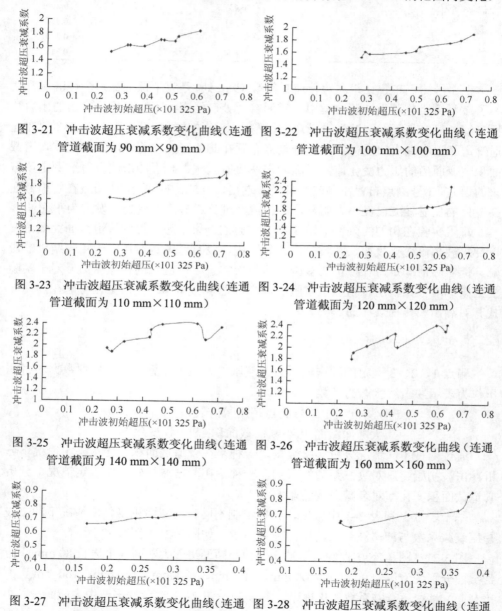

图 3-21　冲击波超压衰减系数变化曲线（连通管道截面为 90 mm×90 mm）

图 3-22　冲击波超压衰减系数变化曲线（连通管道截面为 100 mm×100 mm）

图 3-23　冲击波超压衰减系数变化曲线（连通管道截面为 110 mm×110 mm）

图 3-24　冲击波超压衰减系数变化曲线（连通管道截面为 120 mm×120 mm）

图 3-25　冲击波超压衰减系数变化曲线（连通管道截面为 140 mm×140 mm）

图 3-26　冲击波超压衰减系数变化曲线（连通管道截面为 160 mm×160 mm）

图 3-27　冲击波超压衰减系数变化曲线（连通管道截面为 90 mm×90 mm）

图 3-28　冲击波超压衰减系数变化曲线（连通管道截面为 100 mm×100 mm）

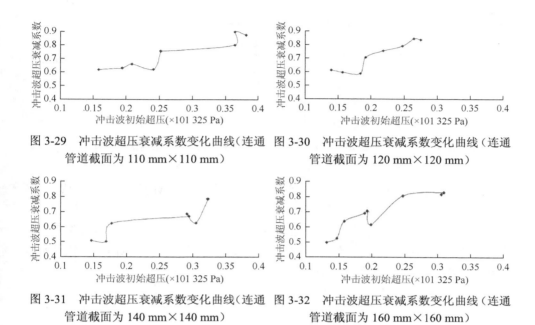

图 3-29　冲击波超压衰减系数变化曲线（连通　　图 3-30　冲击波超压衰减系数变化曲线（连通
管道截面为 110 mm×110 mm）　　　　　　　　管道截面为 120 mm×120 mm）

图 3-31　冲击波超压衰减系数变化曲线（连通　　图 3-32　冲击波超压衰减系数变化曲线（连通
管道截面为 140 mm×140 mm）　　　　　　　　管道截面为 160 mm×160 mm）

从图 3-27～图 3-32 可以得出，冲击波由大断面进入小断面情况下，随着冲击波初始超压的增加，冲击波超压衰减系数呈上升趋势。说明冲击波超压越大，冲击波衰减越快。当冲击波初始超压在 $0.2×10^5$～$1.01×10^5$ Pa 变化时，其衰减系数在 0.4～0.9 的范围内变化。这种情况与上面冲击波由小断面进入大断面不同，冲击波由大断面进入小断面情况下超压是增大的。说明冲击波波阵面单位面积的能量是增大的，但是冲击波波阵面的截面积变小，总体来说，冲击波波阵面的总能量是降低的。冲击波超压衰减系数越大（越接近 1），冲击波超压增量越小，而冲击波波阵面的面积减小，冲击波波阵面的总能量损失越大，冲击波衰减越快。

将图 3-21、图 3-23、图 3-24 和图 3-26 中曲线进行对比分析，如图 3-33 所示。

图 3-33 中的曲线表示冲击波由小断面进入大断面（由边长 80 mm 正方形截面分别变为边长 90 mm、100 mm、110 mm、120 mm、140 mm、160 mm 正方形截面）冲击波衰减系数的变化规律。从图中可以得出，随着管道截面积的增大，冲击波超压衰减系数呈明显的上升趋势。说明管道截面积变化率越大，冲击波衰减得越快。

图 3-34 中的曲线表示冲击波由大断面进入小断面（分别由边长 90 mm、100 mm、110 mm、120 mm、140 mm、160 mm 正方形截面变为边长 80 mm 正方形截面）冲击波衰减系数的变化规律。从图 3-34 中可以得出，随着管道截面积变化率的增大，冲击波超压衰减系数呈上升趋势，但是上升趋势不明显。

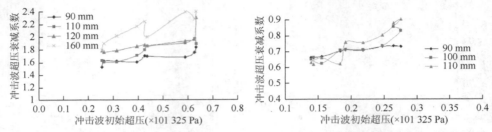

图 3-33　由小断面进入大断面冲击波超压衰　图 3-34　由大断面进入小断面冲击波超压衰
　　　　减系数变化曲线　　　　　　　　　　　　减系数变化曲线

图 3-21～图 3-32 中的异常点是实验过程中压力传感器的测量误差造成的，压力传感器产生的静电导致测量数据产生误差。

图 3-33 和图 3-34 分析了在管道截面积变化率确定情况下冲击波初始超压对衰减系数的影响，下面分析在冲击波初始超压确定情况下管道截面积变化率对衰减系数的影响，如图 3-35～图 3-37 所示。

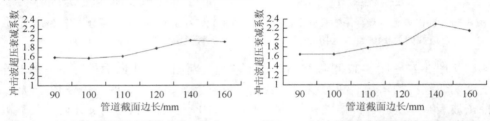

图 3-35　冲击波超压衰减系数曲线（管内 4 m　图 3-36　冲击波超压衰减系数曲线（管内
　　　　瓦斯）　　　　　　　　　　　　　　　　　5.5 m 瓦斯）

对图 3-35～图 3-37 进行对比分析，如图 3-38 所示。由该图可以得出，冲击波由小断面进入大断面的情况下，参与爆炸的瓦斯量越大，也就是冲击波初始压力越大，冲击波超压衰减系数越大，冲击波衰减越快。充填 4 m 瓦斯时，随着管道截面变化率的增大，冲击波超压衰减系数在 1.55～1.95 逐渐增大；充填 5.5 m 瓦斯时，衰减系数在 1.65～2.3 逐渐增大；充填 7 m 瓦斯时，衰减系数在 1.75～2.4 逐渐增大；随着参与爆炸瓦斯量的增大，衰减系数递增趋势明显。

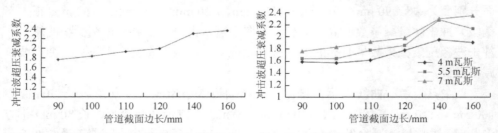

图 3-37　冲击波超压衰减系数曲线（管内 7 m　图 3-38　由小断面进入大断面冲击波超压衰
　　　　瓦斯）　　　　　　　　　　　　　　　　　减系数变化曲线

冲击波由大断面进入小断面，在参与爆炸瓦斯量确定情况下，冲击波衰减系数随管道截面变化曲线，如图 3-39～图 3-41 所示。对图 3-39～图 3-41 进行对比分析，如图 3-42 所示。由该图可以得出，冲击波由大断面进入小断面的情况下，参与爆炸的瓦斯量越大，也就是冲击波初始压力越大，冲击波超压衰减系数越大，冲击波衰减越快。充填 4 m 瓦斯时，随着管道截面变化率的增大，冲击波超压衰减系数在 0.55～0.65 范围内变化；充填 5.5 m 瓦斯时，衰减系数在 0.65～0.7 范围内变化；充填 7 m 瓦斯时，衰减系数在 0.75～0.85 范围内变化；随着参与爆炸瓦斯量的增大，衰减系数递增趋势明显，但是衰减系数和管道截面变化率没有明显的相关性。

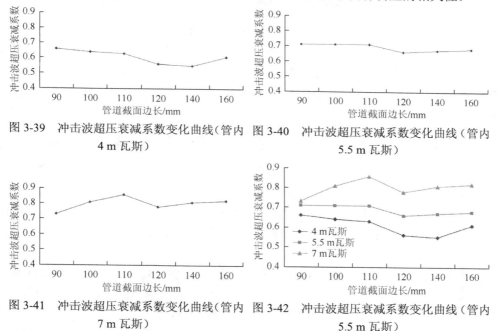

图 3-39　冲击波超压衰减系数变化曲线（管内 4 m 瓦斯）　　图 3-40　冲击波超压衰减系数变化曲线（管内 5.5 m 瓦斯）

图 3-41　冲击波超压衰减系数变化曲线（管内 7 m 瓦斯）　　图 3-42　冲击波超压衰减系数变化曲线（管内 5.5 m 瓦斯）

（二）公式拟合

假设冲击波在管道截面积变化处的超压衰减系数和冲击波的初始超压、管道截面积变化前后的大小有关，认为冲击波超压函数关系式为 $\Delta P_2 = f(\Delta P_1, S_1, S_2)$，$\Delta P_1$ 代表冲击波在管道截面积变化前超压，ΔP_2 代表冲击波在管道截面积变化后超压，S_1、S_2 分别为管道小断面和大断面。

对函数关系式进行无量纲化处理，然后泰勒展开为

$$\frac{\Delta P_1}{\Delta P_2} = a + b\frac{S_2}{S_1}\frac{\Delta P_1}{P_0} + c\left(\frac{S_2}{S_1}\frac{\Delta P_1}{P_0}\right)^2 + d\left(\frac{S_2}{S_1}\frac{\Delta P_1}{P_0}\right)^3 \tag{3-5}$$

a、b、c、d 为待定系数，由实验数据利用最新二乘法求得。$\Delta P_1/\Delta P_2$ 是冲击波在管道截面积变化处超压衰减系数，用 φ 表示。式（3-5）适用于冲击波由小断

面 S_1 进入大断面 S_2 的情况，冲击波超压衰减系数 φ 随着冲击波初始超压 ΔP_1 的增大而增大，随着管道截面积变化率 S_2/S_1 的增大而增大。

当冲击波由大断面进入小断面时，冲击波超压衰减系数 φ 随冲击波初始超压 ΔP_1 的增大而增大，随管道截面积变化率 S_2/S_1 的增大而增大。此时，冲击波超压衰减系数变化规律公式中 S_2 始终代表大断面，S_1 始终代表小断面。

基于表 3-3 和表 3-4 中冲击波超压在管道截面积变化处的变化规律数据，拟合公式为

$$\varphi = 1.23 + 1.56 \frac{S_2}{S_1} \frac{\Delta P_1}{P_0} - 1.45 \left(\frac{S_2}{S_1} \frac{\Delta P_1}{P_0} \right)^2 + 0.73 \left(\frac{S_2}{S_1} \frac{\Delta P_1}{P_0} \right)^3 \quad （3-6）$$

$$\varphi = 0.65 - 0.5 \frac{S_2}{S_1} \frac{\Delta P_1}{P_0} + 1.57 \left(\frac{S_2}{S_1} \frac{\Delta P_1}{P_0} \right)^2 \quad （3-7）$$

式（3-6）适用于冲击波由小断面 S_1 进入大断面 S_2；式（3-7）适用于冲击波由大断面 S_2 进入小断面 S_1。$\Delta P_1 S_2/(P_0 S_1)$ 表示衰减系数影响因子；S_2/S_1 表示大断面截面积/小断面截面积。

三、一般空气区瓦斯爆炸冲击波在管道分叉情况下传播规律实验研究

考虑到实际环境下的井下巷道，瓦斯爆炸事故并不仅仅在直巷道内发生和传播。由于井下巷道呈现复杂的网络状，所以当瓦斯爆炸冲击波传播到管道分岔处时，其传播的方向、大小都要发生变化，从而产生复杂的流场，冲击波本身的物理参数将会发生变化。因此实验要研究的内容是寻找冲击波在管道单向分岔情况下参数的变化规律。

实验采用截面为 80 mm×80 mm 的方形管道，分别由 0.5 m、1 m、1.5 m、2.5 m、3 m、4 m 等 6 种长度不等的管道组合而成。管道由三个部分组成，前端为直管道瓦斯填充区，中间管道为空气直管道和管道末端，末端设计了 30°、45°、60°、90°、120°、135°、150° 7 种单向分岔角度。通过瓦斯填充量和管道分岔角度两个变量，本实验采用 TST 6300 动态数据采集存储仪，对管道内瓦斯爆炸冲击波能量及冲击波在单向分岔情况下超压分流情况和衰减情况进行实验研究。

实验选用瓦斯体积浓度为 9.5% 的甲烷/空气混合气体，因为由前人研究的基础上得出瓦斯体积分数在 9.5% 时爆炸产生的威力最大。空气与 99.99% 浓度高纯度甲烷气均匀混合制成。

（一）实验设计方案

为了研究瓦斯爆炸非瓦斯燃烧区冲击波在管道单向分岔情况下的传播规律，实验设计了系统图如图 3-43，改变管道分岔前的初始压力，改变管道分岔角度，得出非瓦斯燃烧区冲击波在管道单向分岔情况下的传播规律。实验是在截面积为

80 mm×80 mm 的方形管道中进行的，压力传感器布置在瓦斯爆炸燃烧区以外，在实验管道上测试分岔初始压力传感器前端安装一个火焰传感器，来检测火焰传播情况。确保火焰传感器的数据为 0，从而保证压力传感器测得的压力为非瓦斯燃烧区冲击波的压力。火焰传感器、压力传感器的布置如图 3-43 所示。

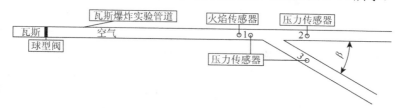

图 3-43 管道单向分岔情况下冲击波传播实验系统

本系统设计了 7 种单向管道分岔角度，单向分岔管道支线分岔角分别为 30°、45°、60°、90°、120°、135°、150°，共 7 种角度，如图 3-44 所示，用来研究各种角度情况下瓦斯爆炸冲击波超压衰减规律。作为矿井通风巷道，沿风流方向小角度单向分岔巷道是比较常见的，但由于煤矿爆炸事故地点具有不确定性，冲击波既有可能顺风流方向传播，也有可能逆风流方向传播，所以设定了这些角度。

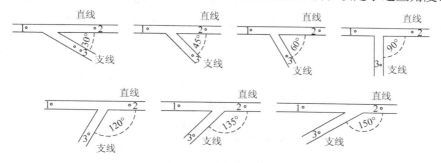

图 3-44 单向分岔管道

同一个分岔角度下，前段瓦斯区分别充填 4 m、5 m、6 m 浓度 9.5%的瓦斯，用来改变分岔处冲击波初始压力。研究分岔处冲击波压力分流情况是否与初始压力有关，要各分别重复 3 次成功爆炸，共 9 次，才算完成一个分岔角度下的测试。主要是因为即使在相同情况下，瓦斯爆炸实验全过程除数据可以自动采集外，其余均是人工操作，而瓦斯爆炸传播的影响因素也很多，每次爆炸实验的条件不可能完全相同。为减少误差，使得到的实验数据能够反映其规律，每组实验在相同的条件下需成功地做 3 次，然后取其算术平均值。1 号压力传感器布置在分岔前距分叉点 500 mm 处，用来测试冲击波分岔前的初始压力。2 号传感器布置在分岔后直线管道距分岔点 500 mm 处，用于测试分岔后直线管道内冲击波的压力。3 号压力传感器布置在分岔后支线管道上距分岔点 500 mm 处，用于测试分岔后支线管道内冲击波的压力。传感器布置在 6 倍管径（方形管道的管径换算为圆形管道当量直径）处，这是由于分岔处存在冲击波反射区，为使冲击波发展均匀，故压力传感器布置在冲击波反射区外。据文献可知，空气冲击波逐渐恢复为平面波需经过 4 倍等效巷道直径的距离，6 倍管径（0.5 m）处冲击波发展比较均匀。

（二）实验步骤

1）调试压力传感器和火焰传感器，并进行安装。

2）根据实验要求确定要充填瓦斯气体的管道范围，先配制一定量的瓦斯气体并打开真空表，然后关闭瓦斯填充管道与空气管道间的球形阀并用真空泵将管道抽真空，最后充填瓦斯气。

3）启动 TST 6300 数据采集系统，待真空表压力回零后关闭真空压力表阀门，人员离开爆炸腔体到较远的安全点，点火引爆。引爆同时迅速打开球形阀开关。

4）TST 6300 动态数据采集分析系统自动采集压力传感器传输过来的压力信号，将压力信号处理为数字信号，绘制出测点冲击波超压变化曲线，保存此次爆炸冲击波信号曲线。

5）启动空气压缩机，打开吹气阀门向管道内吹入高压空气，并在管道尾部用尾气收集气囊收集爆炸后的有毒有害气体并在实验结束时带出实验室。

（三）非瓦斯燃烧区瓦斯爆炸冲击波在管道单向分岔情况下的实验数据

依照实验设计方案，测得了管道在单向分岔情况下非瓦斯燃烧区瓦斯爆炸冲击波超压的大量实验数据，测试爆炸冲击波超压波形图如图 3-45 所示。

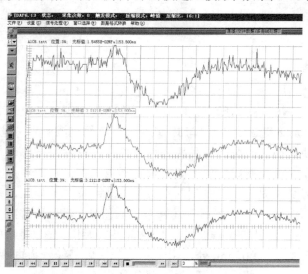

图 3-45　瓦斯爆炸冲击波超压波形图

经过 63 次爆炸实验得出 7 种分岔管道在 3 个不同瓦斯填充量的情况下的各个冲击波超压实验数据的平均值，如表 3-5 所示。

表 3-5 在管道单向分岔情况下测点超压值

冲击波超压	支线分岔角 $\beta/(°)$	管道内瓦斯填充长度/m³	测点 1/kPa	测点 2/kPa	测点 3/kPa
超压峰值	30	4	21.600 2	15.286 6	14.604 1
		5	34.692 9	24.309 1	22.222 2
		6	44.237 6	29.930 7	26.156
	45	4	30.799	23.504 2	20.388 1
		5	35.803 7	26.666 6	22.060 4
		6	45.476 6	32.503 6	26.667 3
	60	4	33.168 9	28.307 5	20.815 2
		5	37.245 8	30.461 2	21.668
		6	46.924 6	37.121 1	26.502 1
	90	4	32.052 6	29.105 5	17.972 3
		5	37.622	33.634 1	20.608 7
		6	46.240 6	39.675 1	24.386 2
	120	4	34.452	32.007 4	17.377 5
		5	39.440 5	35.677 6	18.764 2
		6	45.668 5	40.452 8	21.136 1
	135	4	27.081 2	25.665 5	12.817 6
		5	41.403 7	39.084 7	17.820 9
		6	47.420 9	44.065 4	19.769 3
	150	4	24.748 2	23.872 9	10.206 5
		5	41.969 6	40.173 5	15.471 6
		6	46.526 49	43.990 5	16.497 8

表 3-5 中 1、2、3 号测点的压力数据均为相同瓦斯填充长度和分岔角度三次爆炸后冲击波的超压峰值的平均值，3 个测点压力数据是基于图 3-44 实验装置得出的。实验装置左端封闭，充填一定量的瓦斯后，用球型阀将瓦斯-空气混合气体与瓦斯爆炸实验腔体中的空气分离。瓦斯被点燃的同时打开封存瓦斯的球型阀，所以原来的瓦斯充填区域并不是瓦斯燃烧区域。为了保证瓦斯燃烧区域到达不了 1 号测点位置，实验过程中 1 号测点前的 1 m 处安装一个火焰传感器，当火焰传感器的显示数据为 0 时，说明火焰并没有传播到该点。从而确保 3 个测压力的点处于非瓦斯燃烧区。

（四）非瓦斯燃烧区瓦斯爆炸冲击波在管道单向分岔情况下实验数据分析

测点 1、2、3 测定的冲击波压力为超压峰值，为了减小计算中的误差，处理数据时将超压作为表示冲击波状态的参数。定义：

1 号测点超压/2 号测点超压=K_1（直线段冲击波超压衰减系数）

1 号测点超压/3 号测点超压=K_2（支线冲击波超压衰减系数）

3 号测点超压/2 号测点超压=M（支线冲击波超压分流系数）

由表 3-6 数据可得直线管道内冲击波衰减规律如图 3-46、图 3-47 所示，光滑曲线为变化趋势线。从中可以看出，K_1 随瓦斯填充长度的增加而略有增大趋势，变化量较小。当管道分岔角度为 30°时，直线管道衰减系数随瓦斯填充长度的增加在 1.42～1.48 范围内增大；当管道分岔角度为 45°时，直线管道衰减系数随瓦斯填充长度的增加在 1.32～1.40 范围内增大；当管道分岔角度为 60°时，直线管道衰减系数随瓦斯填充长度的增加在 1.17～1.27 范围内增大；当管道分岔角度为 90°时，直线管道衰减系数随瓦斯填充长度的增加在 1.1～1.17 范围内增大；当管道分岔角度为 120°时，直线管道衰减系数随瓦斯填充长度的增加在 1.07～1.13 范围内增大；当管道分岔角度为 135°时，直线管道衰减系数随瓦斯填充长度的增加在 1.05～1.08 范围内增大；当管道分岔角度为 150°时，直线管道衰减系数随瓦斯填充长度的增加在 1.03～1.06 范围内增大。

表 3-6 在管道单向分岔情况下爆炸冲击波衰减系数和分流系数

冲击波超压	支线分岔角 $\beta/(°)$	管道内瓦斯填充长度/m	测点 1/kPa	测点 2/kPa	测点 3/kPa	支线分流系数 M	直线管道衰减系数 K_1	支线管道衰减系数 K_2
峰值超压	30	4	21.600 2	15.286 6	14.604 1	0.955 349 85	1.413 013 885	1.479 053 861
		5	34.692 9	24.309 1	22.222 2	0.914 151 229	1.427 150 281	1.561 175 259
		6	44.237 6	29.930 7	26.156	0.873 883 573	1.477 998 111	1.691 298 655
	45	4	30.799	23.504 2	20.388 1	0.867 424 291	1.310 361 368	1.510 634 855
		5	35.803 7	26.666 6	22.060 4	0.827 267 185	1.342 645 633	1.622 989 11
		6	45.476 6	32.503 6	26.667 3	0.820 439 056	1.399 123 258	1.705 334 78
	60	4	33.168 9	28.307 5	20.815 2	0.735 324 247	1.171 735 603	1.593 495 126
		5	37.245 8	30.461 2	21.668	0.711 330 664	1.222 727 929	1.718 930 437
		6	46.924 6	37.121 1	26.502 1	0.713 936 773	1.264 095 221	1.770 598 278
	90	4	32.052 6	29.105 5	17.972 3	0.617 487 923	1.101 256 039	1.783 445 47
		5	37.622	33.634 1	20.608 7	0.612 732 508	1.118 567 145	1.825 539 09
		6	46.240 6	39.675 1	24.386 2	0.614 648 337	1.165 480 858	1.896 175 078
	120	4	34.452	32.007 4	17.377 5	0.542 921 238	1.076 378 704	1.982 568 793
		5	39.440 5	35.677 6	18.764 2	0.525 936 978	1.105 469 702	2.101 905 265
		6	45.668 5	40.452 8	21.136 1	0.522 486 676	1.128 933 343	2.160 693 076
	135	4	27.081 2	25.665 5	12.817 6	0.499 409 027	1.055 160 512	2.112 818 262
		5	41.403 7	39.084 7	17.820 9	0.455 955 266	1.059 331 675	2.323 323 697
		6	47.420 9	44.065 4	19.769 3	0.448 636 558	1.076 148 811	2.398 709 583
	150	4	24.748 2	23.872 9	10.206 5	0.427 537 203	1.036 667 114	2.424 741 298
		5	41.969 6	40.173 5	15.471 6	0.385 119 683	1.044 709 559	2.712 688 044
		6	46.526 49	43.990 5	16.497 8	0.375 030 169	1.057 649 209	2.820 171 003

随管道分岔角度的增大，K_1 呈逐渐减小的趋势，当管道内充填瓦斯为 4 m 时，直线管道衰减系数随管道角度的增大在 1.03～1.42 范围内减小；当管道内充填瓦斯为 5 m 时，衰减系数随管道角度的增大在 1.04～1.43 范围内减小；当管道内充填瓦斯为 6 m 时，衰减系数随管道角度的增大在 1.05～1.48 范围内减小；而且趋势明显。衰减系数减小的幅度要比增加的幅度大。由此可见，管道分岔角度增大，冲击波压力主要传播到直线管道内，其衰减系数呈递减趋势。

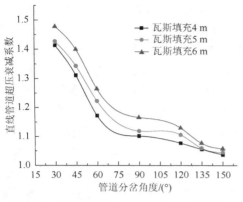

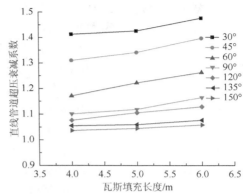

图 3-46　不同瓦斯填充长度单向分岔管道直 　　图 3-47　不同管道分岔角度直线管道冲击波
线管道冲击波超压衰减系数变化曲线　　　　　　　超压衰减系数变化曲线

　　总体来说，非瓦斯燃烧区瓦斯爆炸冲击波在经过单向分岔后，直线管道爆炸冲击波超压衰减系数随瓦斯填充长度的增大而呈现减小趋势，变化幅度范围在 0.03～0.10，而随分岔角度的增大而减小，在分岔角度在 30°～150°变化范围内，直线段爆炸冲击波超压衰减系数变化幅度在 0.39～0.43 范围内变化，变化比较明显。其衰减系数呈递减趋势。由此可见，管道分岔角度和瓦斯填充长度是影响直线管道衰减系数的两个因素，但管道分岔角度比瓦斯填充长度的影响要大。

　　由表 3-6 可得，支线管道内瓦斯爆炸冲击波衰减系数变化规律如图 3-48、图 3-49 所示，随管道分岔角度的增大，K_2 呈逐渐增大的趋势，当管道内充填瓦斯为 4 m 时，直线管道衰减系数随管道角度的增大在 1.47～2.43 范围内增大；当管道内充填瓦斯为 5 m 时，衰减系数随管道角度的增大在 1.56～2.72 范围内增大；当管道内充填瓦斯为 6 m 时，衰减系数随管道角度的增大在 1.69～2.83 范围内增大；趋势比较明显。

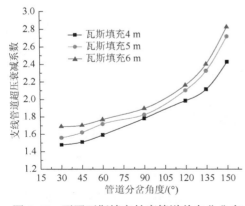

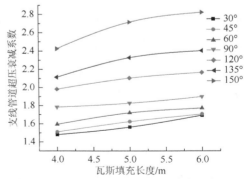

图 3-48　不同瓦斯填充长度管道单向分岔支 　　图 3-49　不同管道分岔角度支线管道冲击波
线管道冲击波超压衰减系数变化曲线　　　　　　　超压衰减系数变化曲线

K_2 随瓦斯填充长度的增加而略有增大趋势，变化量较小。当管道分岔角度为 30°时，支线管道衰减系数随瓦斯填充长度的增加在 1.47~1.7 范围内增大；当管道分岔角度为 45°时，支线管道衰减系数随瓦斯填充长度的增加在 1.5~1.71 范围内增大；当管道分岔角度为 60°时，支线管道衰减系数随瓦斯填充长度的增加在 1.59~1.78 范围内增大；当管道分岔角度为 90°时，支线管道衰减系数随瓦斯填充长度的增加在 1.78~1.9 范围内增大；当管道分岔角度为 120°时，支线管道衰减系数随瓦斯填充长度的增加在 1.98~2.17 范围内增大；当管道分岔角度为 135°时，支线管道衰减系数随瓦斯填充长度的增加在 2.11~2.4 范围内增大；当管道分岔角度为 150°时，支线管道衰减系数随瓦斯填充长度的增加在 2.42~2.83 范围内增大。

总体来说，非瓦斯燃烧区瓦斯爆炸冲击波在经过管道单向分岔后，支线管道爆炸冲击波超压衰减系数随瓦斯填充长度的增大也呈现略增大趋势，衰减系数增幅在 0.17~0.41，而随分岔角度的增大而增大，分岔角度在 30°~150°变化范围内，支线段爆炸冲击波超压衰减系数的增加幅度在 0.96~1.16 范围内变化，增幅比较明显。与直线管道相比，瓦斯填充量和分岔角度对支线管道的衰减系数影响作用都要比直线管道的大。同时可见，管道分岔角度和瓦斯填充长度同样是影响支线管道衰减系数的两个因素，管道分岔角度比瓦斯填充长度的影响要大。

由表 3-6 中数据可得支线管道内瓦斯爆炸冲击波分流系数变化规律如图 3-50 和图 3-51 所示。M 随管道分岔角度的增大，呈逐渐减小的趋势，当管道内充填瓦斯为 4 m 时，直线管道衰减系数随管道角度的增大在 0.94~0.42 范围内减小；当管道内充填瓦斯为 5 m 时，衰减系数随管道角度的增大在 0.91~0.37 范围内减小；当管道内充填瓦斯为 6 m 时，衰减系数随管道角度的增大在 0.87~0.36 范围内减小；减小趋势比较明显。

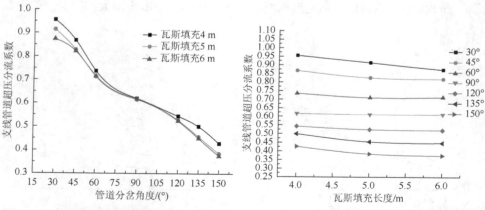

图 3-50　不同瓦斯填充长度管道单向分岔支　　图 3-51　不同管道分岔角度支线管道冲击波超
　　　　线管道冲击波超压分流系数变化曲线　　　　　　　压分流系数变化曲线

M 随瓦斯填充长度的增加也略有减小趋势，变化量较小。当管道分岔角度为 30°时，支线管道分流系数随瓦斯填充长度的增加在 0.86～0.96 范围内减小；当管道分岔角度为 45°时，支线管道分流系数随瓦斯填充长度的增加在 0.82～0.87 范围内减小；当管道分岔角度为 60°时，支线管道分流系数随瓦斯填充长度的增加在 0.71～0.74 范围内增大；当管道分岔角度为 90°时，支线管道分流系数随瓦斯填充长度的增加在 0.61～0.62 范围内减小；当管道分岔角度为 120°时，支线管道分流系数随瓦斯填充长度的增加在 0.52～0.55 范围内减小；当管道分岔角度为 135°时，支线管道分流系数随瓦斯填充长度的增加在 0.44～0.5 范围内减小；当管道分岔角度为 150°时，支线管道分流系数随瓦斯填充长度的增加在 0.37～0.43 范围内减小。

总体来说，非瓦斯燃烧区瓦斯爆炸冲击波在经过管道单向分岔后，支线管道爆炸冲击波超压分流系数随瓦斯填充长度的增大而呈现减小趋势，但减小幅度在 0.01～0.1 范围内；而随分岔角度的增大而增大，分岔角度在 30°～150° 变化范围内，支线管道爆炸冲击波超压分流系数减小幅度在 0.51～0.54 范围内变化，降低幅度比较明显。可见瓦斯填充长度和管道分岔角度是支线管道爆炸冲击波超压分流系数的两个重要影响因素，但分岔角度的影响比较大。分岔角度和瓦斯填充长度的增大，都能使支线巷道内的分流系数呈减小趋势。非瓦斯燃烧区瓦斯爆炸冲击波传播到支线管道的压力减小，主要传播到直线管道内。

第二节　管道内瓦斯爆炸火焰传播规律实验研究

实际井下巷道环境，拐弯巷道非常常见，为了研究复杂巷道拐弯对瓦斯爆炸火焰传播的影响，课题组在水平管道的基础上设计加工了不同角度拐弯管道。本节利用实验室管道，通过不同条件下的瓦斯爆炸实验，利用数据自动采集设备记录火焰的传播情况，得出瓦斯爆炸火焰传播与瓦斯填充量及管道拐弯角度的关系规律，为矿井瓦斯爆炸事故的事故救援及事故调查、减少事故发生和损失提供科学依据和参考。

一、实验系统及设备

本节主要研究不同的瓦斯填充长度及管道拐弯角度变化对瓦斯爆炸火焰传播规律的影响，以中国矿业大学设计制作的水平管道式气体爆炸装置为基础，翻阅相关书籍和文献，设计并加工新的匹配管件，与原设备用螺栓紧固连接起来，来模仿煤矿井下的拐弯巷道。瓦斯爆炸实验系统包括不同长度的管道式瓦斯爆炸腔体、弯管、真空泵、高能点火器、TST 6300 动态数据采集储存仪、压力传感器、火焰传感器、配气设备等，实验系统示意如图 3-52 所示。

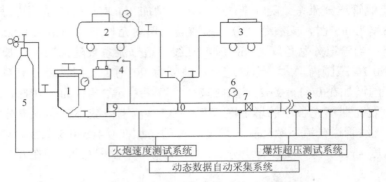

图 3-52　瓦斯爆炸实验系统示意图

1. 瓦斯仓；2. 空气压缩机；3. 真空泵；4. 点火系统；5. 高压储气瓶；
6. 真空表；7. 阀门；8. 瓦斯爆炸传播管道系统；9. 瓦斯喷嘴；10. 瓦斯填充区

（一）爆炸传播管道

管道由 0.5 m、1.0 m、1.5 m、2.5 m 的四种横截面为 80 mm×80 mm 的方形钢板连接而成，壁厚 10 mm，装置设计承压达到 20 MPa，管道拐弯处，采用无缝焊接方式衔接。管道上装有压力表、点火装置、阀门、火焰传感设备、安全阀，当管道内部压力大于 20 MPa 时，安全阀能自动开启减压，用来保护实验装置。传播管道图如图 3-53 所示。

图 3-53　传播管道

（二）配气系统

配气系统主要由空压机、真空泵、甲烷气瓶等组成。实验前后都需要用空压机向管道中吹入空气，用来排除管道内残留气体的，以确保管道中环境满足实验条件所需。真空泵能保证管道内存一定的真空度来保证气体的配比。本实验选用分压法来配制瓦斯混合气体。瓦斯配气系统有瓦斯仓和高压储气瓶组成的，如图 3-54 所示。

图 3-54　配气系统

（三）火焰探测系统

1. 高压点火装置

点火装置包括电极、电源、高压互感器、控制箱等。高压互感器需要手动操作，在电极两端加上 8 kV 电压，击穿空气产生电火花，点燃甲烷-空气混合气体，点火系统示意图如图 3-55 所示。

2. 火焰探测器

火焰探测器核心部件是光敏三极管，利用光电管的高频特性，利用微秒级的采集速度，将采集到的光信号转换为电信号并传输到单片机，即可测量火焰到达时间，其装置如图 3-56 所示。

图 3-55　高压点火装置　　　　　　　图 3-56　火焰探测器

3. 数据自动采集装置

数据自动采集装置包括 TST 6300 高速动态测试仪、数据处理装置、计算机和对应的连接线。测试仪每台 16 个并行采集通道，每通道最高 200 kHz/CH，参数程控设置，直接接收火焰传感器信号数据，可达毫伏级。信号经放大、滤波后通过 RJ 45 以太网接口与上位计算机连接，如图 3-57 所示，采用 TCP/IP 通讯协议实现控制命令及数据传输，数据传输速率为 100 Mbps。上位计算机装有 DAP6.X 系统程序，可方便地完成压力、温度、时间位移等物理量的数据采集。

图 3-57　数据采集装置

二、实验方案及步骤

（一）管道布置

爆炸传播管道选取 80 mm×80 mm 的方形管道。实验所配瓦斯浓度为理论上最强烈的爆炸浓度（9.5%）。本节实验管道由瓦斯填充管道与火焰传播管道连接而成，其中瓦斯填充管道有 4 m、5 m、6 m 三种长度，火焰传播管道总长为 11 m：由长为 10 m 的水平部分与长为 1 m 的拐弯部分无缝焊接组合而成，管道长径比保持不变，由 30°、45°、60°、90°、120°、135°、150°7 种拐弯角度管道。实验管道布置情况如图 3-58 所示。

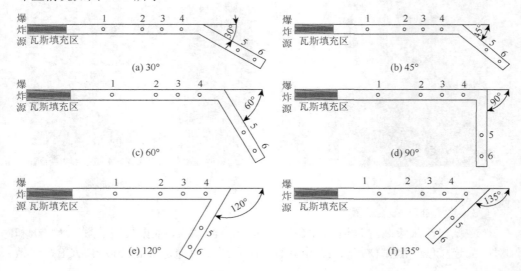

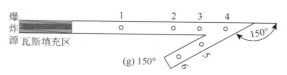

图 3-58　实验管道布置示意图

（二）监测点布置

图中测点 1 位于距起始点（起始传播位置）7.00 m 处，$L_{1-2}=2$ m，$L_{2-3}=L_{3-4}=0.3$ m，测点 4 距拐弯点 0.4 m，测点 5 距拐弯点 0.6 m 处，测点 5、6，$L_{5-6}=0.3$ m。各测点具体位置参数如表 3-7 所示。

表 3-7　测点布置位置

测点编号	测点 1	测点 2	测点 3	测点 4	测点 5	测点 6
测点实际位置/m	7.00	9.00	9.30	9.60	10.60	10.90

把两个探测点中点的位置规定为当量测点，则当量测点的位置分布情况如表 3-8 所示。

表 3-8　当量测点布置位置

当量测点编号	当量测点 1	当量测点 2	当量测点 3	当量测点 4	当量测点 5
火焰平均速度当量点位置/m	8.00	9.15	9.45	10.10	10.75

（三）实验步骤

前期实验表明，即使在我们认为的相同工况下，每次爆炸实验所测得的数据也不完全相同，这主要是由于瓦斯爆炸过程十分复杂，影响因素太多，微小的差别可能会给实验结果带来很大的差别。为减少实验误差，每组实验在相同工况下需成功地做 3 次，并且数据相对差异很小，才认为是成功实验，并记录和采纳相关数据。同一种拐弯角度下，充填 4 m、5 m、6 m 3 种不同长度的瓦斯气体，各分别重复 3 次成功爆炸，共 9 次，才算完成一种拐弯角度下的测试。拐弯管道共有 7 种角度，总共需成功进行 63 次实验，以确保结果的准确性。实验操作过程按以下顺序进行。

1）清理实验管道，用空压机将废气排出，减少废气对实验结果的影响。

2）在监测点布置火焰传感器设备。

3）对实验装置进行检查、安装和调试，确保其正常运行。

4）用真空泵将管道抽成真空状态，观察真空压力表，确保实验装置的气密性良好；否则，需要重新安装实验装置。

5）根据实验方案，选取瓦斯填充管道的长度，以及所需角度的火焰传播管，用螺栓紧密连接起来。

6）根据实验要求，设置好动态测试分析仪的采样率、采样长度、采样延迟，为数据采集做准备。

7）设置好点火电压和点火延迟时间，手动进行点火，通过火焰探测系统记录火焰到达各个监测点的时间。

8）完成一次实验要关闭电源，排除管道内残余气体，处理实验数据，为下一次实验做准备。

三、实验结果记录及火焰传播速度计算

（一）火焰传播波形图

实验过程中管道内火焰传播的波形如图 3-59 所示。

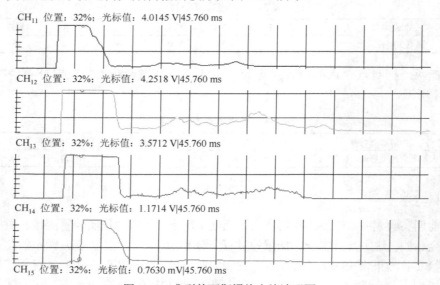

图 3-59　典型的瓦斯爆炸火焰波形图

（二）实验数据

实验所得原始数据如表 3-9、表 3-10 所示。

表 3-9　在管道拐弯情况下火焰到达各测点时间（$\sigma \leqslant 90°$）

序号	管道拐弯角度/(°)	瓦斯充填长度/m	火焰到达时间/s					
			测点 1	测点 2	测点 3	测点 4	测点 5	测点 6
1-1			0.894	1.111	1.118	1.125	1.201	1.205
1-2		4	0.972	1.159	1.166	1.172	1.262	1.266
1-3	30		0.895	1.080	1.087	1.093	1.171	1.175
1-4			0.992	1.167	1.175	1.181	1.272	1.276
1-5		5	0.897	1.093	1.100	1.107	1.182	1.186
1-6			0.975	1.173	1.180	1.186	1.269	1.273

续表

序号	管道拐弯角度/(°)	瓦斯充填长度/m	火焰到达时间/s					
			测点1	测点2	测点3	测点4	测点5	测点6
1-7			1.004	1.186	1.193	1.199	1.282	1.286
1-8	30	6	0.836	1.001	1.009	1.015	1.097	1.100
1-9			0.923	1.115	1.122	1.129	1.218	1.222
2-1			0.965	1.144	1.151	1.157	1.232	1.236
2-2		4	0.978	1.135	1.142	1.148	1.238	1.242
2-3			1.013	1.198	1.205	1.211	1.289	1.293
2-4			1.014	1.182	1.189	1.194	1.266	1.270
2-5	45	5	0.982	1.145	1.151	1.156	1.234	1.238
2-6			0.895	1.082	1.088	1.093	1.167	1.171
2-7			1.033	1.196	1.201	1.205	1.279	1.282
2-8		6	1.003	1.156	1.161	1.165	1.232	1.235
2-9			0.981	1.141	1.146	1.151	1.219	1.222
3-1			0.897	1.042	1.047	1.052	1.119	1.122
3-2		4	0.925	1.084	1.089	1.093	1.158	1.161
3-3			0.822	1.002	1.007	1.011	1.073	1.076
3-4			0.923	1.080	1.085	1.090	1.149	1.152
3-5	60	5	0.954	1.106	1.110	1.115	1.173	1.176
3-6			0.934	1.108	1.113	1.117	1.180	1.183
3-7			0.887	1.066	1.070	1.074	1.135	1.138
3-8		6	0.912	1.102	1.107	1.111	1.171	1.174
3-9			0.935	1.096	1.101	1.105	1.162	1.166
4-1			0.976	1.139	1.143	1.147	1.203	1.206
4-2		4	0.948	1.102	1.106	1.110	1.169	1.173
4-3			0.987	1.174	1.178	1.182	1.239	1.242
4-4			0.967	1.122	1.126	1.130	1.189	1.192
4-5	90	5	1.024	1.185	1.190	1.194	1.249	1.251
4-6			0.935	1.104	1.109	1.113	1.169	1.172
4-7			1.035	1.200	1.204	1.208	1.263	1.266
4-8		6	0.982	1.131	1.136	1.139	1.194	1.197
4-9			1.006	1.195	1.199	1.203	1.260	1.263

表 3-10　在管道拐弯情况下火焰到达各测点时间（$\sigma > 90°$）

序号	管道拐弯角度/(°)	瓦斯填充长度/m	火焰到达时间/s					
			测点1	测点2	测点3	测点4	测点5	测点6
5-1			0.963	1.127	1.132	1.136	1.192	1.194
5-2		4	0.872	1.025	1.030	1.034	1.089	1.092
5-3			0.961	1.117	1.122	1.127	1.182	1.185
5-4	120		0.984	1.155	1.160	1.164	1.218	1.221
5-5		5	0.968	1.120	1.125	1.129	1.184	1.187
5-6			0.975	1.135	1.140	1.144	1.202	1.204
5-7			0.991	1.145	1.150	1.154	1.214	1.217

续表

序号	管道拐弯角度/(°)	瓦斯填充长度/m	火焰到达时间/s					
			测点 1	测点 2	测点 3	测点 4	测点 5	测点 6
5-8	120	6	0.986	1.145	1.150	1.154	1.206	1.209
5-9			1.021	1.182	1.187	1.191	1.247	1.250
6-1		4	0.879	1.036	1.042	1.046	1.105	1.107
6-2			0.885	1.039	1.044	1.048	1.103	1.105
6-3			0.921	1.082	1.087	1.091	1.148	1.151
6-4			0.869	1.013	1.017	1.021	1.078	1.081
6-5	135	5	0.986	1.132	1.136	1.140	1.194	1.196
6-6			1.005	1.161	1.165	1.169	1.225	1.228
6-7			1.023	1.169	1.174	1.178	1.234	1.237
6-8		6	0.951	1.104	1.109	1.113	1.169	1.171
6-9			0.987	1.128	1.133	1.137	1.191	1.194
7-1		4	0.867	1.002	1.007	1.011	1.067	1.069
7-2			0.889	1.035	1.041	1.045	1.098	1.100
7-3			0.923	1.075	1.080	1.084	1.135	1.137
7-4			0.958	1.110	1.114	1.118	1.170	1.173
7-5	150	5	1.002	1.155	1.159	1.163	1.217	1.220
7-6			0.883	1.019	1.024	1.028	1.078	1.080
7-7			0.897	1.032	1.037	1.040	1.089	1.091
7-8		6	0.989	1.133	1.138	1.142	1.195	1.197
7-9			1.024	1.176	1.180	1.184	1.235	1.238

（三）火焰传播速度计算

1. 火焰传播当量速度 V 的计算方法

由于实验过程中，传感器只能探测到火焰到达时间，因此按照速度计算公式，仅可以得到两个探测点之间的平均速度。将探测点之间的平均速度近似视为当量测点速度，那么火焰波在 5 个当量测点的速度就依次为 V_1、V_2、V_3、V_4、V_5；当量测点的速度求法如式（3-8）所示。

$$V = \frac{L}{T} \tag{3-8}$$

则监测点 1 与监测点 2 之间的当量测点速度即当量速度 V_1 代入式（3-8）来计算。

$$V_1 = L_1/(T_2 - T_1)$$

其中，L_1 为测点 2 与测点 1 之间的距离；T_1 为火焰到达测点 1 的时刻；T_2 为火焰到达测点 2 的时刻。

其他各当量速度求法类似。

2. 火焰波突变系数

火焰波速度在拐弯管道中的突变系数为 λ，有突变系数拟合公式（当拐弯角度 σ 小于 90°时）如式（3-9）所示：

$$\lambda = a + b\frac{\Delta v_1}{v_0}\sin\sigma + c\left(\frac{\Delta v_1}{v_0}\sin\sigma\right)^2 + d\left(\frac{\Delta v_1}{v_0}\sin\sigma\right)^3 \quad (\sigma \leqslant 90°) \qquad (3-9)$$

当拐弯角度 $\sigma > 90°$时的公式如式（3-10）所示：

$$\lambda = a + b\frac{\Delta v_1}{v_0}\cos(\pi-\sigma) + c\left[\frac{\Delta v_1}{v_0}\cos(\pi-\sigma)\right]^2 + d\left[\frac{\Delta v_1}{v_0}\cos(\pi-\sigma)\right]^3 \quad (\sigma > 90°) \quad (3-10)$$

定义：突变系数 λ 为当量测点 5 与当量测点 3 的火焰速度之比，它反映了火焰波沿管道传播过程中速度的变化情况，是速度突变大小的一种定量化表示方法，突变系数越大表示速度的波动越大，$\lambda > 1$，表示拐弯后火焰传播速度是增大的，突变系数越大，说明火焰波经过拐弯后速度增大的越大。计算公式为

$$\lambda = V_5/V_3 \qquad (3-11)$$

3. 火焰达到各当量测点的速度

根据速度公式计算火焰达到各当量测点的速度及不同拐弯处的突变系数如表 3-11 和表 3-12 所示。

表 3-11　在管道拐弯情况下各当量测点火焰速度（$\sigma \leqslant 90°$）

| 序号 | 拐弯角度/(°) | 瓦斯填充长度/m | 火焰速度/(m/s) | | | | | 突变系数 λ | 均值 |
			当量测点 1	当量测点 2	当量测点 3	当量测点 4	当量测点 5		
1-1			34.6	42.6	46.8	13.2	74.7	1.596	
1-2		4	35.1	43.3	47.4	11.1	76.7	1.618	1.572
1-3			33.9	41.8	50.1	12.8	75.3	1.503	
1-4			35.7	40.6	50.9	10.9	78	1.532	
1-5	30	5	34.9	41.2	48.2	13.3	76.5	1.587	1.529
1-6			37.4	42.3	49.9	12.1	73.3	1.469	
1-7			36.4	41.6	51.3	12	74.4	1.450	
1-8		6	35.9	41.2	50.3	12.2	81.7	1.624	1.590
1-9			37.1	43.1	47.2	11.2	80	1.695	
2-1			34.2	42.5	50.8	13.2	79.2	1.559	
2-2		4	32.7	45.6	47.4	11.1	80.7	1.703	1.607
2-3			33.8	41.2	52.1	12.8	81.3	1.560	
2-4			34.9	42.6	58.9	13.9	86.2	1.463	
2-5	45	5	35.3	45.2	60.2	12.8	87.5	1.453	1.453
2-6			36.7	47.3	61.1	13.5	88.1	1.442	
2-7			36.3	60.2	62.1	13.6	92.4	1.488	
2-8		6	35.9	61.3	63.2	15.1	95.5	1.511	1.485
2-9			37.5	59.1	61.3	14.7	89.2	1.455	
3-1			33.8	60.9	64.2	14.9	94.5	1.472	
3-2	60	4	34.6	59.7	65.5	15.5	90.4	1.380	1.383
3-3			35.1	61.6	69.1	16.2	89.7	1.298	

序号	拐弯角度/(°)	瓦斯填充长度/m	火焰速度/(m/s)					突变系数λ	均值
			当量测点1	当量测点2	当量测点3	当量测点4	当量测点5		
3-4			35.7	61.6	69.4	16.9	90.6	1.305	
3-5		5	33.2	63.1	70.2	17.2	91.8	1.308	1.306
3-6	60		36.5	59.3	72.7	15.9	94.9	1.305	
3-7			37.2	68.6	71.6	16.4	95.2	1.330	
3-8		6	36.5	63.4	73.2	16.8	95.7	1.307	1.316
3-9			34.4	62.5	72.2	17.5	94.7	1.312	
4-1			32.3	67.4	75.7	17.8	95.2	1.258	
4-2		4	33.1	68.1	73.8	16.9	96.5	1.308	1.309
4-3			32.7	70.1	74.1	17.7	100.9	1.362	
4-4			34.9	70.4	74.5	16.9	101.5	1.362	
4-5	90	5	35.4	69.2	75.2	18.2	103.4	1.375	1.361
4-6			34.8	71.3	76.4	17.7	102.7	1.344	
4-7			36.1	71.9	79.2	18.1	107.7	1.360	
4-8		6	37.4	69.3	80.6	18.3	108.1	1.341	1.365
4-9			35.6	70.8	77.3	17.5	107.8	1.395	

表 3-12 在管道拐弯情况下各当量测点火焰速度（$\sigma > 90°$）

序号	拐弯角度/(°)	瓦斯填充长度/m	火焰速度/(m/s)					突变系数λ	均值
			当量测点1	当量测点2	当量测点3	当量测点4	当量测点5		
5-1			32.2	58	70.7	18	115.8	1.638	
5-2		4	33.1	60.3	71.2	18.1	110.2	1.548	1.581
5-3			32.8	57.5	72.3	17.9	112.5	1.556	
5-4			34.7	60.6	73.9	18.4	119.3	1.614	
5-5	120	5	35.2	59.2	72.5	18.1	118.4	1.633	1.603
5-6			34.5	57.9	71.8	17.5	112.1	1.561	
5-7			36.1	60.9	72.5	16.6	116.2	1.603	
5-8		6	35.6	57.8	73.4	19.2	120.7	1.644	1.610
5-9			34.4	62.6	74.8	17.8	118.4	1.583	
6-1			34.7	57.7	74.5	17	117.8	1.581	
6-2		4	35.1	61.4	71.1	18.2	121.9	1.714	1.647
6-3			32.4	59.1	73.2	17.6	120.5	1.646	
6-4			34.9	73.6	78.1	17.4	123.7	1.584	
6-5	135	5	35.7	72.7	79.2	18.6	126	1.591	1.594
6-6			36.4	74.1	77.7	17.8	124.8	1.606	
6-7			35.7	63.7	75.6	17.7	123.5	1.634	
6-8		6	34.9	60.3	74.8	17.9	124.9	1.670	1.661
6-9			37.2	59.9	76.4	18.3	128.4	1.681	

续表

序号	拐弯角度/(°)	瓦斯填充长度/m	火焰速度/(m/s)					突变系数 λ	均值
			当量测点 1	当量测点 2	当量测点 3	当量测点 4	当量测点 5		
7-1			34.8	64.3	77.2	17.9	124.2	1.609	
7-2		4	33.7	53.3	76.7	18.8	125.7	1.639	1.652
7-3			32.2	57.8	76	19.5	129.8	1.708	
7-4			33.2	60.6	76.8	19.3	128.9	1.678	
7-5	150	5	34.1	62.8	78.6	18.5	127.1	1.617	1.670
7-6			34.7	65.2	75.9	20	130.1	1.714	
7-7			35.8	65.8	79.2	20.6	129.2	1.631	
7-8		6	36.9	60.2	78.2	18.7	130.7	1.671	1.665
7-9			37.2	62.3	77.6	19.6	131.4	1.693	

四、火焰传播速度变化及其规律分析

（一）不同拐弯角度管道中火焰波速度变化规律

瓦斯填充长度为 4 m 时，不同拐弯角度管道中，瓦斯爆炸火焰波传播到各当量测点的速度情况如图 3-60 所示。

瓦斯填充长度为 5 m 时，不同拐弯角度管道中，瓦斯爆炸火焰波传播到各当量测点的速度情况如图 3-61 所示。

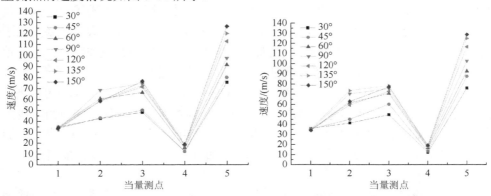

图 3-60　火焰波到达各个当量监测点的速度　　图 3-61　火焰波到达各个当量监测点的速度

瓦斯填充长度为 6 m 时，不同拐弯角度管道中，瓦斯爆炸火焰波传播到各当量测点的速度情况如图 3-62 所示。

（二）火焰波速度突变系数变化规律

火焰传播速度突变系数变化规律如图 3-63 所示。

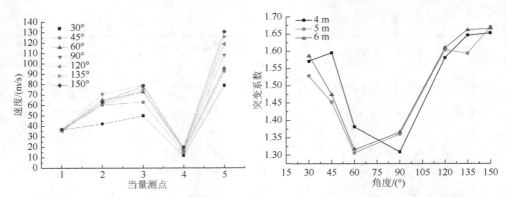

图 3-62　火焰波到达各个当量监测点的速度　图 3-63　火焰波速度突变系数随着拐弯角度
　　　　　　　　　　　　　　　　　　　　　　　　　变化曲线

（三）实验结果规律分析

通过上述速度计算数据及变化曲线分析，可知火焰受瓦斯填充长度及管道拐弯角度的影响规律如下：

1）当管道拐弯角度一定时，不同填充长度的火焰传播速度是不同的。其中，瓦斯填充长度越长的管道，其火焰波传播速度相对越大。

2）瓦斯爆炸火焰波在管道中传播有明显的规律性。在水平管道中，由于瓦斯气体的不断燃烧，火焰传播速度呈稳步增大趋势；经过拐弯点处，火焰传播速度发生突变迅速减小，这主要是因为火焰波经过管道拐弯时，主流区气流及携带的未燃瓦斯被管道壁面反弹产生的涡团，引入了较大的总阻力，阻碍了火焰波的传播，导致火焰速度突然降低；经过拐弯点后，火焰速度又迅速增大，主要是由于涡流作用使火焰阵面发生湍流，火焰面积急剧增大，氧气接触更加充分，进而使瓦斯燃烧速度增大，热释放速率增加，火焰波传播速度加快。

3）瓦斯填充长度固定时，管道拐弯角度大小对火焰传播速度有显著的影响。拐弯角度越大，火焰传播速度越快，经过拐弯点火焰发生突变后，拐弯角度越大的管道中，监测点的速度相对越高。这主要是管道的拐弯角度对火焰湍流的影响作用，随着拐弯角度的增大，湍流效应被加强，导致了火焰波传播速度进一步加快。

4）火焰波速度突变系数 λ 与管道拐弯角度关系密切。随着管道拐弯角度的增加，火焰波速度突变系数 λ 呈现先减小后增大的规律趋势，λ 的值在 1.3～1.7。不同填充长度，火焰的突变系数整体规律一致，说明火焰填充长度改变对突变系数影响不大。

由表 3-7 和表 3-8 中各管道拐弯情况下火焰突变系数的变化数据，结合瓦斯煤尘爆炸产生的火焰传播速度数据，发现火焰传播速度突变系数主控因素是管道的拐弯角度，瓦斯充填长度（参与爆炸瓦斯量）对突变系数的影响较小，瓦斯充填长度变大情况下火焰传播速度略有增加。因此，忽略瓦斯充填长度对火焰传播速度突变系数的影响，可得拐弯角度对突变系数的影响曲线，如图 3-64 所示（选取瓦斯充填长度为 6 m）。

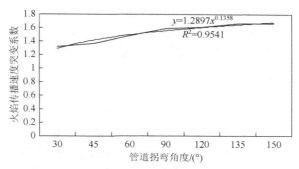

图 3-64　火焰波速度突变系数随着拐弯角度变化曲线

由图 3-64 可知，火焰传播速度在管道拐弯处的突变系数随管道拐角发生变化，管道拐弯角度越大，火焰传播速度的突变系数越大，呈幂函数关系。管道拐弯角度在 30°～150°范围变化时，火焰传播速度突变系数在 1.3～1.7 之间变化，其变化关系式如式（3-12）所示：

$$y = 1.2897x^{0.1358}$$
$$R^2 = 0.9541$$

（3-12）

第三节　管道内瓦斯爆炸毒气传播规律实验研究

采用总长 20.9 m、截面为 80 mm×80 mm 的正方形气体爆炸管道，设计实验方案，选取瓦斯爆炸区间内的 7%、9%、11%、15%体积浓度的甲烷/空气预混气体爆炸传播规律进行实验研究。实验可以直观地反映出瓦斯爆炸后一氧化碳的传播规律，为后续数值模拟参数的选取和验证做基础。

一、管道密闭瓦斯爆炸实验

瓦斯爆炸实验系统包括瓦斯爆炸腔体、真空泵、高能点火器、光学瓦检仪、配气设备、检测点、一氧化碳检测管、流量计等其结构图如图 3-65 所示。

图 3-65　瓦斯爆炸实验系统

1. 高能点火装置；2. 真空流量计；3. 球形阀门；
4. 毒气收集处；5～8. 前端 CO 检测点；
9～12. 后端 CO 检测点

（一）瓦斯爆炸实验腔体

设计腔体为 80 m×80 m 正方形实验管道，密闭管道长 4.1 m 左右，全长 20.9 m 密闭的实验管道，左侧有三个阀门，分别装上三个通阀门，依次为进气阀门、真空表、毒气检测点 5～8，最左端密闭并且接上能够自由运动和摘取的打火点；腔体的右侧是滚珠式开放的法兰接口，该实验装置要求右侧接装一个球形的阀门，用来控制空间的密闭和风速调节。腔体固定在组合支架上，移动方便，如图 3-66 所示。

（二）实验管道系统

爆炸实验的管道为断面 80 m×80 m 正方形实验管道，总长 20.9 m，有各种规格，如长度 0.9 m、1.0 m、2.5 m、3.5 m 等的管道分节通过法兰盘对接组合而成。在连接成的 20.9 m 管道的每一段上，都是具有可添加的各种测试点预留孔和测试点。例如，本实验在实验的沿途总共设计了 8 个测量点，前端 4 个分析密闭爆炸特性；后半部分有 4 个分析随着时间和路程的衰减关系。全部管道放置在组合式支架上，支架用 YB1 65-64 轻型槽钢焊制，距离地面 625 mm，用 4 条内径 40 mm 的镀锌管连接为一个整体，可分可合，如图 3-67 所示。

图 3-66　瓦斯爆炸实验腔体　　　　　图 3-67　瓦斯爆炸实验管道系统

（三）爆炸点火装置

瓦斯在合适的爆炸范围内，点爆要达到引燃的三要素，所以需要一定的初始能量来点燃，从而支持反应的开始。该实验采用高频率的瞬间高能量点火装置能够快速地点燃混合气体，从而达到实验的条件。在每次要点燃的开始阶段，都需要用抽风机把密闭实验的 4 m 区域抽成真空的 0.08 MPa，然后快速打开进风阀门。由于腔体内的负压状态会把预混的气体吸入 4 m 区域，达到完全的均匀混合状态。当混合均匀且稳定以后关闭所有的阀门，快速插上点火源的插头，会听到"呲"的一声响，然后就要快速地拔下点火电源，防止多次打火导致实验数值的偏差，如图 3-68 所示。

（四）爆炸吹风系统

瓦斯爆炸后先对前段的 CO 浓度进行测量；然后打开球形控制阀门，使其在压风机的作用下通过流量计的控制和前端的进气阀门，此时风速恒定在实验要求的风速下；最后在各个恒定的风速下，对产生的 CO 进行吹散实验，对爆炸腔体后面的四个测量点进行 CO 的检测，如图 3-69～图 3-71 所示。

图 3-68　高能点火装置

图 3-69　球形阀门

图 3-70　空气压缩机

图 3-71　进气阀门和真空表

（五）爆炸毒害气体测量系统

在开始设计的距离点火源 0.25 m、1.35 m、2.2 m、3.95 m、7 m、10 m、14 m、17 m 的 8 个位置安装 CO 检测阀门，然后处于关闭的状态；当爆炸以后快速地通过 CO 提取器抽取腔体内的 CO 气体，然后封存在提取器内，通入二氧化碳比长式快速检测管，通过检测管上面颜色的变化来读取测定浓度大小，并人工记录保存数据，如图 3-72 和图 3-73 所示。

（六）实验抽气和压气装置

在每次爆炸的过程开始前面和后面都需要进行腔体内的清洁，防止残留和腔体内本身的气体对实验的影响。尤其在每次实验以后，都要打开压风机和球形阀门对实验管道长时间的吹风以降低影响因素。

图 3-72　CO 检测管

图 3-73　CO 检测点

（七）实验气体

实验选用体积浓度为 7%、9%、11%、15%的甲烷-空气混合气体，由空气与99.9%浓度高纯度甲烷气均匀混合制成。

高纯度甲烷气体采购于徐州市气体化工有限公司，产地是中国石油西南油气田分公司成都天然气化工总厂，产品执行标准为 Q/SYXN 0008-2000，其产品技术指标如表 3-13 所示。

表 3-13　杂质含量（ppm）

组分	O_2	N_2	C_2H_6	H_2O
标准	≤100	≤250	≤600	≤50

二、实验方法与步骤

（一）实验方法

实验开始通过真空机把实验需要的 4 m 密闭区域抽成真空，然后预混的气体会被吸入 4 m 的填充区域，关闭球形阀门通过高能点火装置把密闭区域的均匀混合气体点爆，从而分析得到瓦斯爆炸浓度与 CO 产生的关系，也为后面的 CO 传播规律研究奠定基础。

（二）测点布置

管道的实验全场是 20.9 m 的长管道，设计的距离点火源 0.25 m、1.35 m、2.2 m、3.95 m、7 m、10 m、14 m、17 m 的 8 个位置，球形阀前端有 4 个测试点，球形阀后面有 4 个测试点。需要测定的点标记为测试点 5～12，图 3-74 给出 21 m 长度内的测试点布置图。

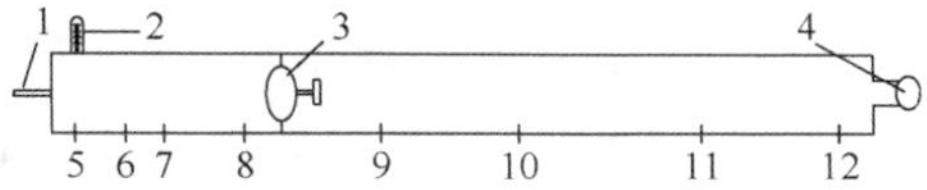

（三）实验步骤

图 3-74　CO 检测点布置图

　　实验是在正常的温度和生活中的条件下完成的，不需要特定的环境限制，具体的实验流程如下。

　　1）把需要的实验管道构建成功，进行一次抽真空实验，从而查看管道的密闭性能，如果存在漏风现象应当及时进行夹紧和调试。密闭性良好的状态下，在需要测量的测试点上安装 CO 检测阀门等一系列前期准备的装置。

　　2）在实验器材组装完成以后，把抽风机连接到前端的进气阀门处，打开真空表，当真空表上面的指针显示在 0.08 MPa 的时候，关闭进气阀门并且把预充气体准备好。

　　3）把预充好的混合均匀分析气体快速地插入进气阀门上，然后打开阀门的开关，预混气体会被吸入实验密闭腔体；当真空表的显示回归零点以后，说明完全地冲入 4 m 区域，其次把真空表的阀门关闭，避免在点爆瓦斯预混气体过程中爆炸压力把表损坏，最后迅速进行点火源点火一次，听到响声立刻把电源开关移除，防止多次爆炸影响实验的准确性，准备进行 CO 的检测分析。

　　4）对测点 5～12 进行 CO 测定，提取分析并且记录数据。

　　5）每次实验以后都要对实验的管道进行吹风，把爆炸产生的有毒有害气体，通过尾端的毒气收集装置，把毒气统一集中处理，防止在多次实验的过程中 CO 集聚，造成实验过程中的中毒事件。

　　6）多次重复上述过程，直到实验完成。

（四）实验方案

　　本书的实验均是在封闭管道内进行的，分别配置了 7%、9%、11%、15%4 种体积浓度的甲烷-空气混合气体为代表进行实验分析。

　　1）关闭充满均匀的甲烷-空气预混气球阀门管子，即填充长度为 4 m；每次填充相同浓度甲烷-空气混合气体进行点火爆炸实验，每次爆炸都会产生一定浓度的 CO。对 4 个检测点进行抽取测定，得出 4 个检测点的 CO 浓度值，通过平均值进行进一步精确测量 CO 数据准确度。然后，通过对 4 个浓度的甲烷-空气混合气体爆炸分析得出在爆炸区的 CO 产生浓度与瓦斯浓度的关系。

　　2）闭口的爆炸实验相当于模拟了瓦斯积聚的爆炸采掘工作面的情况。打开球形阀门，在不同的风速和时间下比较 CO 的浓度和扩散的情况，从而理论地分析 CO 的传播特性和规律，以及风速和时间对 CO 衰减性的影响，为事故的减少提供基础分析。

　　管道的实验全场是 20.9 m 的长管道，设计的距离点火源 0.25 m、1.35 m、2.2 m、

3.95 m、7 m、10 m、14 m、17 m 的 8 个位置，具体的位置见表 3-14。

表 3-14　测点分布

编号	1	2	4	5	6	7	8	9
距离点火端距离/m	0.25	1.35	2.2	3.95	7	10	14	17
相邻测点距离/m	—	1.1	0.85	1.75	3.05	3	4	3

三、实验结果分析

（一）预充填瓦斯浓度与产生 CO 浓度的关系

选取 7%、9%、11%、15%浓度的瓦斯进行实验，得到各个点 CO 产生的浓度与爆炸气体浓度的数据关系如表 3-15 所示。

表 3-15　各测点和各浓度的关系

CH₄ 浓度/%	CO 浓度/ppm			
	测点 1	测点 2	测点 3	测点 4
7	1 700	1 350	1 300	1 650
9	2 200	1 700	1 450	2 050
11	13 300	12 500	13 200	14 300
15	33 050	39 500	27 050	37 050
7	1 550	1 600	1 550	1 400
9	2 100	1 900	1 550	3 200
11	16 300	15 200	17 500	10 700
15	39 300	36 900	32 500	40 300
7	1 350	1 400	1 200	1 750
9	3 200	1 350	1 400	1 700
11	11 250	12 000	11 000	14 550
15	33 300	37 000	31 500	40 500
7	1 620	1 750	1 300	1 400
9	2 400	2 200	2 000	2 150
11	13 250	12 050	13 050	14 550
15	39 500	43 200	44 050	39 500
7	1 850	1 300	1 650	1 400
9	2 150	2 150	2 150	2 150
11	11 250	14 050	11 050	10 050
15	39 050	30 500	32 050	36 500
7	1 550	1 350	2 450	1 050
9	2 100	2 050	1 800	1 350
11	13 050	10 500	11 050	10 300
15	35 050	38 050	40 450	36 750

每次对预充瓦斯气体进行实验管道实验，得到上述的实验数据。通过对上述实验过程中不同浓度瓦斯气体爆炸产生的 CO 浓度数值进行分析，不同浓度的预混瓦斯气体爆炸都会产生对应的 CO 浓度值，从而得到测点 1～4 的浓度值。为了

更加准确地分析实验数据和减少因人为因素问题导致的数据偏差，通过对 4 个测点 1～4 进行平均值运算，得到 4 m 密闭区域的整体混合均匀的一个平均值，从而得到不同浓度瓦斯预混爆炸气体对应 CO 浓度之间的数值。反复重复上述的实验过程 6 次，从而得到 6 次实验数据，进行平均值计算，尽可能地减少由于单次实验与单次采集误差对实验的影响，从而更加准确地达到各个点的实验数值。通过上述平均值的方法，得到不同实验浓度瓦斯气体爆炸产生的 CO 关系数值，如表 3-16 所示。

表 3-16　CO 浓度各爆炸浓度的数值关系

CH$_4$ 浓度/%	CO 浓度/%						平均浓度/%
	第 1 次	第 2 次	第 3 次	第 4 次	第 5 次	第 6 次	
7	0.15	0.152 5	0.142 5	0.151 75	0.155	0.16	0.151 958
9	0.151 958 333	0.218 75	0.191 25	0.218 75	0.215	0.182 5	0.196 368
11	0.196 368 056	1.492 5	1.22	1.322 5	1.16	1.122 5	1.085 645
15	1.085 644 676	3.725	3.557 5	4.156 25	3.452 5	3.757 5	3.289 066

根据表 3-16 中的数据先对不同浓度瓦斯爆炸后产生的 CO 进行分析，为了减少实验数据的误差对数据的影响，对同一浓度爆炸 6 次得到的 CO 浓度数据再次求取平均值，得到相对误差较小的理想数据；然后绘制瓦斯浓度与 CO 浓度的关系，得到瓦斯浓度与 CO 浓度的关系图，如图 3-75 所示。

得出封闭受限空间 CO 浓度与参与爆炸瓦斯浓度的关系式如式（3-13）所示。

$$y = 869.88x^{2.3248} \tag{3-13}$$

$$R^2 = 0.9359$$

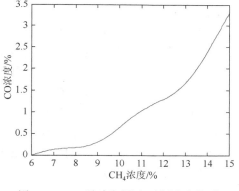

图 3-75　CO 浓度与预充瓦斯浓度关系

瓦斯爆炸是甲烷和空气组成的爆炸性混合气体在外界能量引发下发生的一种迅速氧化反应的结果，其总的反应方程式为

$$CH_4 + 2O_2 \longrightarrow CO_2 + 2H_2O（气态）+ 802.2 \text{ kJ/mol} \tag{3-14}$$

或 $CH_4 + 2(O_2 + 3.76N_2) \longrightarrow CO_2 + 2H_2O（气态）+ 7.52N_2 + 802.2 \text{ kJ/mol}$ （3-15）

$$2CH_4 + 3O_2 \longrightarrow CO + 4H_2O \tag{3-16}$$

由式（3-14）可知，在混合的气体全部燃烧殆尽的过程中，氧气和甲烷都是几乎同时消失在反应过程中，2 体积的氧气完全消失殆尽可以支持 1 体积的甲烷进行反应，即要同 9.53 体积空气中的氧反应，这时甲烷在混合气态中的体积分数为 1/（1+9.53）×100%=9.6%，通过这样理论性的计算可以计算出反应开始最具有代表性的理论值。

当甲烷的体积分数较小时，氧气的量相对甲烷来说是相当充裕和过量的，这时的甲烷可以充分进行反应，产物主要为二氧化碳和水蒸气，反应的过程中不会产生 CO，因为反应完全燃烧；当甲烷的体积分数为 9.6% 时，反应出现了临界点并开始进行强烈且更加具有代表性的反应；当甲烷的体积分数大于 9.6% 时，因为在相对密闭的充填区域内，氧气的总浓度是相对恒定的；当高浓度体积分数的甲烷冲入之后，氧气不能够完全支持所有的甲烷充分燃烧，主要会发生式（3-16）的反应，甲烷的不充分燃烧开始出现 CO，正是本次实验主要分析的过程。

表 3-16 和图 3-75 表明，当体积分数不在 6%~9.5% 时，预混气体爆炸后产生的一氧化碳几乎为 0，虽然也在增长但是增长的趋势较为缓慢而且增幅很小；当体积分数大于 9.5% 时，爆炸后一氧化碳增长速度非常快，呈现倍数增长，每个浓度几乎都翻了一番。混合气体中瓦斯的体积分数达到爆炸上限 15% 时，一氧化碳的生成量达到最大值就出现了图 3-75 中的现象。当混合气体中瓦斯的体积分数超过 15% 时生成 CO 的量并没有继续增加，因为超过了瓦斯爆炸的浓度上限而且氧气的供给也不足。分析可知，在爆炸区间内，CO 的产生量随着瓦斯浓度的增加而增加。

瓦斯爆炸过程中产生的 CO 是有毒有害气体，对人体是有相当严重损害的一种气体。通过实验分析产生的 CO 浓度与预混瓦斯浓度的关系，主要是通过瓦斯浓度了解 CO 的浓度值范围，从而了解 CO 在相应的浓度值致病或致死的可能性，从而确定 CO 浓度影响的严重程度和危害的特性。瓦斯爆炸过程中 CO 会随着冲击波和火焰锋面前行，当超出一定的标准之后，井下的从业人员就会出现各种身体不舒服或者生理反应，所以每个 CO 浓度影响的具体表现和危害的严重程度具备相当的参考对照性和救援的指导性，各种参数指标如表 3-17 所示。

表 3-17　各参数关系表

CO 浓度/%	碳氧血红蛋白/%	吸入时间/min	生理反应
<0.021	10.5	0	无伤害
0.063	30.5~40.5	0	轻度中毒
0.21~0.31	60.5~70.5	60~90	严重中毒甚至死亡
1	任何	1~3	昏迷而死

在发生事故时，可以通过上述表格进行判定，根据井下工人中毒现象判断出 CO 大概的体积分数，进而估计井下发生事故时瓦斯的含量，为事故调查提供依据。

（二）风速对 CO 的影响分析

通过不同浓度的瓦斯爆炸实验，得到产生 CO 与瓦斯浓度的关系；然后在左端的三通阀门处，通过流量计的控制实现不同风速的调节；最后打开球形阀门，对爆炸区域后面的 4 个监测点进行监测分析，分析风速对 CO 传播的影响规律。

首先选取 7%、9%、11%、15%浓度的瓦斯进行预混，然后分别对 4 个不同浓度的瓦斯预混气体进行爆炸实验。首先，对前面 4 m 实验管道进行密闭爆炸。打开吹风机，通过流量计的调节达到需要的风速，从而确定分析风速对 CO 传播的影响因素，为后续对风速的影响进行分析打下基础。通过流量计的控制，把风速稳定在 1 m/s 的风速状态之后，然后打开球形阀门对整个管道内进行流动扩散分析。当打开球形阀门以后，管道变成开放的空间，在风速的影响下，CO 会在 1 m/s 的风速吹动下向后面非瓦斯燃烧区的 16.9 m 进行扩散。实验模拟了非瓦斯燃烧区 CO 的传播条件，然后对球形阀门后的测试点 9～12 进行数据提取，通过对测点 9～12 的检测分析，了解 CO 在风速运移过程中的衰减趋势和传播到每点的时间及各点浓度的变化趋势，从而可以得到 9～12 点的 CO 浓度数值与爆炸气体浓度的关系，具体的数据关系如表 3-18 所示（表中测点对应图 3-74）。

表 3-18　瓦斯浓度和产生 CO 浓度关系

CH₄ 浓度/%	CO 浓度/%					
	测点 9	测点 9	测点 9	测点 9	测点 9	测点 9
7	0.005	0.065	0.1375	0.13175	0.1075	0.07
9	0.095	0.135	0.17125	0.18875	0.155	0.075
11	0.07	0.85	0.9	1.05	0.95	0.085
15	1.1	2.7	2.9	3.15	2.75	1.9

CH₄ 浓度/%	CO 浓度/%					
	测点 10	测点 10	测点 10	测点 10	测点 10	测点 10
7	0.003	0.05	0.95	0.105	0.087	0.04
9	0.095	0.11	0.155	0.16	0.125	0.04
11	0.055	0.65	0.75	0.85	0.6	0.075
15	0.85	1.75	2.55	2.65	1.85	0.75

CH₄ 浓度/%	CO 浓度/%					
	测点 11	测点 11	测点 11	测点 11	测点 11	测点 11
7	0.0025	0.03	0.065	0.05	0.042	0.01
9	0.005	0.055	0.1	0.09	0.06	0
11	0	0.45	0.5	0.6	0.35	0.05
15	0.45	0.9	1.3	0.85	0.5	0.05

CH₄ 浓度/%	CO 浓度/%					
	测点 12	测点 12	测点 12	测点 12	测点 12	测点 12
7	0.0005	0.025	0.03	0.02	0.009	0.0002
9	0	0.03	0.05	0.025	0.005	0
11	0.009	0.15	0.2	0.5	0.15	0
15	0.125	0.4	0.75	0.45	0.009	0

　　通过对测试点 9～12 进行检测，发现整体数值都有减少和衰减的趋势，说明 CO 在运移的过程中有衰减和衰弱的迹象；通过上述实验过程中对测试点 9～12 进行检测，不同浓度瓦斯气体爆炸产生的 CO 浓度分析，可以绘制出测点 9～12 浓度值变化规律的图形，从而能够直接从图像上分析测点 9～12 在一定时间段内随着瓦斯浓度变化的关系，如图 3-76 所示。

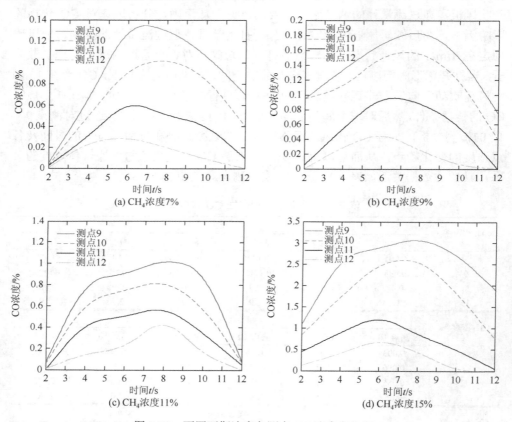

图 3-76　不同瓦斯浓度各测点 CO 浓度变化图

　　结果分析：在一定的时间段内选取 1 m/s 然后对球形阀门后的测试点 9～12 进行检测分析。从每个单独的图形上发现，测点 9 是最先检测到 CO 的数值并最快达到浓度峰值；而测点 12 有一定的延迟跟峰值的减少。这说明在风速恒定、CO 在相同的起始浓度下，随着不同的瓦斯浓度进行爆炸，得到的 CO 浓度的峰值曲线与起始瓦斯浓度有关，每个图形有很明显的上升和下降衰减的变化规律。当瓦斯浓度为 7% 的时候，因为产生的 CO 非常微量，所以图形上 CO 峰值很低，而且变化过程几乎很不明显，因为产生的 CO 量很少几乎为零，所以变化趋势相对不能直观地反映 CO 的传播过程；在到达爆炸的剧烈区间（超过 9.5%），产生 CO

的峰值越高，有很明显的上升和衰减的趋势，而且峰值的存在时间较长，说明达到爆炸剧烈浓度以后产生的 CO 量多而且密集。但是随着测点距离爆炸源的增加，峰值的衰减趋势也很明显，说明在恒定的风速下，CO 自身也存在一定的衰减和减少的趋势。从而得到结论，在不考虑风速的情况下，瓦斯浓度的高低，仅仅决定了瓦斯爆炸产生 CO 量的多少和峰值的高低；然后对每个图形中测点 9～12 图形分析可见，在距离爆炸源远的测试点，曲线变化的速率更快，从曲线的衰减趋势可以得知，风速决定了 CO 存在的时间和集聚的时间。

CO 浓度在管道内基本呈正态分布。随着时间的推移，CO 浓度正态分布曲线在管道内向离爆源远的地点传播扩散，正态分布曲线的 CO 浓度峰值越来越小，呈衰减趋势。

实验过程中发现风流的速度对 CO 在管道内的浓度峰值影响较小，对 CO 浓度峰值到达各测点的速度有影响。根据表 3-18 中数据，绘制不同的参与爆炸瓦斯浓度对各测点（9～12）CO 浓度的影响曲线，如图 3-77 所示。

由图 3-77 可得，参与爆炸的瓦斯浓度越高，同等条件下产生的 CO 浓度越大，离爆源最近的 9 测点最先到达峰值，并且峰值最大。随着风流的方向 CO 逐渐扩散，到达 12 测点时 CO 浓度峰值比 9 测点大幅度减小，这是由于 CO 随风流扩散到整个管道。

为瓦斯爆炸事故发生后估算 CO 在巷道内的浓度分布情况，建立数学模型，分析参与爆炸瓦斯量与离爆源不同距离 CO 浓度的影响关系，如式（3-17）所示：

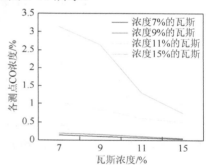

图 3-77 不同瓦斯浓度对各测点
CO 浓度变化曲线图

$$C_{CO}=(87.065x-1.6223)AL/4B \quad （参与爆炸瓦斯浓度为 7\%） \quad (3-17)$$

建立模型需做如下假设。

1）为数据处理简便，假设认为瓦斯爆炸过程是点源爆炸，产生的 CO 全部集中在一个点上（假设认为点火源安装部位）。认为 CO 随风流扩散过程为瞬时泄放的烟团扩散。

2）实验过程中现风流的速度对 CO 在管道内的浓度峰值无大影响，对 CO 浓度峰值到达各测点的速度有影响。故假设认为各测点 CO 浓度峰值与风流速度无影响，CO 浓度峰值和风流同时到达各测点。

3）CO 在扩散过程中不再发生化学反应，全部参与扩散。

4）CO 浓度曲线在受限空间内（管道内）呈正态分布。

5）假设认为在各测点 CO 浓度峰值呈幂函数衰减关系。

为了数学模型的推广应用，定义：密封瓦斯管道截面积为 A；CO 扩散管道截

面为 B；参与爆炸瓦斯浓度为 $C_{甲烷}$；CO 浓度为 C_{CO}；x 为离爆源（点火源）的距离；管道密封瓦斯长度为 L_m。

由于瓦斯爆炸浓度在 9.5%时最剧烈，反应最完全，所以瓦斯浓度在 9.5%以下产生的 CO 浓度较小，瓦斯浓度在 9.5%以上时产生的 CO 浓度剧烈增加。

由表 3-15 中数据可得

$$C_{CO}=(5.6942x-0.8513)AL/4B（参与爆炸瓦斯浓度为 9\%）\tag{3-18}$$

$$C_{CO}=(3.4621x-1.4161)AL/4B（参与爆炸瓦斯浓度为 11\%）\tag{3-19}$$

$$C_{CO}=(3.6462x-1.6102)AL/4B（参与爆炸瓦斯浓度为 15\%）\tag{3-20}$$

在选取 15%瓦斯浓度的爆炸过程中，在 1 m/s、2 m/s 风速下，在相同的时间段内，对球形阀后面的测试点 9～12 进行测量，相当于恒定 CO 产生的总体量，在不同的风速情况下，对标记点进行 CO 测量，得到的数据如表 3-19 所示。

表 3-19　15%瓦斯浓度的爆炸各测点的 CO 浓度值

时间/s	风速（1 m/s）下 CO 浓度/%				风速（2 m/s）下 CO 浓度/%			
	测点 9	测点 10	测点 11	测点 12	测点 9	测点 10	测点 11	测点 12
2	0.24	0	0.04	0	0.75	0.5	0.3	0.02
4	0.65	0.36	0.15	0.075	1.07	0.85	0.45	0.15
6	1	0.75	0.45	0.15	0.85	0.7	0.25	0.09
8	0.85	0.55	0.25	0.07	0.65	0.35	0.1	0.03
10	0.55	0.4	0.09	0	0.09	0	0.02	0

根据表 3-19 可以画出 15%瓦斯浓度的爆炸过程，在 1 m/s、2 m/s 风速下，在相同的时间段内，对球形阀后面的测试点 9～12 进行测量的曲线图如图 3-78 所示。

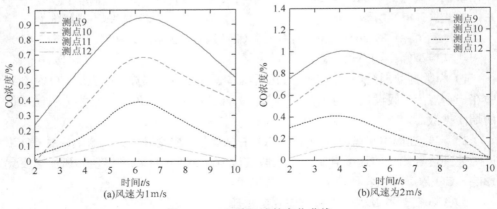

图 3-78　CO 随风速的变化曲线

结果分析：风速为 1 m/s 时，测点 9 首先检测到 CO 浓度数值，而且图线相对比较平滑而且稳定。在 6 s 以前各个测点 CO 浓度都在增长阶段，6 s 以后各个测点都在不同程度地衰减和消退，距离爆炸源近的测点衰退的系数较小，远离爆炸点衰退得更加明显；风速为 2 m/s 时，测点 9～12 在 4 s 左右的时候都已经达到各个峰值，峰值存在的时间减少，几乎不在各点有逗留就往前衰减运移。

通过对比风速 1 m/s 和 2 m/s 两个图像可以发现，在每个图像内的各个测点的变化趋势基本相似，都是呈衰减的趋势；但是，在 2 m/s 的图像中表明，风速的增大加快了各个检测点采集到 CO 的时间，同时风速的增大也加快了 CO 的吹散，CO 的浓度峰值降低趋势更加明显而且衰减性比较大，基本属于快速飘散和衰减的趋势。说明在产生 CO 浓度相同的情况下，风速的加大能更加快速地消除 CO 对人体的危害。因为 CO 在井下造成危害主要是井下工作人员暴露在 CO 环境中的时间与 CO 的浓度等。

第四章 复杂条件下瓦斯爆炸传播规律数值模拟研究

第一节 管道内瓦斯爆炸冲击波传播规律数值模拟研究

瓦斯爆炸事故发生时，瞬间发生强烈的化学反应，其复杂性在于湍流、传热传质、链式化学反应及其复杂的物理化学过程，爆炸过程中流体各参数（如速度、压力等）随时间和空间发生剧烈变化。在涉及冲击波、湍流等非定常流动等物理、化学现象时，建立起来的数学模型十分复杂，而在现有的条件下，求得方程组的解析解不太可能。通常利用计算机来对方程组进行数值计算，得出数值解。数值模拟以其高效、准确等特点为研究瓦斯爆炸过程中的问题提供了一个新方法。

近年来，随着计算流体力学（CFD）的发展和计算机性能的逐步提高，数值模拟成为研究燃烧爆炸过程的新手段。数值模拟计算，能够确切、定量描述瓦斯爆炸过程，揭示其爆炸过程中变化的物理机制和相关物理量的变化特点，进而反映事故的本质，使结果具有普遍的物理意义。

本章建立瓦斯爆炸求解模型，选择合适的算法，模拟二维管道内瓦斯爆炸冲击波在管道拐弯、截面积突变、管道分叉情况下的传播规律。

CFD 是建立在流体动力学和数值计算方法基础上的一门学科。CFD 应用计算流体力学理论和方法，编制计算机运行程序，数值求解满足不同种类流体的运动和传热传质规律的三大守恒定律，以及附加的各种模型，得到确定边界条件下的数值解。

Fluent 是目前国际上比较流行的 CFD 软件包，在美国的市场占有率为 60%，具有丰富的物理模型、先进的数值方法和强大的前、后处理功能，能够用多种方式显示和输出计算结果。对每一种物理问题的流动特征，都能找到合适的算法，用户可以对显式或隐式差分格式进行选择，使得计算速度、稳定性和精度等方面达到最佳。

Fluent 软件由前处理器、求解器和后处理器组成，其各自功能如下。

前处理器（Gambit）：主要用于建立几何模型，并进行网格划分包括边界条件加密等。用户可以将建立的几何模型导入 Tgrid，处理后再导入 Fluent 中；也可以直接将几何模型导入 Fluent 中，本书用 Gambit 建立几何物理模型后，直接导入 Fluent。

求解器（Fluent）：是 CFD 软件的核心，在 Gambit 中建立的几何模型导入 Fluent 后，剩下的操作都在 Fluent 中进行，包括合并 Interface、检查网格、选取数学模型、设置边界条件、调节松弛因子等。

后处理器：首先，Fluent 中带有强大的后处理器功能，包括云图、等值线图、粒子轨迹图等多种方式处理结果；其次，Tecplot 是一个常用的后处理软件，可以把结果从 Fluent 中导出后，再导入 Tecplot 中进行处理。

一、Fluent 软件的特点及适用对象

1）稳态和非稳态问题。

2）可压缩流体和不可压缩流体。

3）牛顿流体和非牛顿流体。

4）湍流、层流和无黏流，除了湍流模型中包括的模型外，用户可以添加自己的模型。

5）化学组分的混合与反应。

6）传热问题。

7）多相流问题。

8）相变问题。

9）气穴现象。

10）惯性坐标系和非惯性坐标系模拟。

11）二维平面和三维流动问题。

12）网格划分和边界层加密。

13）利用 C/C++ 语言编写函数，导入 Fluent，进行二次开发。

14）风扇、泵、热交换器的集中参数模拟。

二、Fluent 软件的求解思路

Fluent 软件数值模拟的基本思路是首先在 Gambit 中建立自己需要的物理模型，包括划分合理的网格、指定边界条件等；其次把建立的物理模型导入 Fluent 中，进行检查网格、选择求解器、选择合理数学模型、设置边界条件、调节模拟参数及初始化流场开始求解等；最后显示并保存模拟结果，进行后处理。求解步骤如下。

1）创建网格。

2）运行合适的解算器：2D，3D，2DDP，3DDP。

3）输入网格。

4）检查网格。

5）选择解的格式。

6）选择需要解的基本方程：层流还是湍流（无黏）、化学组分还是化学反应、热传导模型等。

7）确定所需要的附加模型：风扇、热交换、多孔介质等。

8）指定材料物理性质。

9）指定边界条件。

10）调节解的控制参数。

11）初始化流场。

12）计算求解。

13）检查结果。

14）保存结果。

15）必要的话要细化网格，改变数值和物理模型。

Fluent 提供两类求解器，即分离式和耦合式求解器，而耦合式求解器又分隐式和显式两种，因此，共有三种不同的解格式：分离解、隐式耦合解、显式耦合解。三种解法都可以在很大流动范围内提供准确的结果，但是它们也各有优缺点。分离解和耦合解的区别在于，连续性方程、动量方程、能量方程及组分方程解的步骤不同，分离解是按顺序解，耦合解是同时解。两种解法都是最后解附加的标量方程（如湍流或辐射）。隐式解法和显式解法的区别在于线化耦合方程的方式不同。

三、湍流流动控制方程

计算甲烷燃烧和超音速流场，采用 Faver 密度加权平均概念，有如下基本控制方程：

连续方程：

$$\frac{\partial \rho}{\partial t} + \frac{\partial}{\partial x_i}(\rho u_i) = 0 \tag{4-1}$$

动量方程：

$$\frac{\partial}{\partial t}(\rho u_i) + \frac{\partial}{\partial x_j}\left(\rho u_j u_i - \mu_e \frac{\partial u_i}{\partial u_j}\right) = -\frac{\partial p}{\partial x_i} + \frac{\partial}{\partial x_j}\left(\mu_e \frac{\partial u_j}{\partial u_i}\right) - \frac{2}{3}\frac{\partial}{\partial x_j}\left[\delta_{ij}\left(\rho k + \mu_e \frac{\partial u_k}{\partial x_k}\right)\right] \tag{4-2}$$

能量方程：

$$\frac{\partial}{\partial}(\rho h) + \frac{\partial}{\partial x_j}\left(\rho u_j h - \frac{\mu_e}{\sigma_k}\frac{\partial h}{\partial x_j}\right) = \frac{Dp}{Dt} + S_k \tag{4-3}$$

其中，

$$S_k = \tau_{ij}\frac{\partial u_i}{\partial x_j} + \frac{\mu_t}{\rho^2}\frac{\partial p}{\partial x_j}\frac{\partial \rho}{\partial x_j} \qquad \tau_{ij} = \mu\left(\frac{\partial u_i}{\partial x_j} + \frac{\partial u_j}{\partial x_i}\right) - \frac{2}{3}\delta_{ij}\mu\frac{\partial u_k}{\partial x_k}$$

组分方程：

$$\frac{\partial}{\partial t}(\rho Y_{\text{fu}}) + \frac{\partial}{\partial x_j}(\rho u_j Y_{\text{fu}} - \frac{\mu_e}{\sigma_{\text{fu}}}\frac{\partial Y_{\text{fu}}}{\partial x_j}) = R_{\text{fu}} \tag{4-4}$$

$$\delta_{ij} = \begin{cases} 1 & (i = j) \\ 0 & (i \neq j) \end{cases}$$

其中，x 为空间坐标；t 为时间坐标；ρ、P 分别为流体的密度与压力；u_i 为质点

速度在 i 方向分量；h 为焓；Y_{fu} 为燃料组分的质量分数，且有 $Y_{fu} = \rho_{fu}/\rho$，其中，ρ_{fu} 为燃料组分的质量浓度；R_{fu} 为混合物的时均燃烧速成率；k 为湍流动能。

四、管道内瓦斯爆炸的初始、边界条件

初始条件：瓦斯浓度为 10%，点燃温度为 2000 K，压力值为 101 325 Pa，瓦斯填充区在管道封闭端。一般空气区为可压缩空气，不考虑质量力和黏性力，初始温度为 300 K，初始压力为 101 325 Pa。

边界条件：管道壁面为刚体，没有质量穿透，不考虑热传导，速度及 k、ε 在固体壁面上的值为 0。

五、建立离散化方程

区域离散化是把一个连续的区域划分为有限个互不重叠的子区域，每个子区域用不同的点来表示，并确定这些点所代表的控制体积。常数值模拟中常用的离散方法有以下几种：有限差分法（finite difference method，FDM）、有限体积法（finite volume method，FVM）和有限元法（finite element method，FEM）。有限差分法（FDM）是数值方法中的经典解法，但它的缺点是精度相对较低，而且对复杂的边界处理理想度不够；有限元法（FEM）由于在求解速度上不如有限差分法（FDM）和有限体积法（FVM）快，所以不被广泛应用在商用流体计算力学（CFD）软件中；有限体积法（FVM）兼有有限差分法和有限元法两者的优点，所以它越来越被研究者重视。

有限体积法从描写流动与传热问题的守恒型控制方程出发，对它在控制容积上作积分，在积分过程中需要对界面上被求函数的本身（对流通量）及其一阶导数的（扩散通量）构成方式做出假设，这就形成了不同的格式。由于扩散项多是采用相当于二阶精度的线性插值，因此格式的区别主要表现在对流项上。用有限体积法导出的离散方程可以保证具有守恒性（只要界面上的插值方法对位于界面两侧的控制容积是一样的即可），其区域形状和适应性也比有限差分法要好，是目前应用最普遍的一种数值方法。

有限体积法中建立离散方程的主要方法是控制体积积分法。应用控制体积积分法导出离散方程的主要步骤如下。

1）将守恒型的控制方程在任一控制容积及时间间隔内对空间与时间作积分。

2）选定未知函数及其导数对时间及空间的局部分布曲线，即型线，也就是如何从相邻节点的函数值来确定控制容积界面上被求函数的插值方式。

3）对各个项按选定的项先作出积分，并整理成关于节点上未知值的代数方程。

六、求解离散方程

离散后对方程组的求解有耦合式解法和分离式解法，本书将采用压力耦合方

程组的半隐式解法。流场数值计算方法分类如图 4-1 所示。

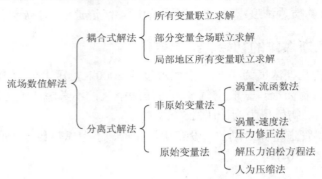

图 4-1　流场数值计算方法分类图

压力修正法可通过多种方法实现，其中压力耦合方程组的半隐式算法是目前应用最广泛的修正方法，该算法的具体计算步骤如图 4-2 所示。

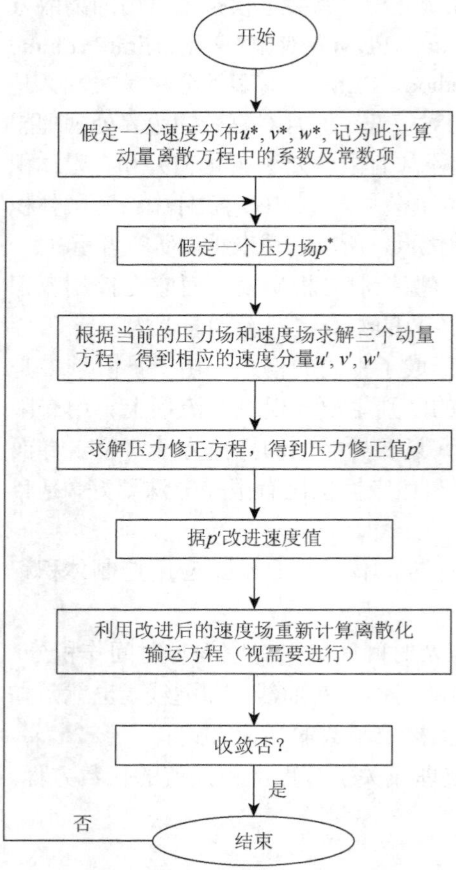

七、冲击波传播规律数值模拟研究

（一）管道拐弯情况下冲击波传播数值模拟

1. 管道内瓦斯爆炸的初始、边界条件

已燃区的初始条件为

$T=1600$ K；$P=102\,325$ Pa；$X_V=0$，$Y_V=0$；$W_{CH_4}=0$，$W_{O_2}=0$，$W_{H_2O}=0.118$，$W_{CO_2}=0.145$。

未燃区的初始条件为

$T=300$ K；$P=0$ Pa；$X_V=0$，$Y_V=0$；$W_{CH_4}=0.053$，$W_{O_2}=0.21$，$W_{H_2O}=0$，$W_{CO_2}=0$。

空气区的初始条件为

$W_{CH_4}=0$，$W_{O_2}=0$，$W_{H_2O}=0$，$W_{O_2}=0.233$。

图 4-2　SIMPLE 算法流程图

边界条件为：边界设置为绝热壁面，温度为 300 K；经分岔点后两个出口面设置为压力出口。

2. 网格划分及初始条件和边界条件设置

为了提高计算效率，综合考虑到结构网格有更好的结构边界相容性和计算速度、精度的兼容性，总的网格数控制在 400 000 以内。采用 2 mm 在瓦斯填充区划分网格，在非瓦斯燃烧区管道内采用 5 mm 划分网格。图 4-3 为管道物理模型局部的网格划分图。

图 4-3　管道局部网格划分

3. 管道拐弯情况下冲击波传播数值模拟结果及分析

改变参与爆炸瓦斯量，分别计算了的管道拐弯角度 30°、45°、60°、90°、105°、120°、135°、150°情况下的冲击波传播超压变化值。改变参与爆炸瓦斯量，分别计算了由边长 80 mm 正方形截面分别变为边长 90 mm、100 mm、110 mm、120 mm、140 mm、160 mm 正方形截面，然后分别由 90 mm、100 mm、110 mm、120 mm、140 mm、160 mm 正方形截面变为 80 mm 正方形截面，总共 6 种类型的连通管道情况下冲击波传播超压变化值。

在管道不同拐弯角度情况下，冲击波在某一时刻压力分布情况如图 4-4～图 4-11 所示。

从冲击波压力图可以看出，冲击波传播到管道拐弯处时，拐角处管道壁面发生反射，压力叠加，在管道拐角处上壁面产生高压区，而拐角下壁面由于冲击波的反射也产生高压区。经过复杂的反射后，冲击波发展为平面波，反射区域为 4～6 倍管道长径比，随着管道拐弯角度的增加，反射区域略有增加，随着冲击波压力的增大，反射区域略有增加。

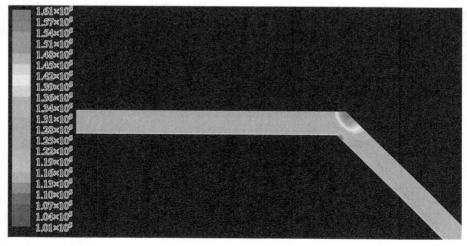

图 4-4　管道 30°拐弯情况下冲击波压力图

图 4-5　管道 45°拐弯情况下冲击波压力图

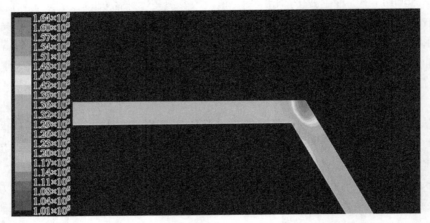

图 4-6　管道 60°拐弯情况下冲击波压力图

图 4-7　管道 90°拐弯情况下冲击波压力图

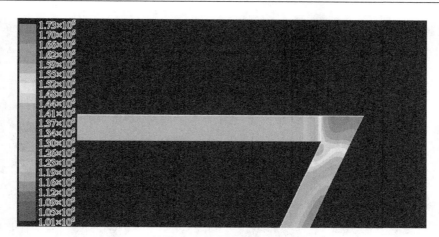

图 4-8　管道 105°拐弯情况下冲击波压力图

图 4-9　管道 120°拐弯情况下冲击波压力图

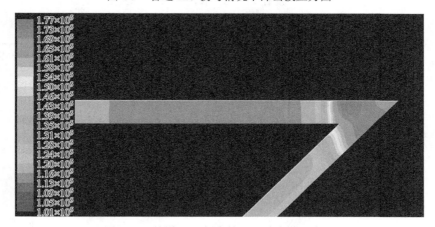

图 4-10　管道 135°拐弯情况下冲击波压力图

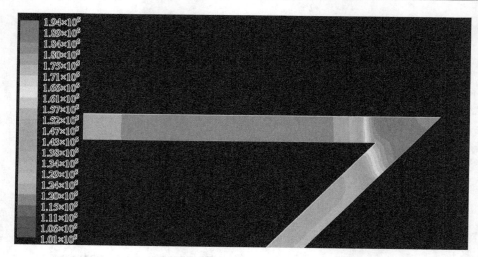

图 4-11　管道 150°拐弯情况下冲击波压力图

　　通过模拟得出，冲击波在经过管道拐角处时，产生复杂的流场，管道拐弯角度和冲击波初始压力越大，冲击波所发生的反射越复杂，冲击波衰减越快，而引起的反射区域略有增加。局部压力有明显升高或明显降低，拐角上隅产生高压区，下隅产生低压区，当拐弯角度小于 90°时，产生明显的低压区；当拐弯角度大于90°时，低压区被反射的冲击波覆盖而消失。经过 4～6 倍管道长径比的反射区域后，冲击波逐渐发展为平面波，随后变为冲击波在直管道内的衰减。

　　衰减的原因：一是冲击波在管道内传播的过程中由于本身膨胀、管道热传导损失等因素衰减；二是冲击波在管道拐弯处产生复杂的流场，呈现复杂的应力状态，所产生的反射引起能量的巨大损失，冲击波发生比较大的衰减。

　　通过数值模拟得出冲击波在管道拐角情况下的变化数据如表 4-1 所示。

表 4-1　冲击波在管道拐弯处压力变化表

冲击波超压	管道拐角 σ /(°)	80 mm×80 mm 管内 10%的瓦斯充填长度/m	传感器 1 超压（×101 325 Pa）	传感器 2 超压（×101 325 Pa）
峰值超压	30	4	0.32	0.28
		5.5	0.51	0.41
		7	0.65	0.46
	45	4	0.31	0.26
		5.5	0.52	0.41
		7	0.66	0.46
	60	4	0.31	0.26
		5.5	0.51	0.40
		7	0.65	0.45

续表

冲击波超压	管道拐角 σ /(°)	80 mm×80 mm管内10%的瓦斯充填长度/m	传感器1超压（×101 325 Pa）	传感器2超压（×101 325 Pa）
峰值超压	90	4	0.31	0.26
		5.5	0.51	0.40
		7	0.66	0.46
	105	4	0.32	0.23
		5.5	0.51	0.34
		7	0.65	0.39
	120	4	0.31	0.21
		5.5	0.52	0.33
		7	0.66	0.40
	135	4	0.31	0.21
		5.5	0.51	0.32
		7	0.65	0.39
	150	4	0.32	0.22
		5.5	0.52	0.32
		7	0.65	0.38

根据表 4-1 中的数据，得出冲击波超压衰减系数随冲击波初始超压的变化图，如图 4-12 所示。

从图 4-12 中可以得出，随着管道拐弯角度的增加，冲击波衰减系数增加；随着冲击波初始超压的增大，冲击波衰减系数增加。这与实验得出的结果相符合。当管道拐角小于 90° 时，随着冲击波初始超压在 $0.3×10^5 \sim 0.7×10^5$ Pa 范围内增大，冲击波超压衰减系数在 1.2～1.5 的范围内呈递增趋势。当管道拐角大于 90° 时，随着冲击波初始超压在 $0.3×10^5 \sim 0.7×10^5$ Pa 范围内增大，冲击波超压衰减系数在 1.4～1.7 的范围内呈递增趋势。冲击波超压衰减系数随着管道拐弯角度的加大而加大，递增趋势比较明显。

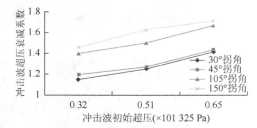

图 4-12　管道拐弯冲击波超压衰减系数变化曲线

（二）管道截面突变情况下冲击波传播数值模拟

在管道截面突变的情况下，冲击波在某一时刻压力分布如图 4-13～图 4-20 所示。

图 4-13　管道截面由 80 mm 变为 100 mm 情况下冲击波压力图

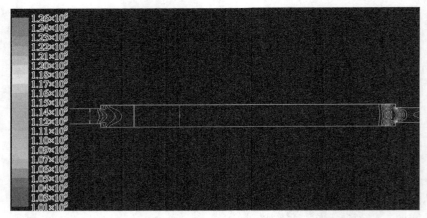

图 4-14　管道截面由 80 mm 变为 100 mm 情况下冲击波压力等值线图

图 4-15　管道截面由 80 mm 变为 110 mm 情况下冲击波压力图

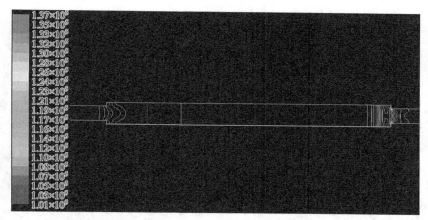

图 4-16　管道截面由 80 mm 变为 110 mm 情况下冲击波压力等值线图

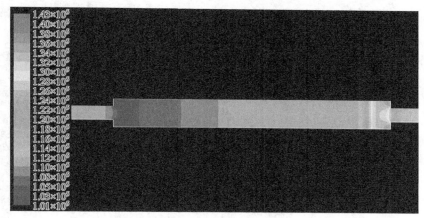

图 4-17　管道截面由 80 mm 变为 140 mm 情况下冲击波压力图

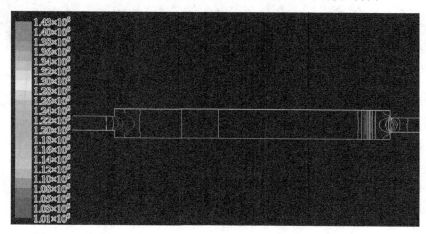

图 4-18　管道截面由 80 mm 变为 140 mm 情况下冲击波压力等值线图

图 4-19　管道截面由 80 mm 变为 160 mm 情况下冲击波压力图

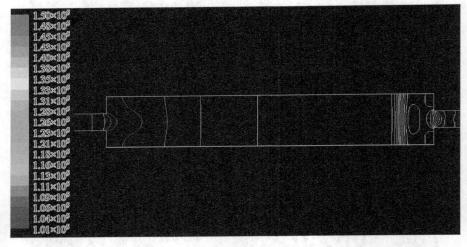

图 4-20　管道截面由 80 mm 变为 160 mm 情况下冲击波压力等值线图

　　从上面管道截面突变情况下冲击波压力等值线图可以看出，随着管道面积变化幅度的增加，冲击波在管道截面积变化处的反射区域略有拉长，大约为 3 倍长径比，较管道拐弯情况下的反射区域要小。冲击波演化为平面波的距离越长，冲击波经过反射区域时，产生复杂的流场。冲击波由小断面进入大断面时，强度降低；由大断面进入小断面时，强度增加，这与实验结果是吻合的。

　　通过数值模拟得出冲击波在管道截面突变处（不同截面积变化率）的变化数据，如表 4-2 所示。

表 4-2　冲击波在管道截面积变化处压力变化表

冲击波超压	截面边长/mm	管内 10%瓦斯充填长度/m	传感器 1 （×101 325 Pa）	传感器 2 （×101 325 Pa）	传感器 3 （×101 325 Pa）
峰值超压	90	4	0.35	0.29	0.35
		5.5	0.53	0.37	0.44
		7	0.68	0.43	0.51
	100	4	0.36	0.29	0.36
		5.5	0.52	0.35	0.43
		7	0.67	0.41	0.49
	110	4	0.35	0.27	0.35
		5.5	0.53	0.35	0.44
		7	0.67	0.40	0.50
	120	4	0.35	0.25	0.33
		5.5	0.54	0.33	0.40
		7	0.67	0.37	0.44
	140	4	0.35	0.23	0.30
		5.5	0.53	0.32	0.38
		7	0.67	0.36	0.43
	160	4	0.35	0.22	0.27
		5.5	0.53	0.30	0.36
		7	0.68	0.36	0.42

根据表 4-2 中的数据，得出冲击波超压衰减系数随冲击波初始超压的变化图，如图 4-21 和图 4-22 所示。

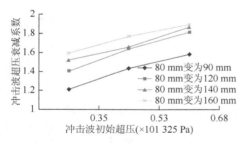

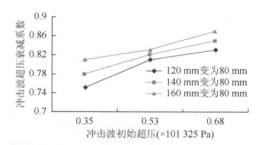

图 4-21　管道截面积变大情况下冲击波超压
　　　　　衰减系数变化曲线

图 4-22　管道截面积变小情况下冲击波超压
　　　　　衰减系数变化图

由图 4-21 和图 4-22 可以得出冲击波在管道截面突变情况下超压衰减系数变化规律：冲击波初始超压越大，冲击波衰减系数越大，冲击波衰减越快；管道截面积变化幅度越大，冲击波衰减系数越大，冲击波衰减越快。冲击波由小断面进入大断面情况下，当冲击波初始超压在 $0.3 \times 10^5 \sim 0.7 \times 10^5$ Pa 范围内增大，冲击波超压衰减系数在 1.2～1.9 的范围内呈递增趋势。这是由于管道截面积变化幅度、冲击波初始压力越大，在管道截面积变化处所产生的反射效应越大，湍流效应越大，冲击波损失越大。冲击波由大断面进入小断面情况下，当冲击波初始超压在

$0.3 \times 10^5 \sim 0.5 \times 10^5$ Pa 范围内增大，冲击波超压衰减系数在 $0.75 \sim 0.85$ 的范围内变化，没有明显的相关性。这与实验得出的结果相吻合。

（三）管道分叉情况下冲击波传播数值模拟

分别模拟计算了瓦斯填充长度为 4 m、5 m、6 m，单向分岔管道支线分岔角度为 30°、45°、60°、90°、120°、135°、150°情况下的冲击波传播超压变化值，共 21 种类型的单向分岔管道。

通过数值模拟计算，得出了在单向分岔管道内在管道不同分岔角度情况下，各个瓦斯填充长度，冲击波在某一时刻压力分布情况如图 4-23～图 4-43 所示。

图 4-23　瓦斯填充 4 m 管道单向分岔 30°时冲击波压力图

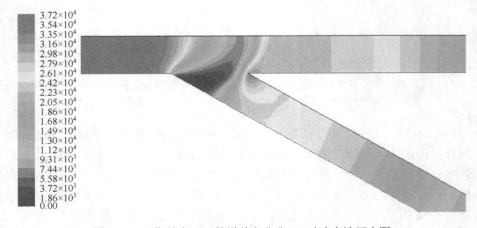

图 4-24　瓦斯填充 5 m 管道单向分岔 30°时冲击波压力图

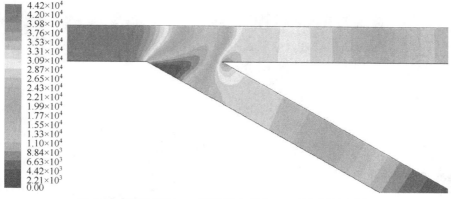

图 4-25　瓦斯填充 6 m 管道单向分岔 30°时冲击波压力图

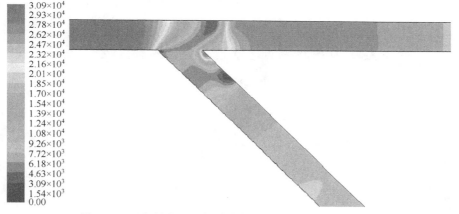

图 4-26　瓦斯填充 4 m 管道单向分岔 45°时冲击波压力图

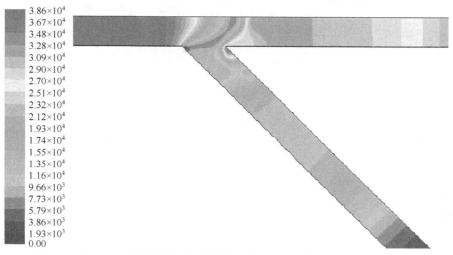

图 4-27　瓦斯填充 5 m 管道单向分岔 45°时冲击波压力图

图 4-28　瓦斯填充 6 m 管道单向分岔 45°时冲击波压力图

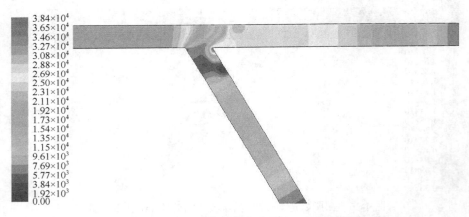

图 4-29　瓦斯填充 4 m 管道单向分岔 60°时冲击波压力图

图 4-30　瓦斯填充 5 m 管道单向分岔 60°时冲击波压力图

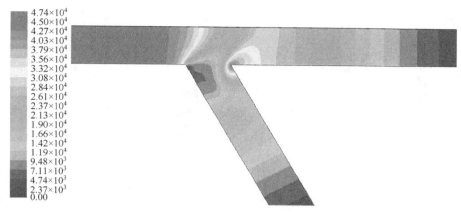

图 4-31 瓦斯填充 6 m 管道单向分岔 60°时冲击波压力图

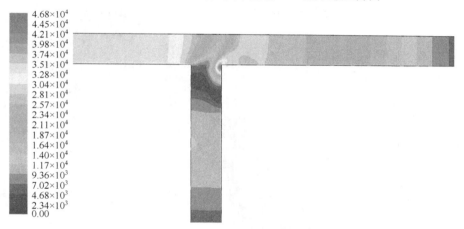

图 4-32 瓦斯填充 4 m 管道单向分岔 90°时冲击波压力图

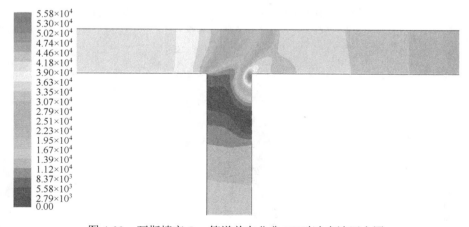

图 4-33 瓦斯填充 5 m 管道单向分岔 90°时冲击波压力图

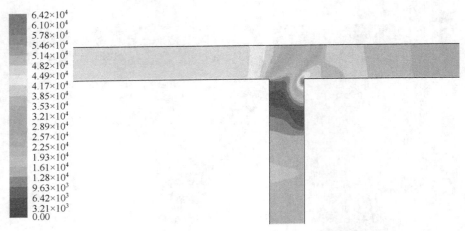

图 4-34　瓦斯填充 6 m 管道单向分岔 90°时冲击波压力图

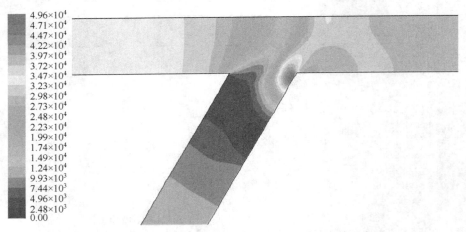

图 4-35　瓦斯填充 4 m 管道单向分岔 120°时冲击波压力图

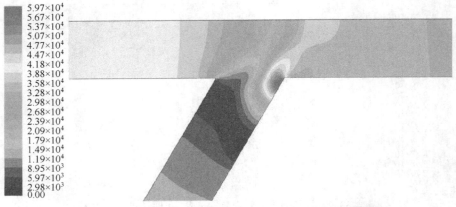

图 4-36　瓦斯填充 5 m 管道单向分岔 120°时冲击波压力图

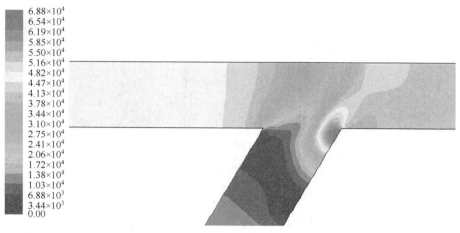

图 4-37　瓦斯填充 6 m 管道单向分岔 120°时冲击波压力图

图 4-38　瓦斯填充 4 m 管道单向分岔 135°时冲击波压力图

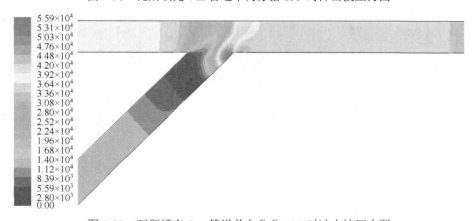

图 4-39　瓦斯填充 5 m 管道单向分岔 135°时冲击波压力图

图 4-40　瓦斯填充 6 m 管道单向分岔 135°时冲击波压力图

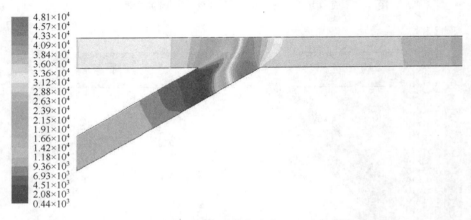

图 4-41　瓦斯填充 4 m 管道单向分岔 150°时冲击波压力图

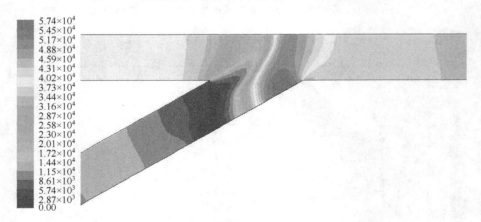

图 4-42　瓦斯填充 5 m 管道单向分岔 150°时冲击波压力图

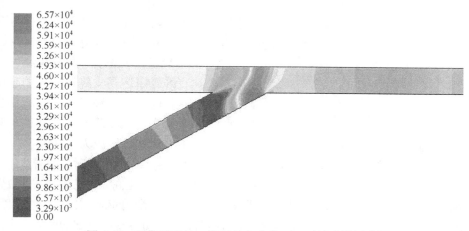

图 4-43　瓦斯填充 6 m 管道单向分岔 150°时冲击波压力图

　　数值模拟得出非瓦斯燃烧区瓦斯爆炸冲击波在管道单向分岔处的压力数据如表 4-3 所示。测点 1 在交叉点的前方 500 mm，测点 2 在单向分岔管道的直线管道内，距离分岔处 500 mm，测点 3 在单向分岔管道的支管道内，离分岔处 500 mm测点位置如图 4-44 所示。

表 4-3　瓦斯爆炸冲击波在管道单向分岔处的压力值

冲击波超压	支线分岔角 β/(°)	9.5%瓦斯填充长度/m	测点1/kPa	测点2/kPa	测点3/kPa	管道分流系数	直线管道衰减系数	支线管道衰减系数
峰值超压	30	4	32.274 231	24.118 181	21.572 944	0.894 468 119	1.338 170 196	1.496 051 304
		5	39.003 541	28.586 378	25.784 881	0.901 998 882	1.364 410 035	1.512 651 581
		6	45.540 75	32.896 625	29.938 706	0.910 084 424	1.384 359 338	1.521 132 877
	45	4	34.634 563	26.498 85	18.534 25	0.699 436 013	1.307 021 361	1.868 678 959
		5	41.418 328	31.104 134	22.176 909	0.712 989 116	1.331 602 031	1.867 633 041
		6	47.949 822	35.610 794	25.707 991	0.721 915 692	1.346 496 851	1.865 171 884
	60	4	34.737 756	28.067 669	15.495 65	0.552 081 828	1.237 643 069	2.241 774 692
		5	41.489 634	33.213 184	18.469 633	0.556 093 418	1.249 191 707	2.246 370 245
		6	48.012 903	38.167 55	21.303 327	0.558 152 855	1.257 950 877	2.253 774 868
	90	4	34.823 534	29.281 928	12.651 719	0.432 065 778	1.189 250 038	2.752 474 506
		5	41.572 822	34.711 194	14.995 605	0.432 010 636	1.197 677 671	2.772 333 76
		6	48.040 884	40.001 481	17.265 408	0.431 619 219	1.200 977 634	2.782 493 411
	120	4	34.810 781	29.634 731	11.420 329	0.385 369 754	1.174 661 616	3.048 141 695
		5	41.530 325	35.193 622	13.552 8	0.385 092 503	1.180 052 596	3.064 335 414
		6	48.049 134	40.573 278	15.608 156	0.384 690 534	1.184 255 657	3.078 463 209
	135	4	34.786 647	29.639 897	11.023 394	0.371 910 672	1.173 642 641	3.155 711 118
		5	41.496 963	35.128 569	12.978 37	0.369 453 421	1.181 288 17	3.197 394 049
		6	48.011 828	40.574 7	14.983 417	0.369 279 798	1.183 294 713	3.204 331 028
	150	4	34.831 1	29.649 569	10.979 645	0.370 313 815	1.174 759 066	3.172 333 896
		5	41.550 278	35.147 038	12.873 037	0.366 262 358	1.182 184 342	3.227 698 173
		6	48.062 006	40.586 941	14.737 378	0.363 106 399	1.184 174 141	3.261 231 815

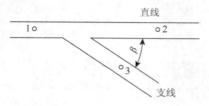

图 4-44 模拟测点位置图

通过数值模拟，由冲击波在管道单向分岔情况下传播的压力分布图可以得出如下结论。

1）非瓦斯燃烧区内爆炸冲击波在经过分岔处后无论是直线管道还是支线管道内的超压呈衰减趋势。这是因为冲击波经过分岔时相当于传播面积突然增大，强度降低；在管道单向分岔处的壁面冲击波经过复杂的反射后，爆炸冲击波逐渐发展成为平面波。

2）冲击波传播到管道单向分岔处时，在分岔处管道壁面发生反射，冲击波压力叠加。在迎着支管道与直线管道交叉处右交叉位置的壁面产生高压，高压区域的位置范围随着支线分岔角度的增大，其高压区域逐渐向直线管道内的壁面转移，使得高压反射区域范围逐渐扩大；在迎着支线管道与直线管道交叉处左交叉位置的壁面产生低压，低压区域范围随分岔角度的增大，逐渐向支线管内的壁面转移，使支线管道内的压力逐渐减小，同时使支线管道内衰减系数增大，使支线管道分流系数减小。

3）随着瓦斯填充长度的增加，冲击波反射区域略有增加。随着单向分岔角度的增大，冲击波反射区域也略有增加。

4）由表 4-3 中数据得出图 4-45，随着分岔角度的增加，支线管道超压分流系数逐渐减小；由表 4-3 中数据得出图 4-46 和图 4-47，随着分岔角度的增加，单向分岔管道直线段的衰减系数逐渐减小，支线段的衰减系数逐渐增大；随着瓦斯填充长度的增加，经过分岔处后直线管道和支线管道超压衰减系数都略微有所增大。在 30°～150° 范围内超压分流系数由 0.894 468 119 减小到 0.363 106 399；经过分岔处后直线管道的衰减系数由 1.338 170 196 减小到 1.184 174 141；支线管道的衰减系数由 1.496 051 304 增加到 3.261 231 815，支线管道增加的幅度大于直线管道减小的幅度。在瓦斯填充长度 4～6 m 内的支线管道超压分流系数有小幅度降低。

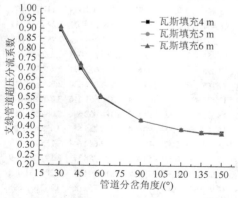

图 4-45 支线冲击波超压分流系数随角度变化曲线

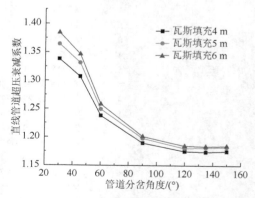

图 4-46 分岔后直线管道冲击波超压衰减系数随角度变化曲线

（四）数值模拟结果与实验结果对比分析

在数值计算的过程中，由于没有考虑管道壁面热损失、空气质量力等冲击波衰减因素，所以不对数值模拟得出的数据进行公式拟合，只是对冲击波在巷道拐弯、截面积变化处的传播规律进行定性分析，验证数值模拟得出的结论是否合理。下面结合实验数据和数值模拟结果进行对比分析。

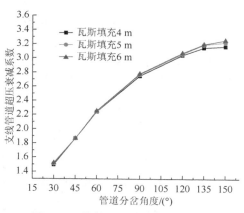

图 4-47　单向分岔支线管道冲击波超压衰减系数随角度变化曲线

1. 管道拐弯情况下数值模拟与实验结果对比分析

根据实验数据，结合第三章冲击波在管道拐角处衰减系数变化的拟合公式（3-3）和式（3-4）得出下面对比曲线图 4-48 和图 4-49。

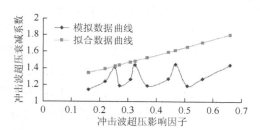

图 4-48　小于 90°管道拐角冲击波衰减系数对比曲线

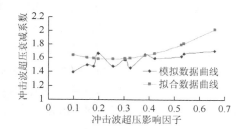

图 4-49　大于 90°管道拐角冲击波衰减系数对比曲线

从图 4-48 和图 4-49 中可以看出，数值模拟结果和实验结果基本吻合，冲击波超压衰减系数误差基本在 0.2 以内。数值模拟数据比实验得出的拟合公式数据偏小，说明同等条件下，数值模拟得出的衰减系数要比实验数据小，这主要有以下两个原因。

1）数值模拟过程中，不考虑气体质量力，没有考虑管道壁面热损失、管道壁面粗糙度，使得冲击波超压数值模拟计算结果偏大，衰减系数比实验结果小。

2）数值模拟过程中，认为管道壁面没有质量穿透。实验过程中，由于管道不能够完全密封，冲击波传播到管道接口处有能量损失，使得数值模拟计算结果比实验偏大。

2. 管道截面突变情况下数值模拟与实验结果对比分析

将冲击波在管道截面突变处衰减系数变化的拟合公式和数值计算结果进行对

比分析，得出对比曲线如图 4-50 和图 4-51 所示。

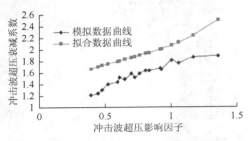 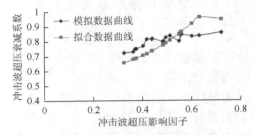

图 4-50　管道截面变大冲击波衰减系数对比图　　图 4-51　管道截面变小冲击波衰减系数对比图

　　从图 4-50 中可以看出，冲击波由小断面进入大断面时，数值模拟数据曲线在实验结果得出的拟合公式曲线下方，说明在同等条件下，数值模拟计算得出的冲击波超压衰减系数比实验得出的小。总体来说，数值模拟结果和实验结果基本吻合，冲击波超压衰减系数误差基本在 0.4 以内。其主要原因和上述冲击波在管道拐弯情况下数值模拟结果相同，数值模拟计算没有考虑壁面热损失、壁面粗糙度、空气质量力等加快冲击波衰减的因素，模拟计算得出的衰减系数比实验数据小。

　　3. 管道分叉情况下数值模拟与实验结果对比分析

　　表 4-4 中实验实测的瓦斯爆炸 1 测点最大压力为 47.4209 kPa，而本书模拟结果的最大压力为 48.062 006 kPa；测点 2 实验中最大压力为 44.0654 kPa，模拟结果的最大压力为 40.586 941 kPa；测点 3 实验中最大压力为 26.6673 kPa，模拟结果的最大压力为 29.938 706 kPa。从对比数据中可以发现，模拟结果和实验结果的偏差都在 8% 以内，考虑到模型的差异和模拟的理想化，本书的模拟结果是有效的。

表 4-4　实验数据和模拟结果的对比

数据	测点 1 超压/kPa	测点 2 超压/kPa	测点 3 超压/kPa
实验数据	47.420 9	44.065 4	26.667 3
模拟数据	48.062 006	40.586 941	29.938 706
差值	0.641 106	3.478 459	3.271 406

　　从得到的数据比较发现，由于实验和模拟的差距等因素，虽然最大超压数值差距比较大，但是二者经过分岔管道后随着管道分岔角度的改变或瓦斯填充长度的变化，直线管道内的衰减系数、支线管道内的分流系数和支线超压衰减系数的规律总体趋势是一样的。在通过分岔口后无论是直线管道还是直线管道压力与分岔前都降低了，降低的压差数量级没有差别，如图 4-52～图 4-54 所示。单向管道分岔角度是影响分流系数和衰减系数的主要影响因素。这也说明了本书的模拟结果是有效的。

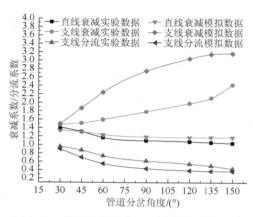

图 4-52　管道瓦斯填充 4 m 模拟结果与实验
结果对比图

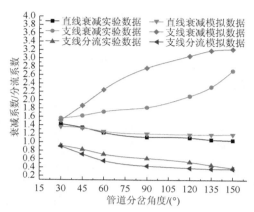

图 4-53　管道瓦斯填充 5 m 模拟结果与实验
结果对比图

从图 4-52～图 4-54 可以得出，数值
模拟结果和实验结果基本吻合。数值模
拟数据比实验得出数据偏大，说明同等
条件下，数值模拟得出的衰减系数和分
流系数要比实验数据大，这主要有以下
两个原因。

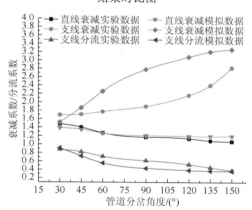

图 4-54　管道瓦斯填充 6 m 模拟结果
与实验结果对比图

1）数值模拟过程中，不考虑气体
质量力，没有考虑管道壁面热损失、管
道壁面粗糙度，使得冲击波超压数值模
拟计算结果偏大。

2）由于实验中管道不能够完全密
封及爆炸冲击波在管道安装球形阀处
有阻碍作用，冲击波传播到管道接口和球形阀处有能量损失，使得数值模拟计算
结果比实验结果偏大。

第二节　管道内瓦斯爆炸火焰传播规律数值模拟研究

本节在理论分析及实验方案的基础上，利用 Fluent 软件，建立了数值模型。
通过模拟瓦斯在复杂管道中的爆炸过程，分析瓦斯爆炸过程中，瓦斯填充量、拐
弯角度对火焰传播的影响规律。

一、数值模型建立的基本假设

本书对瓦斯爆炸过程进行数值模拟，是建立在以下假设基础上。

1）管道内瓦斯气体为均匀混合，且反应处于常温常压环境下，气体为静止的状态。

2）瓦斯气体燃烧的比热容遵守混合规则，气体组成成分比热容（C_P）和温度（T）的函数满足：

$$T_{\min,1}<T<T_{\max,1} \text{ 时}, \quad C_P(T)=A_1+A_2T+A_3T^2+\cdots \tag{4-5}$$

$$T_{\min,2}<T<T_{\max,2} \text{ 时}, \quad C_P(T)=B_1+B_2T+B_3T^2+\cdots \tag{4-6}$$

其中，T 为开氏温度，K；C_P 为比定压热容，J/(kg·K)；$A_1, A_2, A_3\cdots$ 和 $B_1, B_2, B_3\cdots$ 是比热容系数，具体值如表 4-5 所示。

表 4-5　组分比热容系数表

物质	300～1000 K 时的比热容				
	A_1	A_2	A_3	A_4	A_5
CH_4	403.584 7	9.057 335	−0.014 425 09	$1.580\ 519\times10^{-5}$	$-6.343\ 051\times10^{-9}$
O_2	834.826 5	0.292 958	$-1.495\ 637\times10^{-4}$	$3.413\ 885\times10^{-7}$	$-2.278\ 358\times10^{-10}$
N_2	979.043	0.417 963 9	$-1.176\ 279\times10^{-3}$	$1.674\ 394\times10^{-6}$	$-7.256\ 297\times10^{-10}$
CO_2	429.928 9	1.874 473	$-1.966\ 485\times10^{-3}$	$1.297\ 251\times10^{-6}$	$-3.999\ 956\times10^{-10}$
H_2O	156 3.077	1.603 755	$-2.932\ 784\times10^{-3}$	$3.216\ 101\times10^{-6}$	$-1.156\ 827\times10^{-9}$
物质	1000～5000 K 时的比热容				
	B_1	B_2	B_3	B_4	B_5
CH_4	872.467 1	5.305 473	$-2.008\ 295\times10^{-3}$	$3.516\ 646\times10^{-7}$	$-2.333\ 91\times10^{-11}$
O_2	960.752 3	0.159 412 6	$-3.270\ 885\times10^{-5}$	$4.612\ 765\times10^{-9}$	$-2.952\ 832\times10^{-13}$
N_2	868.622 9	0.441 629 5	$-1.687\ 23\times10^{-4}$	$2.996\ 788\times10^{-8}$	$-2.004\ 386\times10^{-12}$
CO_2	841.376 5	0.593 239 3	$-2.415\ 168\times10^{-4}$	$4.522\ 728\times10^{-8}$	$-3.153\ 13\times10^{-12}$
H_2O	123 3.234	1.410 523	$-4.029\ 141\times10^{-4}$	$5.542\ 772\times10^{-8}$	$-2.949\ 824\times10^{-12}$

3）瓦斯气体爆炸过程为单步不可逆反应。

4）爆炸过程为绝热过程，不考虑密闭空间与外界（包括壁面）的热交换，壁面选取绝热壁面。

5）不考虑空间壁面与气体流动的耦合作用，密闭空间边界作为刚性壁面处理。

二、火焰传播管道模型

瓦斯爆炸火焰传播的数值管道模型是在第三章实验管道的基础上建立的，在不影响结果对比分析的基础上，为了简化内容，本章选取了五种管道模型进行模拟。模型一为 4 m 瓦斯填充长度 45°拐弯角度管道；模型二为 5 m 瓦斯填充长度 45°拐弯角度管道；模型三为 6 m 瓦斯填充长度 45°拐弯角度管道；模型四为 5 m 瓦斯填充长度 90°拐弯角度管道；模型五为 5 m 瓦斯填充长度 135°拐弯角度管道。管道长度、横截面大小、检测点的位置设定均与实验管道相同。管道的数值模型图如图 4-55 所示。

三、模型网格划分及控制方程

选取二维模型，为了保证计算精度精确，采用的网格划分方法是：对整个计算域采用均匀结构化网格；点火源附近的网格又按一定比例适当进行了缩小；为了保证拐弯处计算的精度，弯曲

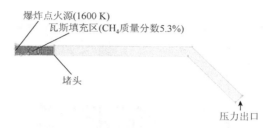

图 4-55　管道数值模型图

位置网格采取的是加密处理。每个模型的网格划分依据一样，由于管道长度及拐弯角度的不同，网格总数略有差别，总数为 85 000 左右。

对于管道内气体爆炸的二维数值模拟的质量守恒、动量守恒、能量守恒和化学组分平衡方程可以简化为

质量守恒方程：

$$\frac{\partial \rho}{\partial t} + \frac{\partial \rho u}{\partial x} + \frac{\partial \rho v}{\partial y} = 0 \qquad (4-7)$$

动量守恒方程：

$$\frac{\partial \rho u}{\partial t} + \frac{\partial \rho u u}{\partial x} = -\frac{\partial p}{\partial x} + \frac{4}{3}\mu_e \frac{\partial u}{\partial x} \qquad (4-8)$$

能量守恒方程：

$$\frac{\partial \rho h}{\partial t} + \frac{\partial \left(\rho u h - \dfrac{\mu_e}{\sigma_h}\dfrac{\partial h}{\partial x}\right)}{\partial x} = \frac{\mathrm{d}p}{\mathrm{d}t} + S_h \qquad (4-9)$$

化学组分守恒方程：

$$\frac{\partial (\rho Y_{\mathrm{fu}})}{\partial t} + \frac{\partial \left(\rho u Y_{\mathrm{fu}} - \dfrac{\mu_e}{\sigma_{\mathrm{fu}}}\dfrac{\partial Y_{\mathrm{fu}}}{\partial x}\right)}{\partial x} = R_{\mathrm{fu}} \qquad (4-10)$$

管道模型的参数设置：壁面为绝热壁面，基于瓦斯爆炸时间非常短暂，火焰的传播速度非常快，壁面处热量的散失可忽略；管道为一端开口，设为压力出口；点火源为半径 5 mm 的半圆形。

四、数值模拟结果及传播速度规律分析

（一）五种模型的火焰云图

1）$A_1 \sim M_1$ 为 4 m 填充长度 45°拐角管道的火焰传播过程云图，如图 4-56 所示。

2）$A_2 \sim M_2$ 为 5 m 填充长度 45°拐弯角度管道的火焰传播过程云图，如图 4-57 所示。

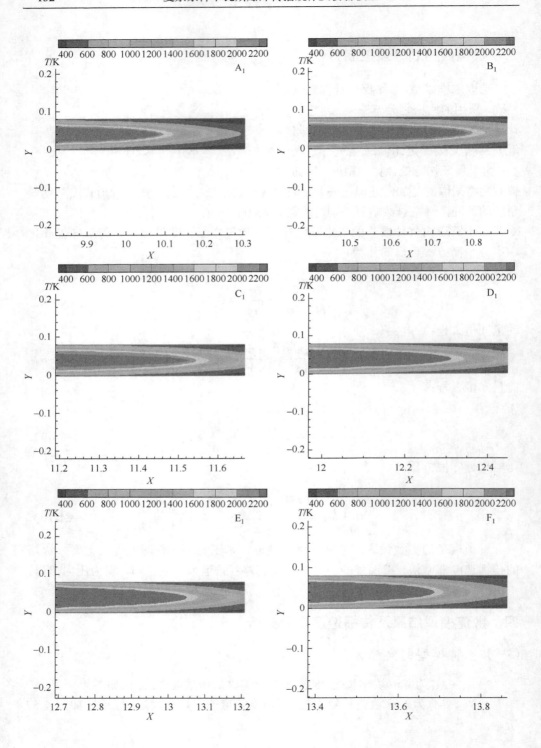

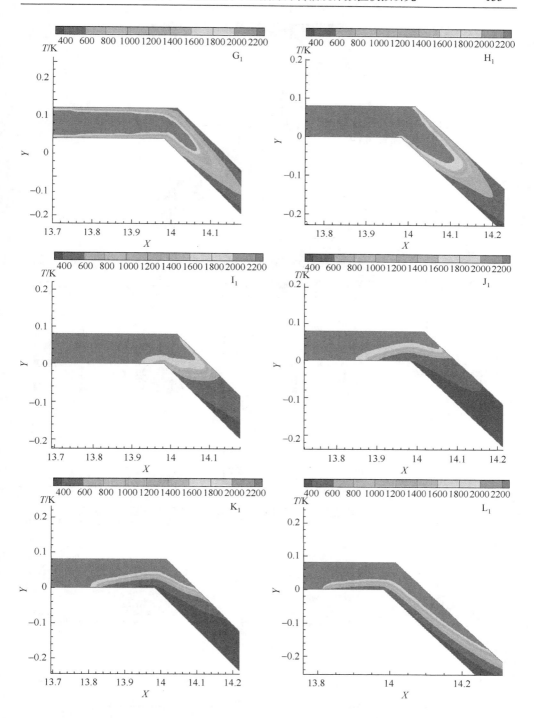

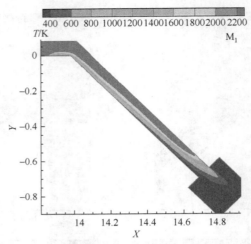

图 4-56　模型一中火焰传播过程云图

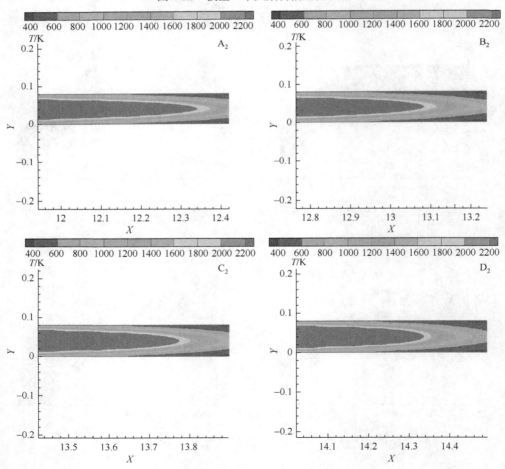

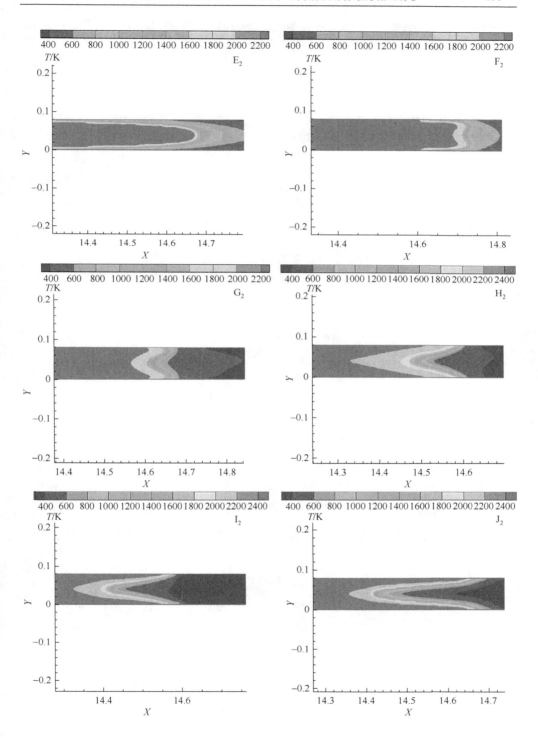

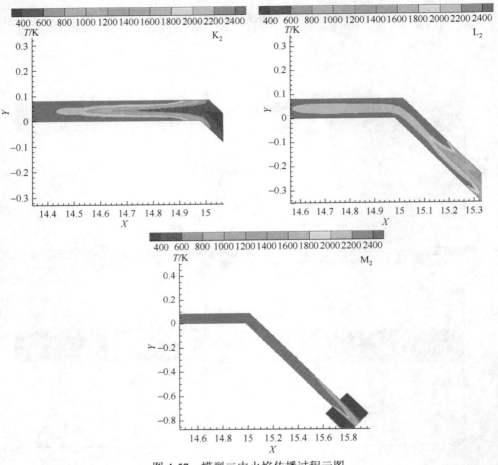

图 4-57　模型二中火焰传播过程云图

3）A₃～O₃ 为 6 m 填充长度 45°拐弯角度管道的火焰传播过程云图，如图 4-58 所示。

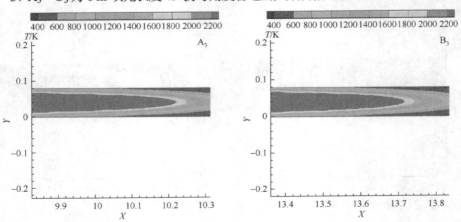

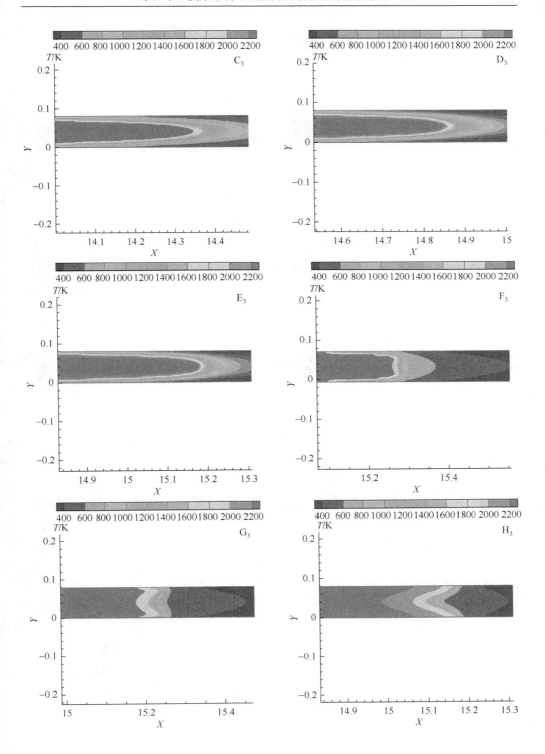

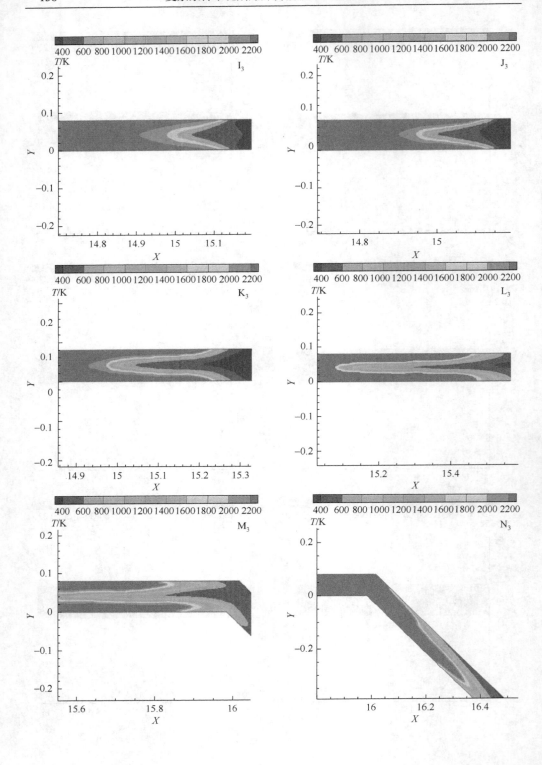

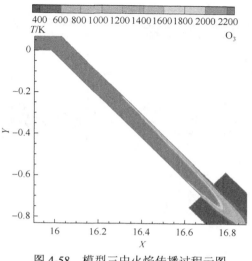

图 4-58　模型三中火焰传播过程云图

4. $A_4 \sim L_4$ 为 5 m 填充长度 90°拐弯角度管道的火焰传播过程云图,如图 4-59 所示。

5. $A_5 \sim K_5$ 为 5 m 填充长度 135°拐弯角度管道的火焰传播过程云图,如图 4-60 所示。

(二)数值结果规律分析

在点火 5 ms 左右时,瓦斯气体被左端壁面附近的高温燃烧气体团点燃,形成了微小的半圆形火焰面,这时的最高温度只有 1900 K;由于点火源是位于左端壁面,受到壁面的约束作用较大,加上未燃气体受热膨胀,断面的反射作用,使得气体被点燃后,火焰轴向长度越来越长,形成了明显的锥形。火焰传播图片中的蓝色区域表示瓦斯未燃区,其他颜色区域表示已燃区,并且颜色不同,燃烧程度也不同。点火后,非蓝色区域沿着管道不断向前移动,这说明火焰是向前传播的,并且被点燃的瓦斯范围也在

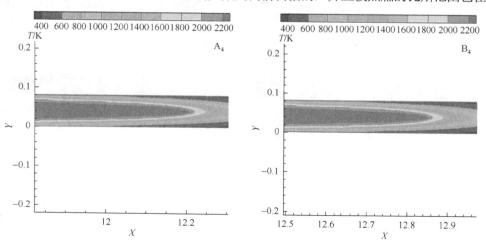

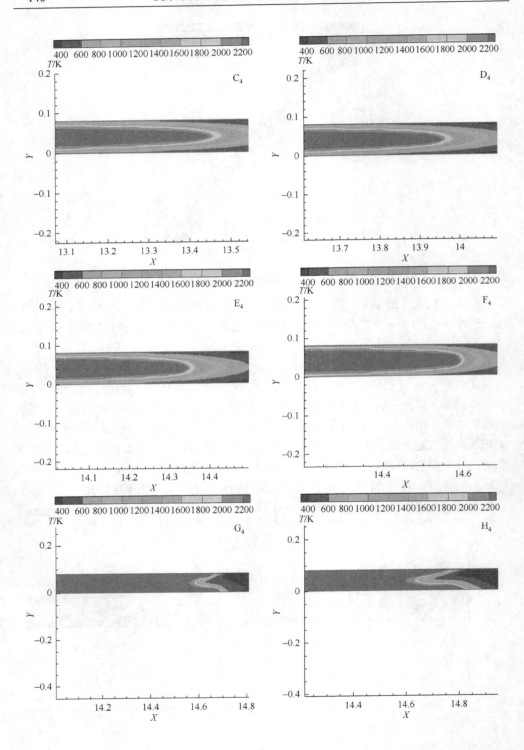

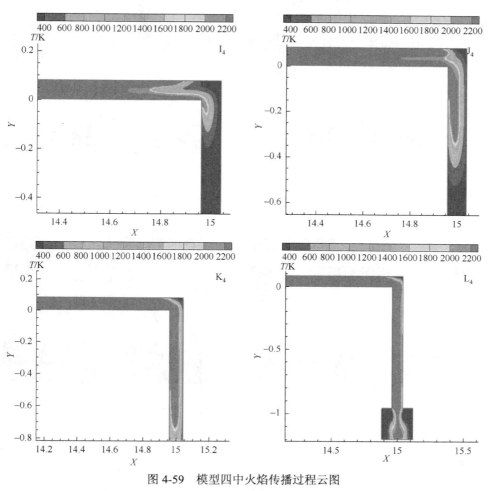

图 4-59 模型四中火焰传播过程云图

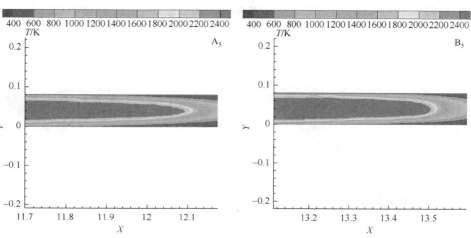

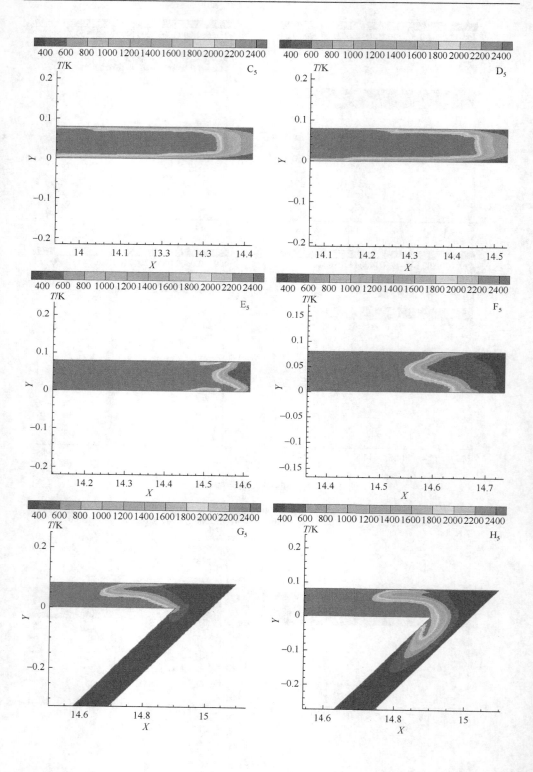

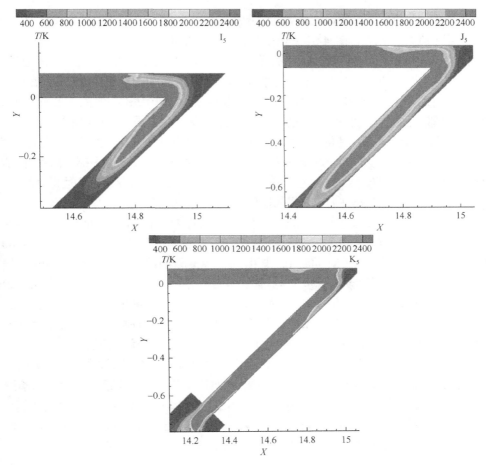

图 4-60　模型五中火焰传播过程云图

扩大。图中的红色部分表示整个流场中温度最高的区域，从红色区域到黄色区域再到蓝色区域，温度逐渐降低，形成了明显的温度梯度。可以看出，红色区域一直集中在火焰的最前方，这正是火焰的中心，红色区域前面的非蓝色区域是火焰前锋。从图中还可以看出这一区域不断向右运动，这说明了火焰阵面不断地加热周围的未燃气体，当未燃气体的温度达到着火点时就被点燃，火焰就这样不断被传播。

如图 4-56（A）所示，此时火焰传播为 850 ms，火焰呈圆柱状向后传播，这时候火焰的最高温度已经上升到了 2240 K，说明反应已经开始激烈进行。从图中可以看出最高温集中在图中的红色区域，这是火焰的前锋。

点火后 980 ms 时，反应开始变得激烈，火焰出现了明显的褶皱，如图 4-57（F）所示，这时候火焰的最高温度上升到了 2400 K。从这个时候开始混合气体间的化学反应快速地进行，开始进入了加速传播阶段。

由火焰传播模拟图，可以把传播过程分为三个阶段：第一阶段是在水平管道中，火焰加速传播阶段。例如，图 4-59（A~F）的火焰云图和图 4-60 中（A~C）的火焰云图对比发现在 45 ms 的时间里，火焰的形状有从"锥"形逐渐过渡到"柱"形的趋势，图 4-60（C~D），0.08~0.21 s 中，这种趋势更加明显。图 4-60（D）可以看出在这段时间里火焰面开始逐渐变形，壁面附近的火焰面超过了轴向中央的火焰面，火焰的形状呈现出"郁金香"形；到图 4-60（E~F）时的火焰云图可以看出这种现象更加明显。这是因为管道壁面的约束使得火焰产生了湍流，在湍流作用下火焰开始变形，当火焰变形后火焰的面积就大大增加，这使得该区域附近的化学反应范围和速率都大幅增加，所以壁面附近的火焰速度要大于管道中央的火焰速度；第二个阶段是火焰到达拐弯部分，受壁面的阻碍，未燃气体在向前传播的过程中，突然被压缩急剧在拐弯处，火焰波开始改变传播方向。由于传播过程中，未燃气体被火焰阵面冲在前面，受壁面反射后开始改变方向，向拐弯管道内传播，火焰就沿着未燃气体下方，向拐弯区域内传播，如图 4-60（H-I）所示，这个过程由于壁面的阻碍作用，加上火焰阵面被反射、压缩，影响了火焰传播速度，导致拐弯点处火焰速度急剧下降；第三个阶段是火焰通过拐弯点处，图 4-59（J-K）所示，部分未燃气体积聚在拐弯处，大部分未燃气体被冲进拐弯管道内，此时的火焰阵面由于弯道作用，发生严重褶皱变形，导致湍流作用的增强，从而使未燃气体的燃烧面积增大，导致释放热量的增大，又进一步加快了火焰传播的速度。

数值模拟时间步长精确到了 10^{-4} s，精确记录了火焰在各个时刻的传播情况，由不同时刻火焰的位移，以及火焰到达各个检测点的时间，计算出火焰到达各个当量检测点的速度。将五种模型的速度数据进行比较，得出两种曲线图如图 4-61 和图 4-62 所示。

管道 45°拐弯角度，不同填充长度（4 m、5 m、6 m）瓦斯随着传播距离（当量检测点 1~5）变化的速度变化曲线如图 4-61 所示。

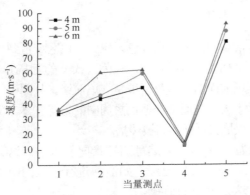

图 4-61　火焰波在各当量测点的数值速度

以上瓦斯爆炸火焰波速度传播模拟曲线图可以看出，不同填充长度的瓦斯气体，火焰传播速度存在差别，6 m 填充长度的瓦斯爆炸火焰传播速度，要大于 5 m 填充长度的瓦斯爆炸火焰速度，又大于 4 m 填充长度的瓦斯爆炸火焰速度。对比火焰云图 4-56~图 4-58 可以得出，火焰云图 4-58 中 A~L 火焰从锥形到柱形再到郁金香形的变化，明显要强于云图 4-57 中 A~J。云图 4-56 中 A~F 的火焰形状变化最小，也就是火焰湍流作用是最小的，必然会导致火焰加速作用不明显，这与曲线图中当量检测点 1~3 中 6 m 的填充量、火焰速度大于 5 m 填充量，又大于 4 m 填充量的规律一致；检测点 4 处火焰数值速度最小，这是火焰速度在经过拐弯部分，由于壁面反射作用，火焰速度急剧减小，这与火焰云图 4-56 中 G～K、图 4-57 中 K～L、图 4-58 中 M 显示的火焰波云图相对应。此时火焰阵面到达拐弯点，强烈的反射作用，使得火焰波传播方向发生改变，红色区域内部形成了涡团，导致火焰速度急剧减小；检测点 5 处的火焰速度又突然增大，6 m 瓦斯填充长度速度要大于 5 m，4 m 填充的火焰速度最小，结合云图 4-56 中 L～M、图 4-57 中 M、图 4-58 中 N～O 可以看出，此时火焰通过拐弯点，涡团作用导致湍流加剧，拐弯处管道面积增大，促进了未燃气体的燃烧，导致火焰波的进一步加速。

　　管道内填充 5 m 瓦斯，不同拐弯角度 45°、90°、135°对瓦斯传播过程中火焰速度变化的影响曲线如图 4-62 所示。

　　由火焰数值速度曲线图，可以看出不同的拐弯角度管道中，火焰速度传播存在着显著的差别。对比火焰传播云图分析，测点 1～3 处的火焰数值速度都呈现稳步增大趋势，这与火焰云图 4-57 中的 A～J、图 4-59 中 A～H、图 4-60 中 A～F 所显示的火焰形状变化及分析结果一致，此时的火焰传播处于第一阶段，未燃气体的不断燃烧促进火焰速度稳步增长；当量测点 4 处，三个角度管道中火焰速度都突然减小，这是因为火焰到达

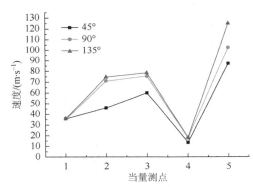

图 4-62　火焰波在各当量检测点的数值速度

拐弯点处，此时的火焰波受到壁面反射作用，传播方向发生突然改变，涡团作用加上反射使得火焰速度急剧减小，与火焰云图 4-57 中的 K～L、图 4-59 中的 I～J、图 4-60 中 G～I 显示的第二个阶段火焰形状变化相符合；测点 5 的火焰速度又突然增大达到 5 个检测点中的最大值，这是因为火焰经过拐弯点后，由于管道突然变形，涡团作用导致火焰湍流作用加剧，加上拐弯处未燃气体面积增大，促进了燃烧扩大，进而导致火焰速度急剧增大；对比三个角度管道中的火焰数值速度，135°拐弯管道中，火焰速度最大；经过拐弯突变后，火焰速度仍然是最大。通过对比火焰传播云图 4-57、图 4-59 和图 4-60，可以发现管道拐弯角度越大，火焰形状发生褶皱变形越明显，也就是湍流作用越大，必然会导致火焰速度的加快，这与火焰速度变化规律一致。

五、基于模拟结果的火焰温度变化及规律分析

（一）模拟瓦斯填充长度对火焰传播的影响规律

　　拐弯角度固定为 45°，4 m、5 m、6 m 三种填充长度的瓦斯进行爆炸后，火焰到达各个检测点的温度随时间变化曲线如图 4-63～图 4-68 所示。

　　由图可以得出如下结论。

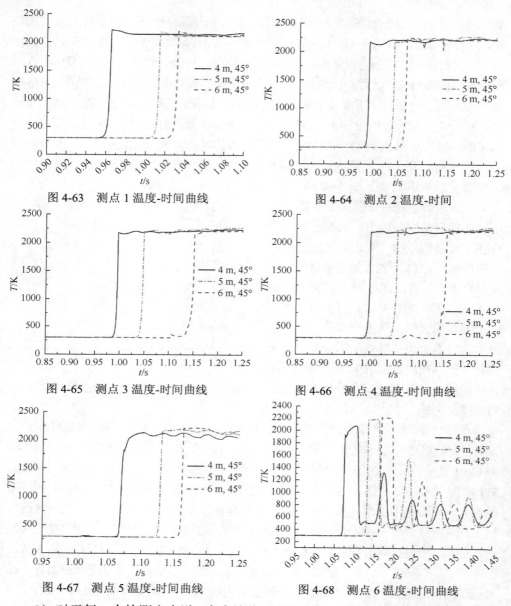

图 4-63　测点 1 温度-时间曲线　　　　　　图 4-64　测点 2 温度-时间

图 4-65　测点 3 温度-时间曲线　　　　　　图 4-66　测点 4 温度-时间曲线

图 4-67　测点 5 温度-时间曲线　　　　　　图 4-68　测点 6 温度-时间曲线

1）对于每一个检测点来说，在火焰阵面到达之前，检测点处的温度缓慢上升，这是高温点火源已燃区加热的结果。当火焰到达检测点，温度会突然升高达到将近 2300 K，这是因为瓦斯被引燃爆炸，快速释放出大量的燃烧热，产生的火焰阵面通过检测点，导致温度突然上升。

2）同一个检测点，不同的填充长度，瓦斯温度的突变存在着明显的时间差，6 m 填充管道的瓦斯，火焰温度突然增大的时间迟于 5 m 的填充管道，4 m 填充长度的瓦斯火焰最先发生突变。结合火焰云图 4-2～图 4-4 可以看出，红色区域到达各个检测点的时间存在差别，4 m 填充量的火焰到达各个检测点的时间要早于 5 m，6 m 的红色区域到达最晚，这是因为不同的填充管道长度，同一检测点距离点火源的距离不同，导致火焰温度曲线突变的先后时间不同。

3）不同测点之间比较，可以看出火焰波到达测点 1、2、3、4 时，火焰温度变化规律基本相同，都是突然增大然后趋于稳定。这是由于前 4 个检测点设置在水平管道中，管道的壁面设置为绝热壁面，因此火焰温度迅速达到最高后，短时间热量没有损失，温度保持高温不变；第 5 个检测点，火焰温度达到最高后，出现波动，这是火焰波进入拐弯部分，燃烧的不均匀性加上接近出口，回流作用导致温度出现波动；测点 6 的温度先迅速达到最高后急剧下降并出现波动，这是火焰波接近出口，热量从出口迅速扩散出去，导致温度开始下降，加上出口气体回流，温度下降过程呈现波动。

（二）模拟管道拐角对火焰温度变化的影响

填充长度固定为 5 m 时，火焰波在 45°、90°、135°三个不同角度管道中传播，每个测点温度随时间变化曲线如图 4-69～图 4-74 所示。

由图可得如下结论。

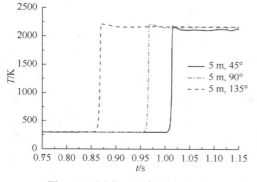

图 4-69　测点 1 温度-时间曲线

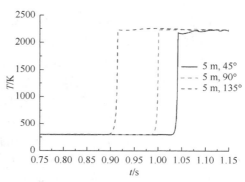

图 4-70　测点 2 温度-时间曲线

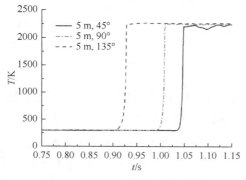

图 4-71　测点 3 温度-时间曲线

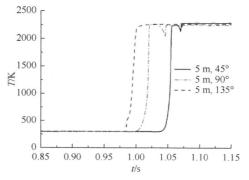

图 4-72　测点 4 温度-时间曲线

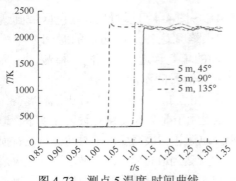

图 4-73　测点 5 温度-时间曲线

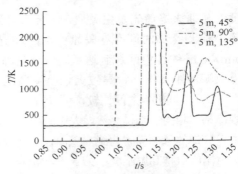

图 4-74　测点 6 温度-时间曲线

1）当瓦斯填充长度固定时，瓦斯爆炸后，在火焰没有到达各检测点之前，该检测点的温度维持在 300 K 左右；当火焰阵面的前锋传播到每一点时，这一点的温度就开始迅速上升，达到峰值 2300 K 左右。图中也反映了温度突变依次是从检测点 1～测点 6，这与云图显示的传播方向是一致的。

2）对于这 6 个检测点，不同拐弯角度中，每个检测点火焰温度开始上升的时间不同。以第一个检测点为基准，135°拐弯角度的管道中，火焰温度最先开始上升，90°拐弯角度的管道中，火焰开始上升的时间稍慢，45°拐弯角度的管道中，火焰开始上升时间最晚，其他各检测点都有这个规律。从火焰云图 4-57、图 4-59、图 4-60 也可以得出，135°拐角管道中，红色区域到达每个检测点的时间要早于 90°拐角管道，45°拐角管道中，红色区域到达检测点时间最晚，这与拐弯角度对火焰传播速度变化规律有关；拐弯角度越大，火焰波传播速度越快，因此该检测点的温度最先开始上升；同样在第 5、6 个检测点，火焰温度出现了明显的波动，这是因为管道拐弯，形成了壁面阻碍加上管道距离开口较近，气体回流作用引起的。

经过大量的实验实测，管道中的瓦斯爆炸火焰温度在 2000 K 左右，而本书数值模拟的火焰温度在 2200～2400 K，比实验数据偏高。造成温度差别的主要原因是本书的数值模拟采用了单步机理来反映燃烧的化学反应，忽略了爆炸过程中复杂的化学变化；造成模拟温度偏高的另一个原因是本书的模型将壁面设为了绝热，忽略了热辐射，热量损失小，所以说本书的模拟温度在正常范围内。

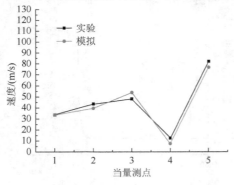

图 4-75　模型一实验与模拟速度对比图

六、火焰传播速度的实验结果与模拟结果对比分析

1. 4 m 瓦斯填充量 45°拐弯角度

管道中的火焰速度实验结果与数值模拟结果对比如图 4-75 所示。

2. 5 m 瓦斯填充量 45°拐弯角度

管道中的火焰传播速度实验结果与模拟结果对比如图 4-76 所示。

3. 6 m 瓦斯填充长度 45°拐弯角度

管道中火焰传播速度实验结果与模拟结果对比如图 4-77 所示。

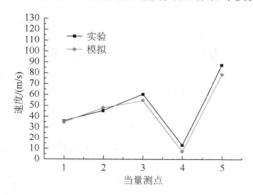

图 4-76　模型二实验与模拟速度对比图　　　　图 4-77　模型三实验与模拟速度对比图

4. 5 m 瓦斯填充长度 90°拐弯角度

管道中火焰传播速度实验结果与模拟结果对比如图 4-78 所示。

5. 5 m 瓦斯填充长度 135°拐弯角度

管道中火焰传播速度实验结果与模拟结果对比如图 4-79 所示。

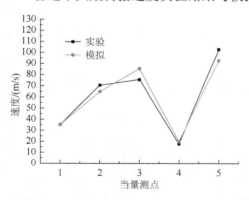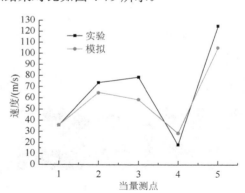

图 4-78　模型四实验与模拟速度对比图　　　　图 4-79　模型五实验与模拟速度对比图

通过实验所得结论及数值模拟结果相对比，可以得出如下结论。

1）实验结论与数值结果所得出的瓦斯填充长度对火焰传播速度的影响，以及管道拐弯角度大小对火焰传播速度的影响，其规律是一致的。

2）由模拟火焰传播过程图片，可以清晰地看出火焰波传播至拐弯处，气体发生分层，并诱导产生漩涡，这是导致火焰在拐弯点处速度突然降低的原因，与实验部分理论分析是一致的。

3）由所选取的五个模型，其火焰波到达各个检测点的速度大小，与实验所得火焰速度大小分别对比，由曲线图可以看出，火焰到达各个检测点的速度大小在误差范围内，也是基本一致的。由此可见，数值模拟结果与实验结果一致，模拟是可靠的。

第三节　　管道内瓦斯爆炸毒气传播规律数值模拟研究

一、管道充填区为 4 m 瓦斯气体的爆炸过程模拟

爆炸传播过程会对人员产生伤害作用，通过对巷道内瓦斯爆炸传播过程进行模拟仿真，把仿真数值和实验数据对比分析，揭示有毒有害气体的变化规律。

（一）设置初始条件

1）关于压力方面：点火的时候 4 m 的密闭区域内是一个整体区间，整个密闭空间的大气压力为自然的大气压。

2）点火区域温度：T_0=1800 K；其他区域温度：T_0=293 K。

3）初始速度条件：整个区域初速为零（V=0 m/s）。

（二）边界条件设置

实验巷道总长度约为 4 m，模拟计算中用单元流场参数外推的方法处理出口边界条件。

（三）在 4 m 密闭填充区内，瓦斯爆炸模拟结果

图 4-80　　计算网格

把四个已知实验浓度的瓦斯填充在 4 m 爆炸区内，模拟计算不同浓度的瓦斯气体在 4 m 爆炸区内产生 CO 浓度的数值。通过运用 0.02 m 精度的网格范围区间进行划分，计算网格划分如图 4-80 所示。数值模拟的结果如图 4-81～图 4-84 所示。

从图 4-80～图 4-84 分析可知：7%和9%浓度的充填瓦斯在爆炸过程中，产生的 CO 浓度值不论是最大值 0.004 84 还是最小值 9.33×10^{-17}，几乎都很微弱。在没有达到瓦斯爆炸的理想范围内，产生的 CO 浓度值总量比较少，CO 的产生与瓦斯浓度有关，瓦斯浓度值决定了爆炸效果从而决定生成 CO 的浓度峰值；当充填瓦斯浓度超过 9%之后，产生的 CO 浓度值有明显的增长趋势和高浓度的 CO 前冲

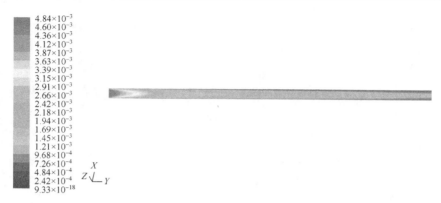

Contours of mass fraction of CO(T=1.6350×10^{-1})　　　　　　　　　　Mar 16, 2005
FLUENT 6.3(3d, pbns, spe, LES,unsteady)

图 4-81　7%浓度瓦斯爆炸产生 CO 的浓度分布图

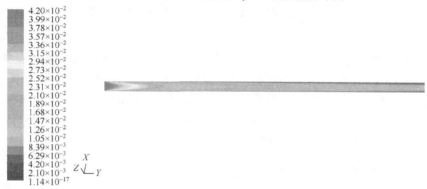

Contours of mass fraction of CO(T=1.6350×10^{-1})　　　　　　　　　　Mar 16, 2005
FLUENT 6.3(3d, pbns, spe, LES, unsteady)

图 4-82　9%浓度瓦斯爆炸产生 CO 的浓度分布图

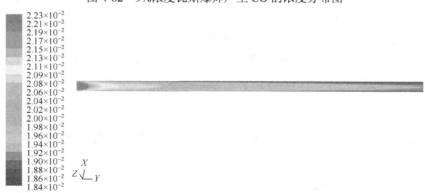

Contours of mass fraction of CO(T=1.6350×10^{-1})　　　　　　　　　　Mar 16, 2005
FLUENT 6.3(3d, pbns, spe, LES, unsteady)

图 4-83　11%浓度瓦斯爆炸产生 CO 的浓度分布图

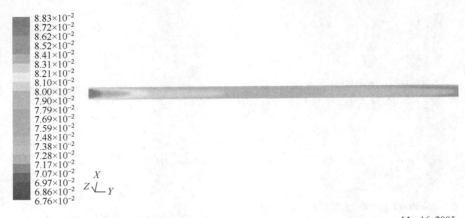

Contours of mass fraction of CO(T=1.6350×10^{-1})　　　　　　　　Mar 16, 2005
FLUENT 6.3(3d, pbns, spe, LES, unsteady)

图 4-84　15%浓度瓦斯爆炸产生 CO 的浓度分布图

趋势，每个浓度在管道内的占据位置有很明显的改变。瓦斯浓度越高，高浓度的
CO 在模拟图中占的比例越高，而且比较均匀，表明在达到理想的爆炸浓度，CO
的浓度值也几乎呈快速增长的趋势，但是超过 15%以后几乎不再变化。因为模拟
过程中氧气的量不足以继续支持爆炸，所以反应得以停止。从四个图形可以得出：
在瓦斯爆炸的区间之内，CO 浓度随着瓦斯浓度的增加而增加，瓦斯参与爆炸的
量和浓度直接决定了产生的 CO 浓度和量的多少。

二、瓦斯爆炸毒害气体传播模拟

（一）设置初始条件

1）关于压力方面：点火的时候 4 m 的密闭区域内是一个整体区间，整个密闭
空间的大气压力为自然的大气压。

2）温度要求：点火区域为 T_0=1800 K；其他区域为 T_0=293 K。

3）初始速度条件：整个区域初速为零、V_1=0.5 m/s、V_2=1 m/s、V_3=1.5 m/s、
V_4=2 m/s。

（二）边界条件设置

实验管道总长度约为 21 m，本研究在模拟计算中用单元流场参数外推的方法
处理出口边界条件。

（三）瓦斯爆炸 CO 传播模拟

1）在 21 m 密闭管道区内，瓦斯爆炸后模拟 CO 传播结果。

把四个已知实验浓度的瓦斯填充在 4 m 爆炸区内，模拟计算不同浓度的瓦斯

气体,在 4 m 爆炸区内产生 CO 浓度的数
值;然后通过调节得到不同的风速,模
拟在不同风速的作用下 CO 的传播过程
和规律。网格还是通过 0.02 m 精度的网
格进行划分,0.02 m 的范围区间进行三
维网格的划分,计算网格划分如图 4-85 所示。

图 4-85　计算网格

　　为了与实验结果比较,建立 80 mm×80 mm 正方体管道的计算模拟模型。设定
边界温度为室温的温度值,不需要苛刻的条件;由于在管道内进行模拟,管道内的
压力等于自然的大气压力值,即为标准大气压力;点火源设定为 1800 K 的高温进行
点火设置;然后进行模拟初始的自然边界条件的设定:模拟主要为了研究风速对 CO
扩散和传播的影响,初始的条件加上设定风速 1 m/s,分别在 1 m/s 的风速下对瓦斯
爆炸产生的 CO 质量分数的浓度分别为 0.02、0.03、0.05、0.08 进行模拟研究。在 1 m/s
的风速下,不同的质量分数浓度的 CO 浓度变化模拟等值线云图,如图 4-86 所示。

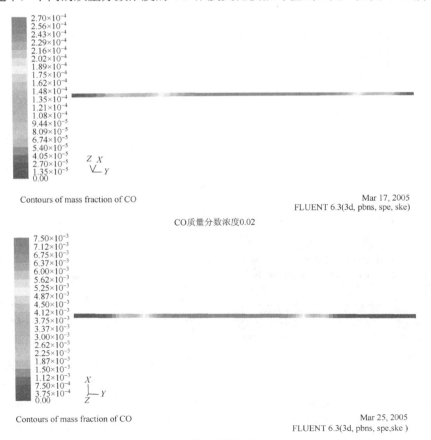

Contours of mass fraction of CO

CO质量分数浓度0.02

Contours of mass fraction of CO

CO质量分数浓度0.03

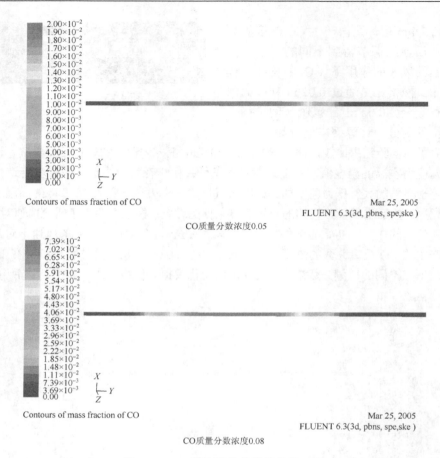

Contours of mass fraction of CO

CO质量分数浓度0.05

Mar 25, 2005
FLUENT 6.3(3d, pbns, spe,ske)

Contours of mass fraction of CO

CO质量分数浓度0.08

Mar 25, 2005
FLUENT 6.3(3d, pbns, spe,ske)

图 4-86　CO 浓度变化模拟等值线云图

2）1 m/s 风速 CO 传播浓度连续变化等值线云图，如图 4-87 所示。

图 4-87　1 m/s 风速下 CO 浓度变化
等值线云图

图中模拟等值线云图红色部分代表 6 个不同时刻的 CO 浓度最大值及毒害气体沿风向传播发展的变化过程。从图形的变化趋势可以清楚地发现：第一个图形为爆炸的起始阶段，CO 仅积聚在点火源的附近，说明有 CO 的存在但是还没有进行传播和扩散；第二个图形分析得知，已经出现 CO 的浓度峰值，即为图中的红色区域，呈现紊流扩散的现象；第三个图形相对第二个图形来说，各个浓度的比例相对增加，而且往前位移了一段距离；第四个图形整体被红色的高浓度 CO 占据，说明达到这点的 CO 浓度的最大峰值和 CO 危害最大的时刻；第五个图形在运移的过程中，CO 的整体浓度开始下降，说明在风速的作用下 CO 被吹过测试点，呈现浓度下降的趋势；通过对最后一个图形的观察，可以清楚地看到 CO 将要从标记点离开，几乎为零。

3）1 m/s、2 m/s 风速，在相同时间点内 CO 传播浓度对比等值线云图，如图 4-88 和图 4-89 所示。

Contours of mass fraction of CO

Mar 17, 2005
FLUENT 6.3(3d, pbns, spe,ske)

图 4-88　风速 1 m/s CO 传播浓度对比等值线云图

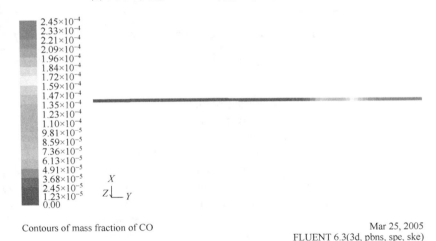

Contours of mass fraction of CO

Mar 25, 2005
FLUENT 6.3(3d, pbns, spe, ske)

图 4-89　风速 2 m/s CO 传播浓度对比等值线云图

4）模拟结果及分析。

模拟相同风速，不同浓度瓦斯爆炸产生 CO 的扩散传播曲线，如表 4-6～表 4-9 所示。

表 4-6　7%-风速 1 m/s-四测点-CO 浓度值

保存步数	测点 9	测点 10	测点 11	测点 12
0	0	0	0	0
50	$1.232\ 616\ 7 \times 10^{-19}$	0	0	0
100	$7.798\ 594\ 7 \times 10^{-9}$	$5.317\ 82 \times 10^{-33}$	0	0
150	$4.908\ 927\ 1 \times 10^{-5}$	$4.848\ 056\ 5 \times 10^{-20}$	$7.014\ 059\ 3 \times 10^{-41}$	0
200	$2.580\ 475\ 1 \times 10^{-4}$	$3.936\ 192\ 5 \times 10^{-12}$	$2.234\ 070\ 9 \times 10^{-29}$	0
250	$2.699\ 907\ 9 \times 10^{-4}$	$1.597\ 083\ 2 \times 10^{-7}$	$7.630\ 313\ 8 \times 10^{-21}$	$1.224\ 314\ 5 \times 10^{-41}$
300	$2.697\ 849\ 1 \times 10^{-4}$	$3.314\ 248\ 2 \times 10^{-5}$	$1.369\ 767\ 8 \times 10^{-14}$	$1.012\ 879\ 2 \times 10^{-31}$
350	$2.413\ 782\ 3 \times 10^{-4}$	$1.786\ 577\ 6 \times 10^{-4}$	$3.757\ 559 \times 10^{-10}$	$6.391\ 717\ 9 \times 10^{-24}$
400	$8.106\ 300\ 8 \times 10^{-5}$	$2.384\ 110\ 4 \times 10^{-4}$	$3.466\ 810\ 8 \times 10^{-7}$	$8.380\ 347\ 1 \times 10^{-18}$
450	$1.824\ 649\ 9 \times 10^{-5}$	$2.396\ 521\ 3 \times 10^{-4}$	$2.036\ 810\ 8 \times 10^{-5}$	$4.210\ 347\ 1 \times 10^{-13}$
500	$2.438\ 570\ 4 \times 10^{-8}$	$2.200\ 170\ 1 \times 10^{-4}$	$9.193\ 273 \times 10^{-5}$	$1.314\ 023\ 4 \times 10^{-9}$
550	$2.346\ 404\ 1 \times 10^{-11}$	$9.952\ 478 \times 10^{-5}$	$2.017\ 941\ 8 \times 10^{-4}$	$3.793\ 300\ 9 \times 10^{-7}$
600	$4.391\ 723\ 1 \times 10^{-15}$	$1.880\ 057\ 1 \times 10^{-5}$	$2.190\ 697\ 1 \times 10^{-4}$	$1.443\ 730\ 7 \times 10^{-5}$
650	$1.962\ 033\ 1 \times 10^{-19}$	$6.001\ 796\ 5 \times 10^{-7}$	$2.066\ 392\ 1 \times 10^{-4}$	$7.423\ 243 \times 10^{-5}$
700	$2.492\ 580\ 6 \times 10^{-24}$	$4.373\ 178\ 7 \times 10^{-9}$	$1.271\ 348 \times 10^{-4}$	$1.561\ 544\ 9 \times 10^{-4}$
750	$1.044\ 057\ 2 \times 10^{-29}$	$8.139\ 099\ 6 \times 10^{-12}$	$5.495\ 754\ 5 \times 10^{-5}$	$1.960\ 556\ 9 \times 10^{-4}$
800	$1.634\ 020\ 4 \times 10^{-35}$	$4.372\ 178\ 2 \times 10^{-15}$	$5.855\ 875\ 3 \times 10^{-6}$	$1.908\ 211\ 4 \times 10^{-4}$
850	$1.982\ 164\ 7 \times 10^{-40}$	$7.601\ 975\ 4 \times 10^{-19}$	$2.024\ 936\ 5 \times 10^{-7}$	$1.882\ 089\ 5 \times 10^{-4}$
900	$1.949\ 640\ 6 \times 10^{-40}$	$4.742\ 677\ 2 \times 10^{-23}$	$2.350\ 289\ 5 \times 10^{-9}$	$1.720\ 781\ 4 \times 10^{-4}$
950	0	$1.261\ 166\ 2 \times 10^{-32}$	$9.748\ 953\ 1 \times 10^{-12}$	$8.740\ 686\ 5 \times 10^{-5}$
100 0	0	0	$1.246\ 946\ 9 \times 10^{-32}$	$1.620\ 686\ 5 \times 10^{-5}$

表 4-7　9%-风速 1 m/s-四测点-CO 浓度值

保存步数	测点 9	测点 10	测点 11	测点 12
0	0	0	0	0
50	$3.444\ 876\ 6 \times 10^{-18}$	0	0	0
100	$2.166\ 415\ 8 \times 10^{-7}$	$1.488\ 1207 \times 10^{-31}$	0	0
150	$1.362\ 875\ 2 \times 10^{-3}$	$1.349\ 51 \times 10^{-18}$	0	0
200	$7.167\ 579\ 1 \times 10^{-3}$	$1.093\ 531\ 8 \times 10^{-10}$	$2.035\ 317\ 4 \times 10^{-39}$	0
250	$7.499\ 743\ 7 \times 10^{-3}$	$4.434\ 397\ 9 \times 10^{-6}$	$6.222\ 633\ 9 \times 10^{-28}$	0
300	$7.494\ 029\ 6 \times 10^{-3}$	$9.202\ 472\ 9 \times 10^{-4}$	$2.122\ 013\ 7 \times 10^{-19}$	0
350	$6.705\ 205\ 9 \times 10^{-3}$	$2.795\ 273 \times 10^{-4}$	$3.805\ 839\ 6 \times 10^{-13}$	$4.127\ 412\ 5 \times 10^{-40}$
400	$2.252\ 202\ 7 \times 10^{-3}$	$4.455\ 811\ 4 \times 10^{-3}$	$1.043\ 511\ 3 \times 10^{-8}$	$2.819\ 643\ 4 \times 10^{-30}$
500	$6.777\ 914\ 9 \times 10^{-7}$	$3.945\ 088 \times 10^{-3}$	$5.662\ 657\ 8 \times 10^{-4}$	$1.169\ 555\ 4 \times 10^{-11}$
550	$6.522\ 591\ 9 \times 10^{-10}$	$5.983\ 727 \times 10^{-4}$	$1.941\ 880\ 1 \times 10^{-3}$	$3.648\ 830\ 2 \times 10^{-8}$
600	$1.220\ 871\ 7 \times 10^{-13}$	$4.687\ 068 \times 10^{-4}$	$2.994\ 013\ 2 \times 10^{-3}$	$1.053\ 277\ 2 \times 10^{-5}$
650	$5.454\ 188\ 7 \times 10^{-18}$	$1.667\ 906\ 1 \times 10^{-5}$	$3.474\ 147\ 7 \times 10^{-3}$	$4.009\ 035\ 2 \times 10^{-4}$
700	$6.928\ 639\ 8 \times 10^{-23}$	$1.215\ 467\ 8 \times 10^{-7}$	$3.712\ 897\ 54 \times 10^{-3}$	$8.947\ 741 \times 10^{-4}$
750	$2.901\ 970\ 1 \times 10^{-28}$	$2.262\ 401\ 4 \times 10^{-10}$	$9.207\ 998 \times 10^{-4}$	$1.537\ 509\ 2 \times 10^{-3}$
800	$4.541\ 432\ 4 \times 10^{-34}$	$1.215\ 403\ 4 \times 10^{-13}$	$5.269\ 031 \times 10^{-4}$	$2.390\ 374\ 3 \times 10^{-3}$
850	$4.699\ 92\ 7 \times 10^{-40}$	$2.113\ 287\ 5 \times 10^{-17}$	$2.717\ 77 \times 10^{-4}$	$2.245\ 106\ 6 \times 10^{-3}$

续表

保存步数	测点 9	测点 10	测点 11	测点 12
900	$1.949\,640\,6 \times 10^{-40}$	$1.318\,418\,8 \times 10^{-21}$	$5.627\,337 \times 10^{-6}$	$1.613\,596\,2 \times 10^{-3}$
950	$1.949\,640\,6 \times 10^{-40}$	$3.233\,954\,4 \times 10^{-26}$	$6.532\,099\,7 \times 10^{-8}$	$1.428\,343\,1 \times 10^{-3}$
1000	0	$3.381\,689\,4 \times 10^{-31}$	$2.706\,756\,2 \times 10^{-10}$	$4.511\,622\,5 \times 10^{-4}$

表 4-8　11%-风速 1 m/s-四测点-CO 浓度值

保存步数	测点 9	测点 10	测点 11	测点 12
0	0	0	0	0
50	$7.864\,164\,1 \times 10^{-18}$	0	0	0
100	$5.588\,547\,1 \times 10^{-7}$	$3.380\,746 \times 10^{-31}$	0	0
150	$3.613\,681\,5 \times 10^{-3}$	$3.318\,216\,6 \times 10^{-18}$	0	0
200	$1.911\,047\,7 \times 10^{-2}$	$2.800\,911\,2 \times 10^{-10}$	$4.796\,028\,1 \times 10^{-39}$	0
250	$1.999\,932 \times 10^{-2}$	$1.161\,811\,5 \times 10^{-5}$	$1.527\,373\,1 \times 10^{-27}$	0
300	$1.998\,431\,2 \times 10^{-2}$	$2.439\,845\,6 \times 10^{-3}$	$5.360\,012 \times 10^{-19}$	$1.002\,037\,7 \times 10^{-39}$
350	$1.789\,194\,7 \times 10^{-2}$	$1.244\,013\,6 \times 10^{-2}$	$9.806\,796\,2 \times 10^{-13}$	$7.008\,864\,6 \times 10^{-30}$
400	$6.021\,556 \times 10^{-3}$	$1.688\,170\,1 \times 10^{-2}$	$2.726\,248\,6 \times 10^{-8}$	$4.507\,196\,3 \times 10^{-22}$
450	$2.923\,939\,3 \times 10^{-4}$	$1.697\,501 \times 10^{-2}$	$2.538\,538\,1 \times 10^{-5}$	$5.994\,881\,5 \times 10^{-16}$
500	$1.814\,901\,5 \times 10^{-6}$	$1.552\,753\,8 \times 10^{-2}$	$1.502\,409\,93 \times 10^{-3}$	$3.045\,253\,6 \times 10^{-11}$
550	$1.744\,926\,9 \times 10^{-9}$	$6.612\,192\,4 \times 10^{-3}$	$5.494\,892 \times 10^{-3}$	$9.581\,575 \times 10^{-8}$
600	$3.260\,725\,6 \times 10^{-13}$	$1.397\,395 \times 10^{-3}$	$1.364\,649 \times 10^{-2}$	$2.783\,072\,5 \times 10^{-5}$
650	$1.453\,590\,3 \times 10^{-17}$	$1.872\,217\,8 \times 10^{-5}$	$1.493\,113\,6 \times 10^{-2}$	$6.397\,15 \times 10^{-5}$
700	$1.841\,918 \times 10^{-22}$	$3.254\,611\,7 \times 10^{-7}$	$1.406\,677\,7 \times 10^{-2}$	$7.044\,619 \times 10^{-4}$
750	$7.693\,439\,2 \times 10^{-28}$	$6.055\,459\,5 \times 10^{-10}$	$8.135\,91 \times 10^{-3}$	$9.743\,211 \times 10^{-3}$
800	$1.200\,486 \times 10^{-33}$	$3.250\,306\,7 \times 10^{-13}$	$4.080\,656 \times 10^{-3}$	$1.270\,697\,2 \times 10^{-2}$
850	$9.504\,517 \times 10^{-40}$	$5.644\,833\,4 \times 10^{-17}$	$4.352\,837\,3 \times 10^{-4}$	$1.232\,322\,8 \times 10^{-2}$
900	$1.946\,767\,9 \times 10^{-40}$	$3.516\,591\,2 \times 10^{-21}$	$1.506\,314\,4 \times 10^{-5}$	$7.098\,071\,1 \times 10^{-3}$
950	0	$8.611\,667\,2 \times 10^{-26}$	$1.748\,953\,1 \times 10^{-7}$	$6.486\,532\,7 \times 10^{-3}$
100 0	0	0	$7.246\,946\,9 \times 10^{-10}$	$1.206\,230\,4 \times 10^{-3}$

表 4-9　15%-风速 1 m/s-四测点-CO 浓度值

保存步数	测点 9	测点 10	测点 11	测点 12
0	0	0	0	0
50	$3.368\,387\,3 \times 10^{-17}$	0	0	0
100	$2.133\,814 \times 10^{-6}$	$1.454\,602\,1 \times 10^{-30}$	0	0
150	$1.344\,969\,9 \times 10^{-2}$	$1.324\,864\,7 \times 10^{-17}$	0	0
200	$7.072\,315\,4 \times 10^{-2}$	$1.076\,869\,3 \times 10^{-9}$	$1.995\,077\,7 \times 10^{-38}$	0
250	$7.399\,748\,3 \times 10^{-2}$	$4.373\,688\,4 \times 10^{-5}$	$6.108\,270\,6 \times 10^{-27}$	0
300	$7.394\,114\,9 \times 10^{-2}$	$9.080\,747\,1 \times 10^{-3}$	$3.749\,030\,2 \times 10^{-12}$	$4.066\,353\,7 \times 10^{-39}$
350	$6.616\,05 \times 10^{-2}$	$3.718\,445\,4 \times 10^{-2}$	$1.028\,95 \times 10^{-7}$	$2.770\,007 \times 10^{-29}$
400	$2.222\,452\,5 \times 10^{-2}$	$5.356\,438 \times 10^{-2}$	$9.496\,764 \times 10^{-5}$	$1.748\,635\,6 \times 10^{-21}$
450	$1.077\,693\,3 \times 10^{-3}$	$5.390\,661\,5 \times 10^{-2}$	$5.587\,673\,3 \times 10^{-3}$	$2.293\,680\,3 \times 10^{-15}$
500	$6.688\,328\,5 \times 10^{-6}$	$4.852\,643\,2 \times 10^{-2}$	$8.896\,512 \times 10^{-7}$	$1.152\,960\,2 \times 10^{-10}$

保存步数	测点 9	测点 10	测点 11	测点 12
550	$6.436\,116\,5\times10^{-9}$	$1.550\,701\,2\times10^{-2}$	$3.900\,920\,7\times10^{-2}$	$3.598\,998\,4\times10^{-7}$
600	$1.204\,650\,1\times10^{-12}$	$5.154\,860\,2\times10^{-3}$	$4.374\,507\,2\times10^{-2}$	$1.039\,202\,3\times10^{-4}$
650	$5.381\,618\,5\times10^{-17}$	$1.645\,884\,9\times10^{-4}$	$4.053\,208\,4\times10^{-2}$	$3.955\,927\,2\times10^{-3}$
700	$6.836\,352\,4\times10^{-22}$	$7.1199\,411\times10^{-5}$	$1.855\,436\,1\times10^{-2}$	$8.564\,192\times10^{-3}$
750	$2.863\,289\,7\times10^{-27}$	$2.232\,456\,9\times10^{-9}$	$5.066\,611\times10^{-3}$	$6.219\,812\,65\times10^{-2}$
800	$4.480\,857\,4\times10^{-33}$	$1.992\,752\times10^{-12}$	$1.605\,611\,2\times10^{-3}$	$3.291\,878\,8\times10^{-2}$
850	$3.081\,339\times10^{-39}$	$2.085\,197\,8\times10^{-16}$	$5.552\,966\,8\times10^{-5}$	$3.148\,566\,1\times10^{-2}$
900	$1.949\,640\,6\times10^{-40}$	$1.300\,882\,5\times10^{-20}$	$6.445\,852\,7\times10^{-7}$	$1.538\,944\,5\times10^{-2}$
950	$1.949\,640\,6\times10^{-40}$	$3.190\,932\,7\times10^{-25}$	$2.670\,998\,5\times10^{-9}$	$9.960\,933\times10^{-3}$
100 0	$1.949\,640\,6\times10^{-40}$	$3.336\,672\,9\times10^{-30}$	0	$4.451\,645\,1\times10^{-3}$

　　根据上述四个表格的数据,可以得出各个测点随时间的推移数值的变化规律,通过对测试点 9～12 的模拟自动保存数值的分析和整理,可以发现测试点距爆炸源的距离,直接直观地决定了模拟过程中检测到 CO 的时间和 CO 浓度值的变化规律情况。说明 CO 在有风速的情况下,在非瓦斯燃烧区的传播过程是一个衰减的过程,传播距离越远 CO 浓度越低,通过四个表格的数据绘制各个测点的变化关系图,如图 4-90 所示。

　　从每个单独的图形上可以看到,测点 9 在运行 0.1 s 的时候开始检测到 CO 的浓度值;测点 10 在 0.24 s 左右开始检测到 CO 的浓度值;测点 11 在 0.45 s 左右开始检测到 CO 的浓度值;测点 12 在 0.6 s 左右开始检测到 CO 的浓度值。基本检测到的时间跟距离爆炸点的远近有关,距离爆炸点远测到的 CO 时间长,符合传播规律;从每个单独的图形上看四个测点的曲线,可以发现测点 9 的变化较为

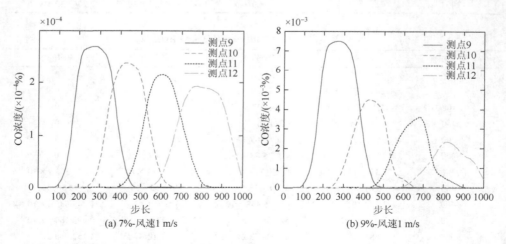

(a) 7%-风速1 m/s　　　　　　　　　　(b) 9%-风速1 m/s

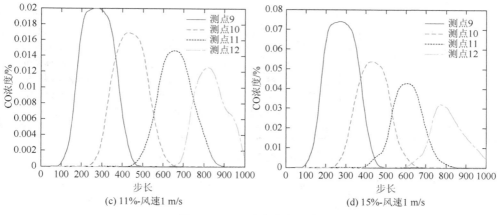

(c) 11%-风速1 m/s　　　　　　　　(d) 15%-风速1 m/s

图 4-90　CO 浓度变化曲线

平稳,几乎呈均匀的上升与下降的对称图形,而 10～12 测图形测试完全均匀分布,说明距离爆炸源的距离增大,CO 传播过程不是完全的层流运动,而是复杂的紊流运动;从 4 处不同位置 CO 浓度最大值曲线可以得出,有毒有害气体扩散传播浓度的最大值随扩散距离的增加而逐步衰减,传播距离主要取决于爆炸产生的有毒有害气体量和风速;风速越大传播距离越远,波及范围越大,浓度衰减越快。再纵向看 4 个浓度的爆炸图形,直接反映出在风速相同的情况下,浓度越高传播的距离相对越长,而且浓度峰值的稳定性反映储存时间可能较长,所以爆炸的浓度决定 CO 的含量。

　　模拟 CO 毒气浓度在不同风速下的扩散分布数值如表 4-10 和表 4-11 所示。

表 4-10　15%-风速 1 m/s-四测点-CO 浓度值

保存步数	测点 9	测点 10	测点 11	测点 12
0	0	0	0	0
50	$3.368\ 387\ 3\times10^{-17}$	0	0	0
100	$2.133\ 814\times10^{-6}$	$1.454\ 602\ 1\times10^{-30}$	0	0
150	$1.344\ 969\ 9\times10^{-2}$	$1.324\ 864\ 7\times10^{-17}$	0	0
200	$7.072\ 315\ 4\times10^{-2}$	$1.076\ 869\ 3\times10^{-9}$	$1.995\ 077\ 7\times10^{-38}$	0
250	$7.399\ 748\ 3\times10^{-2}$	$4.373\ 688\ 4\times10^{-5}$	$6.108\ 270\ 6\times10^{-27}$	0
300	$7.394\ 114\ 9\times10^{-2}$	$9.080\ 747\ 1\times10^{-3}$	$3.749\ 030\ 2\times10^{-12}$	$4.066\ 353\ 7\times10^{-39}$
350	$6.616\ 05\times10^{-2}$	$3.718\ 445\ 4\times10^{-2}$	$1.028\ 95\times10^{-7}$	$2.770\ 007\times10^{-29}$
400	$2.222\ 452\ 5\times10^{-2}$	$5.356\ 438\times10^{-2}$	$9.496\ 764\times10^{-5}$	$1.748\ 635\ 6\times10^{-21}$
450	$1.077\ 693\ 3\times10^{-3}$	$5.390\ 661\ 5\times10^{-2}$	$5.587\ 673\ 3\times10^{-3}$	$2.293\ 680\ 3\times10^{-15}$
500	$6.688\ 328\ 5\times10^{-6}$	$4.852\ 643\ 2\times10^{-2}$	$8.896\ 512\times10^{-3}$	$1.152\ 960\ 2\times10^{-10}$
550	$6.436\ 116\ 5\times10^{-9}$	$1.550\ 701\ 2\times10^{-2}$	$3.900\ 920\ 7\times10^{-2}$	$3.598\ 998\ 4\times10^{-7}$
600	$1.204\ 650\ 1\times10^{-12}$	$5.154\ 860\ 2\times10^{-3}$	$4.374\ 507\ 2\times10^{-2}$	$1.039\ 202\ 3\times10^{-4}$
650	$5.381\ 618\ 5\times10^{-17}$	$1.645\ 884\ 9\times10^{-4}$	$4.053\ 208\ 4\times10^{-2}$	$3.955\ 927\ 2\times10^{-3}$
700	$6.836\ 352\ 4\times10^{-22}$	$71.199\ 411\times10^{-6}$	$1.855\ 436\ 1\times10^{-2}$	$8.564\ 192\times10^{-3}$

保存步数	测点 9	测点 10	测点 11	测点 12
750	$2.863\ 289\ 7\times10^{-27}$	$2.232\ 456\ 9\times10^{-9}$	$5.066\ 611\times10^{-3}$	$6.219\ 812\ 65\times10^{-2}$
800	$4.480\ 857\ 4\times10^{-33}$	$0.199\ 275\ 2\times10^{-12}$	$1.605\ 611\ 2\times10^{-3}$	$3.291\ 878\ 8\times10^{-2}$
850	$3.081\ 339\times10^{-39}$	$2.085\ 197\ 8\times10^{-16}$	$5.552\ 966\ 8\times10^{-5}$	$3.148\ 566\ 1\times10^{-2}$
900	$1.949\ 640\ 6\times10^{-40}$	$1.300\ 882\ 5\times10^{-20}$	$6.445\ 852\ 7\times10^{-7}$	$1.538\ 944\ 5\times10^{-2}$
950	$1.949\ 640\ 6\times10^{-40}$	$3.190\ 932\ 7\times10^{-25}$	$2.670\ 998\ 5\times10^{-9}$	$9.960\ 933\times10^{-3}$
100 0	$1.949\ 640\ 6\times10^{-40}$	$3.336\ 672\ 9\times10^{-30}$	0	$4.451\ 645\ 1\times10^{-3}$

表 4-11　15%-风速 2 m/s-四测点-CO 浓度值

保存步数	测点 9	测点 10	测点 11	测点 12
0	0	0	0	0
50	$2.214\ 786\ 3\times10^{-17}$	0	0	0
100	$1.874\ 444\ 3\times10^{-6}$	$1.481\ 924\ 9\times10^{-30}$	0	0
150	$1.303\ 656\ 4\times10^{-2}$	$1.541\ 208\ 7\times10^{-17}$	0	0
200	$6.978\ 101\ 3\times10^{-2}$	$1.281\ 420\ 2\times10^{-9}$	$4.081\ 943\ 5\times10^{-38}$	0
250	$7.299\ 765\ 9\times10^{-2}$	$5.027\ 048\ 2\times10^{-5}$	$1.233\ 334\ 6\times10^{-26}$	0
300	$7.292\ 892\ 8\times10^{-2}$	$9.776\ 830\ 7\times10^{-3}$	$3.959\ 770\ 3\times10^{-18}$	$1.292\ 907\ 3\times10^{-38}$
350	$6.433\ 564\ 4\times10^{-2}$	$2.775\ 493\times10^{-2}$	$6.482\ 838\ 6\times10^{-12}$	$8.093\ 177\ 1\times10^{-29}$
400	$2.011\ 699\ 6\times10^{-2}$	$4.264\ 942\ 7\times10^{-2}$	$1.589\ 923\ 5\times10^{-7}$	$4.583\ 597\ 6\times10^{-21}$
450	$8.726\ 227\ 1\times10^{-4}$	$4.287\ 369\ 7\times10^{-2}$	$1.295\ 120\ 2\times10^{-4}$	$5.304\ 766\ 6\times10^{-15}$
500	$4.781\ 492\times10^{-6}$	$3.645\ 140\ 1\times10^{-2}$	$7.012\ 161\times10^{-4}$	$2.324\ 440\ 9\times10^{-10}$
550	$4.049\ 327\ 1\times10^{-9}$	$1.862\ 05\times10^{-3}$	$1.622\ 337\times10^{-3}$	$6.270\ 375\ 9\times10^{-7}$
600	$6.678\ 904\ 9\times10^{-13}$	$4.065\ 177\ 9\times10^{-3}$	$2.910\ 965\ 6\times10^{-2}$	$5.568\ 821\times10^{-5}$
650	$2.641\ 740\ 1\times10^{-17}$	$1.115\ 426\ 2\times10^{-4}$	$3.274\ 349\ 8\times10^{-2}$	$1.021\ 72\times10^{-4}$
700	$2.994\ 119\ 2\times10^{-22}$	$6.920\ 406\times10^{-7}$	$2.843\ 169\ 8\times10^{-2}$	$2.183\ 915\times10^{-3}$
750	$1.130\ 413\ 7\times10^{-27}$	$1.091\ 948\ 2\times10^{-9}$	$3.843\ 955\times10^{-3}$	$1.357\ 803\ 9\times10^{-2}$
800	$1.614\ 990\ 2\times10^{-33}$	$4.963\ 471\times10^{-13}$	$1.939\ 668\times10^{-3}$	$2.219\ 185\ 7\times10^{-2}$
850	$1.055\ 863\times10^{-39}$	$7.300\ 326\ 2\times10^{-17}$	$8.199\ 47\times10^{-4}$	$1.947\ 191\ 1\times10^{-2}$
900	$9.449\ 796\ 3\times10^{-41}$	$3.856\ 626\ 6\times10^{-21}$	$3.135\ 384\times10^{-5}$	$4.560\ 43\times10^{-4}$
950	$9.449\ 796\ 3\times10^{-41}$	$8.028\ 108\times10^{-26}$	$3.026\ 315\ 8\times10^{-7}$	$2.605\ 57\times10^{-4}$
100 0	$9.449\ 796\ 3\times10^{-41}$	$7.147\ 355\ 5\times10^{-31}$	$1.038\ 086\times10^{-9}$	$4.252\ 26\times10^{-5}$

　　根据表 4-10 和表 4-11 绘制图 4-91，模拟风速 1 m/s、2 m/s 下的毒气 CO 浓度分布曲线。

　　模拟风速 1 m/s、2 m/s 下的相同浓度毒气 CO 传播浓度分布曲线。可以看出：在 1 m/s 风速影响下测点 9 在 0.1 s 左右检测到 CO 浓度值，测点 10 在 0.24 s 左右开始检测到 CO 的浓度值，测点 11 在 0.45 s 左右开始检测到 CO 的浓度值，测点 12 在 0.6 s 左右开始检测到 CO 的浓度值；在 2 m/s 风速影响下测点 9 在 0.05 s 左右检测到 CO 浓度值，测点 10 在 0.18 s 左右开始检测到 CO 的浓度值，测点 11 在 0.38 s 左右开始检测到 CO 的浓度值，测点 12 在 0.55 s 左右开始检测到 CO 的浓度值，说明风速加快了 CO 的传播速度。

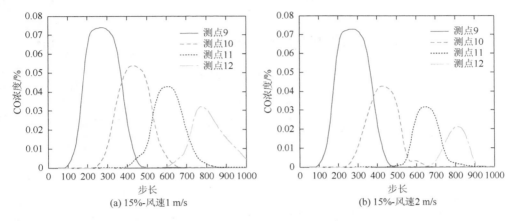

(a) 15%-风速1 m/s　　　　　　　　(b) 15%-风速2 m/s

图 4-91　不同风速 CO 变化曲线

　　1 m/s 风速影响下测点 9～12 变化规律都是先上升后下降，几乎呈现均匀变化的过程，2 m/s 风速影响下测点 9～12 衰减的趋势更加快速而且存在时间更短，测点 12 有很明显的衰减，几乎存在很短的一段时间就过去了。说明风速加快了 CO 的驻留时间，减少了集聚的时间从而减少井下从业人员接触 CO 的时间。

　　CO 浓度一定的情况下，风速越小，扩散传播越慢，有毒有害气体浓度越大；反之，扩散越快，浓度越小。可以看出，CO 浓度一定的情况下，风速越小，扩散传播越慢，毒害气体浓度越大；反之，扩散越快，浓度越小。

　　当井下发生或者遇到一定事故过程的情况下，除了能够快速地锁定出事的地点和严重程度情况，还可以根据井下的测量和监控的数值反馈，如果发现 CO 的大量集聚，这样是对井下工作人员有人身危害的信号，为了能够更好地减少 CO 对井下被困人员的危害，有必要对井下通风量加大，在加大通风量的情况下，从而快速减少 CO 的集聚时间，减少危害。

三、实验与模拟比较

　　通过对瓦斯在 4 m 管道内的瓦斯预混气体的密闭爆炸研究，模拟井下事故发生地点的点源，然后对非瓦斯燃烧区域内 CO 的传播规律和衰减的情况，通过对整个过程中的其他条件的分析，符合实际情况，有实际的参考意义。为了进一步分析 CO 传播的规律性，把模拟的数值和实验数值再次进行比较，相互验证。对瓦斯空气预混气体的爆炸进行数值模拟，管道内的温度和压力都随着时间的增加而增加，当爆炸结束后，整个管道的压力达到了最大值。这些与真实的物理现象吻合度较高。为了验证本书数值模拟的准确性，将数值模拟结果和实验的数据进行比较。

（一）4 m 直管道内瓦斯爆炸数值模拟的有效性

模拟结果与实验结果对比分析如表 4-12、图 4-92 所示。

表 4-12　模拟值和实验值的对比

瓦斯爆炸浓度/%	实验值/%	模拟数值/%	误差/%
7	0.151 958	0.18	−19
9	0.196 368	0.2	−18
11	1.085 645	1.23	−13
15	3.289 066	3.3	−7

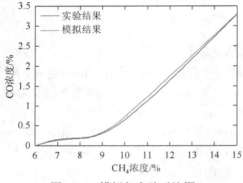

图 4-92　模拟与实验对比图

通过实验数据和模拟数据对比分析，实验数值明显与模拟数值有差别，模拟值明显高于实验数值，但属于可以接受的范围。产生模拟数值高于实验数值这种误差的主要原因：在实验的过程中，每次采集的 CO 浓度可能存在人工的采集误差和提取 CO 过程中的 CO 减少，而且 CO 本身的物理特性也可能存在误差，然后在数据读取阶段也可能产生读取数据相对不准确的读取误差；数值模拟是计算机的模拟，是在计算机的模型中进行完美化的模拟过程，在模拟过程考虑的问题和边界条件都相对理想化，不可能完全达到实际的工作环境和完全考虑全部的影响因素，所以模拟的理想化与完美化导致模拟的数值高于实验值和现实的情况。但整体的误差较小，符合规律，可以参照研究，验证了实验的有效性。

（二）20.9 m 管道内 CO 传播数值模拟的有效性

风速为 1 m/s 条件下各 CO 体积浓度实验图形如图 4-93 所示。

风速 1 m/s 时各 CO 质量浓度模拟图形如图 4-94 所示。

通过比较实验图形与模拟图形可知，实验图形的变化趋势没有模拟图形那么工整和对称性好，因为在实验过程中存在实验气体挥发和传播过程的衰减；而模拟则是在一个相对比较规整和理想化的情况下进行的。但是，整体都符合 CO 的传播运动特性，都能反映出 CO 的衰减和传播的规律。

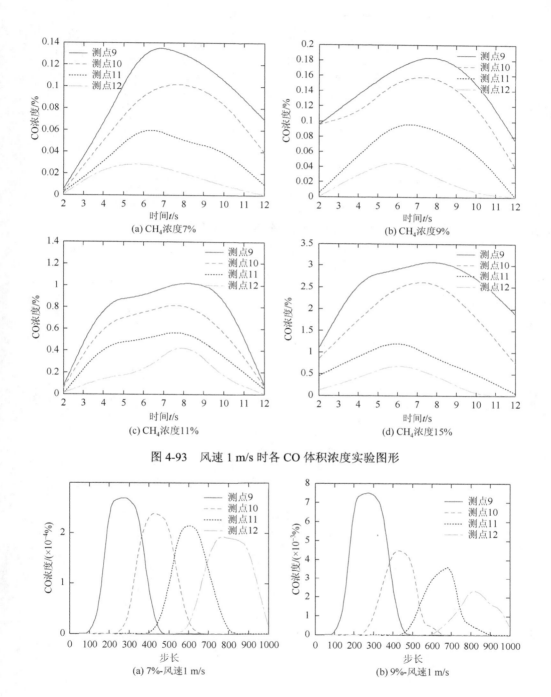

(a) CH$_4$浓度7%

(b) CH$_4$浓度9%

(c) CH$_4$浓度11%

(d) CH$_4$浓度15%

图 4-93　风速 1 m/s 时各 CO 体积浓度实验图形

(a) 7%-风速1 m/s

(b) 9%-风速1 m/s

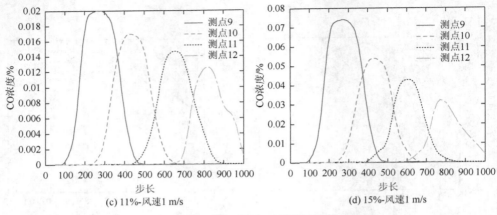

(c) 11%-风速1 m/s　　　　　　　　　(d) 15%-风速1 m/s

图 4-94　风速 1 m/s 时各 CO 质量浓度模拟图形

第五章　瓦斯爆炸伤害模型研究

矿井瓦斯爆炸是煤矿重大恶性事故之一。一旦发生，不仅严重摧毁矿井设施、中断生产，有时还会引起煤尘爆炸、矿井火灾、井巷垮塌和顶板冒顶等二次灾害事故，造成大量的人员伤亡和财产损失。一般而言，瓦斯爆炸会产生 3 个致命的后续变化：火焰锋面、冲击波和大量的有毒有害气体。其中，冲击波在正向传播时，其波峰的压力在数万帕到数万兆帕范围内变化，当正向冲击波叠加反射时，可形成高达 10 MPa 的压力。通常描述冲击波强弱的参数有峰值超压、正压区作用时间和冲量。瓦斯爆炸的冲击波和火焰极易引起巷道沉积的煤尘参与爆炸，能量叠加的结果形成强爆炸，造成大量设备破坏和人员伤亡。

第一节　瓦斯爆炸冲击波伤害模型研究

一、冲击波伤害、破坏准则

目前常见的冲击波伤害、破坏准则有超压准则、冲量准则和超压-冲量准则。

（一）超压准则

超压准则认为：爆炸波是否对目标造成伤害由爆炸波超压唯一决定，只有当冲击波超压到达或超过一定的值时，才会对目标造成一定的伤害作用。否则，爆炸波不会对目标造成破坏或损伤。超压准则的适用范围如式（5-1）所示。

$$\omega T_+ > 40 \qquad (5\text{-}1)$$

其中，ω 为目标相应角频率，s^{-1}；T_+ 为冲击波正相持续时间，s。

瓦斯爆炸事故冲击波超压与人员伤害资料如表 5-1 所示。瓦斯爆炸事故冲击波超压与井下设施破坏程度与超压的关系如表 5-2 所示。

表 5-1　人员伤害与超压的关系

超压值/MPa	伤害等级	伤害情况
0.02～0.03	轻微	轻微挫伤
0.03～0.05	中等	中等损伤，耳鼓膜损伤，骨折，听觉器官损伤
0.05～0.1	严重	内脏器官严重损伤，可引起死亡
>0.1	极严重	大部分人员死亡

表 5-2　井下设备破坏程度与超压的关系

超压/MPa	结构类型	破坏特征
0.1～0.13	直径 14～16 cm 木梁	因弯曲而破坏
0.14～0.21	厚 24～36 cm 砖墙	充分破坏
0.15～0.35	风管	因支撑折断而变形
0.35～0.42	电线	折断
0.4～0.6	重 1 t 的风机、绞车	脱离基础，位移、翻倒，遭破坏
0.4～0.75	侧面朝爆心的车厢	脱轨、车厢和厢架变形
0.49～0.56	厚 24～37 cm 混泥墙	强烈变形，形成大裂缝而脱落
1.4～1.7	尾部朝爆心的车厢	脱轨、车厢和厢架变形
1.4～2.5	提升机械	翻倒、部分变形、零件破坏
2.8～3.5	厚 25 cm 钢筋混泥墙	强烈变形，形成大裂缝而脱落

超压准则应用比较广泛，但其有它自身的缺点，该准则忽视了超压持续的时间这一主要因素。实验研究和理论分析都表明，同样的超压值，如果持续时间不同，其伤害效应也不相同。

（二）冲量准则

由于伤害效应不但取决于冲击波超压，而且还与超压持续时间直接相关，于是有人建议以冲量作为衡量冲击波伤害效应的参数，这就是冲量准则。冲量准则的定义如式（5-2）所示：

$$i_s = \int_0^{T_+} P_s(t) d_t \tag{5-2}$$

其中，i_s 为冲量，$Pa \cdot S$；P_s 为超压，Pa。

冲量准则认为，只有当作用于目标的冲击波冲量 i_s 达到某一临界值时，才会引起目标相应等级的伤害。由于该准则在考虑超压的同时，将超压作用时间及其波形也考虑了，较之超压准则全面些。但该准则同样也存在一个缺点就是它忽略了要对目标构成破坏作用，如果其超压不能够到达某一临界值，无论其超压作用时间与冲量多大，目标也不会受到伤害。冲量准则的适用范围如式（5-3）所示：

$$\omega T_+ < 0.4 \tag{5-3}$$

其中，ω、T_+ 含义同前述。

（三）超压-冲量准则

超压-冲量准则是美国 20 世纪 70 年代研究形成的伤害模型。该准则认为伤害效应由超压 P_s 与冲量 i_s 共同决定。它们的不同组合如果满足如下条件可以产生相同的伤害效应，如式（5-4）所示：

$$(P_s - P_{cr}) \times (i_s - i_{cr}) = C \tag{5-4}$$

其中，P_{cr} 为目标伤害的临界超压值；i_{cr} 为临界冲量值；C 为常数，与目标性质和伤害等级有关。

二、爆炸波对人的直接伤害

爆炸波对人的直接伤害是指爆炸产生的爆炸波直接作用于人体而引起的人员伤亡。White 认为，人和哺乳动物对入射超压、反射超压、动态超压、最大超压上升时间和爆炸波持续时间十分敏感。冲量也是影响伤害程度的重要因素。除了上述爆炸波特性参数外，影响伤害程度的因素还有环境压力、动物类型、体重、年龄与爆炸波的相对方位等。研究表明，人体中相邻组织密度差最大的部位最易遭受爆炸波的直接伤害。对人而言，肺是最易遭受爆炸波直接伤害的致命器官，耳则是最易遭受爆炸波直接伤害的非致命器官。肺遭受伤害的生理-病理效应多种多样，如肺出血、肺气肿、肺活量减小等，严重时导致死亡；耳遭受伤害的结果是听力暂时或永久性丧失。因此，考虑爆炸波的伤害可以从考虑肺伤害和耳伤害入手。

（一）爆炸波对肺的伤害

在研究爆炸波对肺的伤害时，不同研究人员的研究思路和使用的伤害准则不尽相同。下面介绍文献中出现的两种肺伤害模型，并通过数值计算和回归分析，推导肺伤害致死半径的具体计算公式。

1. 肺伤害模型一

1990 年，Pietersen 提出了一个估计肺伤害致死半径的初步设想。以下的算法是对该设想的完善和具体实现。将爆炸近似看成点源爆炸，此时超压和冲量的计算式如式（5-5）～式（5-7）所示。

$$\overline{\Delta P_s} = 1 + 0.1567\overline{R_s}^{-3}, \ \Delta P_s > 5 \ \text{atm} \tag{5-5}$$

$$\Delta P_s = 0.137\overline{R_s}^{-3} + 0.019\overline{R_s}^{-2} + 0.269\overline{R_s}^{-1} - 0.019, \ 0.1 \ \text{atm} < \Delta P_s < 10 \ \text{atm} \tag{5-6}$$

$$\overline{i_s} = 0.043\overline{R_s}^{-1}, \ \Delta P_s < 2 \ \text{atm} \tag{5-7}$$

计算爆炸产生的爆炸波超压 ΔP_s 和冲量 i_s。由于是地面爆炸，上式中爆源能量应取实际爆源能量的 1.8 倍。

为了反映人体所处方位和环境对伤害程度的影响，分如下三种情况对超压进行修正。

1）人躺在平整的地面上，身高方向与冲击波传播方向平行，周围无障碍物。这是人体最安全的暴露情形，作用于人体的超压等于入射超压，即 $P = P_s$。

2）人垂直站在或躺在平整地面上，冲击波传播方向与身高方向垂直，周围无障碍物。这是最常见的情形，作用于人体的超压为

$$P = P_s + 5P_s^2(2P_s + 14 \times 10^5)$$

3）人体垂直站在或躺在平整地面上，冲击波传播方向与身高方向垂直，附近

有垂直障碍物。这是最危险的暴露情形，作用于人体的超压如式（5-8）所示：

$$P = (8P_s^2 + 14P_s \times 10^5)/(P_s + 7 \times 10^5) \tag{5-8}$$

超压比 $\overline{P_s}$ 计算如式（5-9）所示：

$$\overline{P_s} = P / P_0 \tag{5-9}$$

冲量比 $\overline{i_s}$ 计算如式（5-10）所示：

$$\overline{i_s} = i_s / (P_0^{1/2} m^{1/3}) \tag{5-10}$$

其中，m 为人体质量，kg；P_0 为环境压力，Pa。

基于肺伤害人员 50%死亡半径如式（5-11）所示：

$$4.2 / \overline{P_s} + 1.3 / \overline{i_s} = 1 \tag{5-11}$$

其中，$\overline{P_s}$、$\overline{i_s}$ 均为距离的函数，用迭代法求解可得到死亡半径。

2. 肺伤害模型二

Baker 和 Cox 等根据 Lovelace 基金会研究人员的研究成果，推导了基于肺伤害的人员死亡率曲线。现对其中的 50%死亡率曲线进行拟合，如式（5-12）所示：

$$(\overline{\Delta P_s} - 2.4)(\overline{i_s} - 0.34)^{1.09} = 1.064 \tag{5-12}$$

其中，$\overline{P_s}$、$\overline{i_s}$ 均为距离的函数，用迭代法求解可得到死亡半径。

（二）爆炸波对耳的伤害

人耳是最易遭受爆炸波伤害的非致命器官。遗憾的是，人们对爆炸波伤害耳的研究远不如对伤害肺的研究深入，而且不同研究人员得出的结果相差很大。例如，Eisenberg 认为入射超压只需要 44 kPa 即可造成 50%耳鼓膜破裂，而 Hirsch 则认为，入射超压耳鼓膜破裂只有达到 103 kPa 时才能引起 50%耳鼓膜破裂。

（三）对整个身体位移时的撞击伤害

整个身体位移时的撞击伤害是指人体在爆炸波超压和爆炸气流的作用下，被抛入空中并发生位移，在飞行中与其他物体发生撞击，从而受到的伤害。这种伤害既可在加速阶段发生，又可在减速阶段发生，但在后一种情况下，伤害往往更严重。减速撞击伤害程度由撞击前后速度变化、撞击时间、距离、被撞击表面的类型、性质、被撞击的人体部位和撞击面积等因素决定。头部是最容易遭受机械伤害的致命部位。在减速撞击过程中，除了头部伤害以外，其他致命的内部器官也可能遭到伤害，或发生骨折。应该指出，被撞击的人体部位是随机的。下面讨论有代表性的头部撞击（头朝前）致死距离和整个身体随机撞击致死距离的预测方法。

假设撞击发生在减速阶段，被撞击面为刚性表面。White 据此推导出，头部撞击死亡概率为 50%时所需要的撞击速度为 5.49 m/s，整个身体撞击导致 50%死亡概率所需的撞击速度为 16.46 m/s。Baker 和 Cox 等假设人体在空气动力学上近似为圆柱体，长径比为 5.5，空气阻力系数取 1.3，环境压力取 101 350 Pa，环境声速取 340.29 m/s。由此推导出头部撞击 50%死亡概率曲线和身体撞击 50%死亡率曲线。对这两条曲线进行拟合，如式（5-13）和式（5-14）所示。

　　头部撞击：

$$\Delta P_s = 77.2 \bar{i_s}^{-0.9942} \tag{5-13}$$

　　身体撞击：

$$\Delta P_s = 209.4 \bar{i_s}^{-1.0068} \tag{5-14}$$

其中，ΔP_s 为撞击死亡所需的超压，Pa；$\bar{i_s} = i_s / m^{1/3}$ 为撞击死亡所需的比例冲量，$kPa \cdot s / kg^{1/3}$。

三、理想化情况井下瓦斯爆炸冲击波伤害的三区划分

（一）TNT 当量法

　　很长时间以来，人们一直对高能炸药爆炸产生的爆炸波效应很感兴趣，积累了大量的 TNT 炸药与目标破坏程度之间关系的实验数据。因此，人们自然而然地使用当量 TNT 质量来描述爆炸事故的威力。如果某次爆炸事故造成的破坏状况与 x kg TNT 爆炸造成的破坏状况相当，人们就称该次爆炸事故的威力相当于 x kg 当量 TNT 爆炸。

　　长期以来，许多公司和研究人员使用当量 TNT 质量的概念，开发了各具特色的方法来进行蒸气云爆炸事故的危险性评价。其中一种方法是为保险公司开发的。该方法简单易行，但没有考虑蒸气云爆炸前燃料的泄漏和扩散情况。它假设一定百分数的泄漏燃料参与了蒸气云爆炸事故，对形成爆炸波有实际贡献，并以当量 TNT 质量来描述蒸气云爆炸的威力，如式（5-15）所示：

$$W_{TNT} = \alpha W_f Q_f / Q_{TNT} \tag{5-15}$$

其中，W_{TNT} 为蒸气云爆炸的当量 TNT 质量，kg；α 为参与蒸气云爆炸并对爆炸波的产生有实际贡献的燃料占泄漏燃料的比例；W_f 为泄漏到空气中的燃料质量，kg；Q_f 为参与蒸气云爆炸的燃料的燃烧热，mJ/kg；Q_{TNT} 为 TNT 爆热，一般取值为 4.12～4.69 mJ/kg。

　　蒸气云爆炸事故统计资料表明，式（5-15）中 α 的取值一般为 0.02%～15.9%。在 50%的蒸气云爆炸事故中，$\alpha \leqslant 3\%$；在 60%的蒸气云爆炸事故中，$\alpha \leqslant 4\%$；在 97%的蒸气云爆炸事故中，$\alpha \leqslant 10\%$，α 的平均值则为 4%。

　　TNT 当量法由于具有简单易行的优点，因此，在蒸气云爆炸机理被认识之前，

使用 TNT 当量法来预测蒸气云爆炸的作用是完全可以理解的，也是十分必要的。但是，随着人们对蒸气云爆炸研究的深入，对其爆炸机理的了解也逐渐加深，人们发现 TNT 当量法尽管简单易行，但存在很多缺陷，具体包括如下内容。

1）高能物质爆炸和气体爆炸产生的爆炸波具有不同的特征。TNN 爆炸的爆炸波静态超压和动态超压等参数与蒸气云爆炸的爆炸波静态超压和动态超压等参数完全不同。所谓动态超压是指爆炸波动态压力与环境压力之差，而动态压力是指爆炸波冲击阵面后粒子速度的平方与爆炸波冲击阵面后介质密度乘积的一半。因此，很难估计 TNT 当量法设计出能够耐蒸气云爆炸的建筑结构。

2）在超压大于 30 kPa 的爆炸近场，TNN 当量法高估了蒸气云爆炸产生的超压；在超压小于 30 kPa 的爆炸远场，由于蒸气云爆炸产生的超压衰减较慢，使用 TNT 当量法低估了蒸气云爆炸的爆炸波效应。

3）测试结果表明，无约束、静止的蒸气云爆炸不产生显著的超压；而 TNT 当量法预测的结果是，即使是完全无约束、静止的蒸气云爆炸也产生显著的超压。约束和湍流程度不同对 TNT 当量法的预测结果影响很小。

4）参与蒸气云爆炸的燃料占泄漏燃料百分数没有明确定义，可变性太大。

尽管有以上这些缺陷，但由于 TNT 当量法只需假设燃料泄漏量和参与爆炸的燃料百分数，使用起来十分简单。因此，目前仍被广泛使用，尤其是在保险行业，因为保险公司在确定保险金额时，主要依据蒸气云爆炸的平均损失，而 TNT 当量法中的燃料百分数 $\alpha = 4\%$ 正是大量蒸气云爆炸事故的统计结果。

（二）模型建立

采用 TNT 当量法估计蒸气云爆炸事故的严重度，若某次事故造成的破坏状况与 x kg TNT 爆炸事故造成的破坏状况相当，则称此次爆炸的威力为 x kg TNT 当量。TNT 当量与云团中的燃料总质量有关，如式（5-16）所示：

$$W_{TNT} = \alpha W_f Q_f / Q_{TNT} \tag{5-16}$$

其中，W_{TNT} 为蒸气云的 TNT 当量，kg；α 为蒸气云的 TNT 当量系数，取 4%；W_f 为蒸气云中燃料的总质量，kg；Q_f 为燃料的燃烧热，kJ/kg（煤气为 22 545 kJ/kg）；Q_{TNT} 为 TNT 的爆热，其值为 4520 kJ/kg。

按照超压-冲量准则，可确定其相应的事故半径。

1）死亡区：该区内的人员如缺少防护，则被认为将无例外地蒙受严重伤害或死亡。死亡半径 r_1（死亡半径是指人在冲击波作用下导致的肺出血而死亡的概率 50%的半径）如式（5-17）所示：

$$r_1 = 13.6 \left(\frac{W_{TNT}}{1000} \right)^{0.37} \tag{5-17}$$

2）重伤区：该区内的人员若缺少防护，则绝大多数人员将遭受严重伤害，极少数人可能死亡或受轻伤。

重伤半径 r_2（重伤半径是指人在冲击波作用下耳鼓膜 50% 破裂半径）如式（5-18）所示：

$$\Delta P = 0.137Z^{-3} + 0.119Z^{-2} + 0.269Z^{-1} - 0.091 \qquad (5\text{-}18)$$

其中，ΔP 为冲击波超压，Pa；$Z = r\left(\dfrac{P_0}{E}\right)^{1/3}$，$r$ 为距离爆炸源的水平距离，m；P_0 为标准大气压，Pa，其值为 101 300 Pa；E 为爆炸总能量，kJ，$E = \alpha Q_f W_f$。

式（5-18）左边的 ΔP 等于导致重伤的冲击波超压 44 000 Pa，此时对应的距离即为所求的重伤半径，如式（5-19）所示：

$$\frac{44\,000}{P_0} = 0.137\left(\frac{0.2819r_2}{W_{\text{TNT}}^{1/3}}\right)^{-3} + 0.119\left(\frac{0.2819r_2}{W_{\text{TNT}}^{1/3}}\right)^{-2} + 0.269\left(\frac{0.2819r_2}{W_{\text{TNT}}^{1/3}}\right)^{-1} - 0.091 \quad (5\text{-}19)$$

3）轻伤区：该区内的人员若缺少防护，则绝大多数人员将遭受轻微伤害，少数人受重伤或平安无事，死亡的可能性极小。

轻伤半径（轻伤半径是指在冲击波作用下耳鼓膜 1% 破裂半径）如式（5-20）所示：

$$\Delta P = 0.137Z^{-3} + 0.119Z^{-2} + 0.269Z^{-1} - 0.091 \qquad (5\text{-}20)$$

式中的 ΔP、Z 及 P_0 与重伤半径中的意义算法相同，有所不同的是，式子左边的 ΔP 等于导致轻伤的冲击波超压 17 000 Pa，对应的距离即为所求的轻伤半径，如式（5-21）所示：

$$\frac{17\,000}{P_0} = 0.137\left(\frac{0.2819r_2}{W_{\text{TNT}}^{1/3}}\right)^{-3} + 0.119\left(\frac{0.2819r_2}{W_{\text{TNT}}^{1/3}}\right)^{-2} + 0.269\left(\frac{0.2819r_2}{W_{\text{TNT}}^{1/3}}\right)^{-1} - 0.091 \quad (5\text{-}21)$$

由于上述式子是蒸气云爆炸的伤害距离公式，而井下巷道中瓦斯爆炸比较复杂，鉴于此，必须对蒸气云爆炸事故中燃料质量的 TNT 当量转变为井巷中积聚瓦斯的 TNT 当量。

假设在井巷中积聚瓦斯的 TNT 当量质量为 W，井巷的平均截面积为 S，而在蒸气云爆炸时相应的 TNT 当量质量为 W_{TNT}，距爆心距离 R 处的球面积为 $4\pi R^2$，根据能量相似律，当超压相等时如式（5-22）所示：

$$W_{\text{TNT}} = \frac{2\pi R^2}{S}W \qquad (5\text{-}22)$$

瓦斯量 V_{CH_4} 转化为 TNT 当量质量 W 的计算公式如式（5-23）所示：

$$W = \frac{n\xi Q_{\text{C}}\rho V_{\text{CH}_4}}{Q_{\text{T}}} = 1.049V_{\text{CH}_4}\,(\text{kg}) \qquad (5\text{-}23)$$

其中，TNT 转化率 $n = 0.2$；爆炸系数 $\xi = 0.6$；TNT 在爆轰时发热量 $Q_T = 4520\,\text{kJ/kg}$；瓦斯在爆轰时发热量 $Q_C = 55.164\,\text{mJ/kg}$；瓦斯的密度 $\rho = 0.716\,\text{kg/m}^3$；$V_{CH_4}$ 为参与爆炸的瓦斯体积量，m^3。

联立式（5-21）～式（5-23）并将 Q_f、Q_{TNT} 值代入可得

$$W_{TNT} = 2.4656 R^2 V / S \tag{5-24}$$

将式（5-24）及 $P_0 = 101\,300\,\text{Pa}$ 代入死亡半径公式（5-17）、重伤公式（5-18）和轻伤公式（5-21）中，整理化简可得适合井下巷道的瓦斯爆炸伤害距离公式。

死亡半径：

$$r_1 = 4.449 \left(\frac{V}{S} \right)^{1.423} \tag{5-25}$$

重伤半径：

$$r_2 = 110.06 \frac{V}{S} \tag{5-26}$$

轻伤半径：

$$r_3 = 414.26 \frac{V}{S} \tag{5-27}$$

由于井下瓦斯爆炸的爆炸环境不同于空气中的无约束爆炸，在井下巷道中爆炸，空气冲击波只是沿着巷道的风向传播，相当于在以巷道截面积为面积的不规则的柱体中传播，而不是四面八方的传播，因而这种情况下的冲击波超压，相对同样距离上无限空间的爆炸冲击波要大得多。下面将从能量的相似律和能量的守恒律来考虑在井下巷道壁的摩擦而损失相当的能量。为了简化问题，在此所求的当量质量是通过对井巷假设为钢性体，即冲击波在巷道上的反射为 100%。

井下巷道中的瓦斯爆炸不同于在自由面中的爆炸。由于在空气中是自由爆炸的，冲击波是四面八方传播的，而在矿井巷道中爆炸时，只是沿着巷道的方向传播。因而在巷道中的爆炸冲击波超压，比同样距离上无限空间爆炸时冲击波要大得多。

假设在井巷中积聚瓦斯的 TNT 当量质量为 ω，井巷的平均截面积为 S，而在空中爆炸时相应的 TNT 当量质量为 ω'，距爆心距离 R 处的球面积为 $4\pi R^2$，根据能量相似律，当超压相等时，如式（5-28）和式（5-29）所示：

$$\frac{\omega}{2S} = \frac{\omega'}{4\pi R^2} \tag{5-28}$$

$$\omega' = \frac{2\pi R^2}{S} \omega \tag{5-29}$$

由于对井下瓦斯爆炸的反应程度还不是太清楚，在此将结合对二者之间的转换关系来对瓦斯进行当量转换。瓦斯当量转化为 TNT 药量 ω 的计算公式，根据瓦斯爆炸在标准状态下与在爆轰状态下的差别，修正为适于本书中爆轰时的计算公

式，如式（5-30）所示：

$$\omega = \frac{n\xi Q_\text{C} \rho V_{\text{CH}_4}}{Q_\text{T}} = 1.049 V_{\text{CH}_4} \text{ (kg)} \tag{5-30}$$

其中，TNT 转化率 $n = 0.2$；爆炸系数 $\xi = 0.6$；TNT 在爆轰时发热量 $Q_\text{T} = 4520 \text{ kJ/kg}$；瓦斯在爆轰时发热量 $Q_\text{C} = 55.164 \text{ mJ/kg}$；瓦斯的密度 $\rho = 0.716 \text{ kg/m}^3$；$V_{\text{CH}_4}$ 为参与爆炸的瓦斯体积量，m^3。

1 m^3 瓦斯转化为 TNT 当量质量的数值为 1.0582 kg，这两个数值相当，故上面的计算公式是正确的、可靠的。

从伤害距离计算公式可以得出，死亡距离 R 随着积聚瓦斯体积 V 的增大而变大，随着巷道面积 S 的增大而减少，这基本与实际情况吻合。对计算结果进行分析可以发现，死亡距离 R 随着巷道面积 S 的增大而减小，且减小的程度基本与实际情况相吻合。但死亡距离随着积聚的瓦斯体积的增大而增大的程度，与实际情况有一定的差异。通过对矿山井下生产实际情况的深入分析，并对井下瓦斯爆炸时瓦斯积聚情况的分析，这主要是由于原计算公式是从蒸气云爆炸中得出的。蒸气云的积聚程度相对于井下瓦斯的积聚情况要好得多，而井下瓦斯爆炸时的瓦斯积聚情况则不像蒸气云那样集中。井下瓦斯爆炸时，积聚的瓦斯主要为局部瓦斯，积聚占参与爆炸的瓦斯的百分数相对较低，即爆炸瓦斯为沿着某一段巷道而相对浓度较高的瓦斯。因此，可以说，爆炸瓦斯是沿着巷道分布的，而不是集中在一个地方的。对参与爆炸反应的瓦斯体积 V 值较大的情况而言，可以认为它是沿着巷道分布的小量瓦斯的积聚参与爆炸反应。这样，按照小量瓦斯计算距离的叠加，所得出的距离相对于大量瓦斯集中情况下的距离要大得多，也与实际情况较为吻合。因此，要得出相对合理的计算公式，需要对其参与爆炸反应的瓦斯体积加以修正，以得出与实际情况较为吻合的计算公式。

在参与爆炸反应的瓦斯体积计算中，由于瓦斯爆炸是瞬时性的。因此，一般以瓦斯爆炸反应浓度下，某段巷道中每分钟的需风量乘以爆炸反应浓度所得出的量为准。在此，根据最大危险性原则，将以瓦斯爆炸反应最为剧烈的浓度 9% 为准进行计算。由此可以发现，在井下一次性爆炸的瓦斯体积一般都不会超过 200 m^3（除如果在爆炸过程中，煤层中的瓦斯又涌出参与反应，而发生连续性的瓦斯爆炸外）。

通过对井下瓦斯爆炸事故的大量研究，可以从两个方面入手来对井下瓦斯爆炸冲击波所造成的重伤和轻伤距离进行计算。依据伤害准则的选取，即对重伤和轻伤距离的计算选取超压准则，通过气体或蒸气云爆炸所得出的有关超压的计算公式来进行计算。

根据蒸气云爆炸超压的计算公式来对井下巷道中的瓦斯爆炸冲击波进行计算。同时，其各项参数将受到井下环境影响，如井下巷道的断面变化（变小与变大）、巷道分岔变化及巷道中障碍物与巷道弯度等的影响。所谓理想化的，是不考虑在巷道中存在上述条件下的影响,巷道中瓦斯的积聚情况良好,即瓦斯爆炸是一种面性爆炸。同时,由于在瓦斯体积转化为 TNT 炸药质量时,已对瓦斯的分布状态予以一定的考虑。利用蒸气云爆炸公式来对瓦斯爆炸时的超压进行计算,如式(5-31)所示:

$$\ln(P_s / P_0) = -0.9126 - 1.5058\ln R' + 0.1675\ln^2 R' - 0.0320\ln^3 R' \qquad (5-31)$$

其中,P_s 为冲击波正向最大超压;P_0 为大气压力;E_0 为爆源总能量,J;R' 为无量纲距离。

$$E_0 = WQ_C \qquad (5-32)$$
$$R' = R / (E_0 / P_0)^{1/3} \qquad (5-33)$$

其中,W 为气体中对爆炸冲击波有实际贡献的燃料质量;Q_C 为燃料的燃烧热;R 为目标到气体中心的距离,即到爆源中心的距离。

　　井下瓦斯爆炸当量质量的修正公式与瓦斯量 V_{CH_4} 转化为 TNT 炸药量 ω 的计算公式同死亡距离的计算修正公式。

　　上述公式的超压计算是针对爆炸发生在巷道中间时,即冲击波可以向两端进行传播,但若在盲巷中发生爆炸,则 S 应取 1/2 为准进行计算。

　　死亡超压值的确定,根据文献[39,40],只要超压达到 0.3 MPa,即可认为达到了死亡的临界值。对重伤距离和轻伤距离的计算是远距离的计算,而此时的冲击波已经相对较弱,尤其是对于轻伤距离的计算。同时根据文献[22,52]可知,冲击波单次作用于人体所造成轻伤、中度和重伤所需要的超压值分别是 65 kPa、114 kPa、182 kPa,连续 20 次和 60 次作用于人体的时候,所需的冲击波超压值分别是 65.0 kPa、44.82 kPa、39.64 kPa。由此可见,对于耳鼓膜 50%破裂和 1%破裂所需的超压分别为 44 kPa 和 17 kPa 的冲击波造成人员重伤和轻伤的判断依据有些保守。根据井下瓦斯爆炸事故冲击波作用应该是属于连续性作用,以连续 20 次作用造成重伤和轻伤值 69 kPa 和 37 kPa 为准进行计算。

　　利用 Matlab 对上述数据进行处理,可以得出其计算图形并推导出重伤距离计算公式,其计算公式如下

$$R = 106.8 \times (V / S) \qquad (5-34)$$

轻伤距离公式:

$$R = 355.4 \times (V / S) \qquad (5-35)$$

第二节　瓦斯爆炸火球热辐射伤害模型研究

　　在研究瓦斯爆炸对人员伤害的过程中,尽管冲击波伤害效应是最重要的,但是高温灼伤也是一个不能忽略的因素。瓦斯爆炸不同于炸药爆炸,炸药爆炸可以看作是理想的点源爆炸,能量释放是瞬时的,且爆源的尺寸与爆炸的影响范围相比表征为一个点。瓦斯爆炸则不同,混合瓦斯气体特征尺寸与火焰锋面可以达到

的最远距离相比是不能忽略的，有时甚至为同一数量级。这一点得到证实，瓦斯爆炸火焰区长度是瓦斯积聚区长度的 3～6 倍。Baker、Cox、Westine、Kulesz、Strehlow 讨论过爆炸火球热辐射的传播规律，其火球热辐射传播公式不准确，宇德明博士进行了修正。总的说来，爆炸火球的成长、火球热辐射的传播和造成伤害的判断依据这些课题还没有得到充分的研究，因而只有很少的参考资料可供利用。本章通过对井下瓦斯爆炸事故进行适当的假设，并在遵循一定基本原则的基础上，只讨论瓦斯爆炸火球模型和火球热辐射传播规律，推导火球的伤害距离，进而划分"三区"。

一、建立瓦斯爆炸事故伤害及破坏模型的基本原则

任何评价工作都必须遵循一定的原则，在建立瓦斯爆炸事故的伤害及破坏模型过程中，以前面所述的 9 项危险源评价基本原则作为瓦斯爆炸事故的基本原则（系统性原则、客观性原则、可行性原则、最大危险原则、概率求和原则、可比性原则、科学性原则、适用性原则、综合性原则）。

（一）系统性原则

为了比较准确地预测瓦斯爆炸事故严重度，本书将以系统工程的基本思想为指导，根据矿井气体的性质和所处的环境，全面分析瓦斯爆炸可能发生的事故形态，每种事故形态的可能伤害机理和伤害准则，比较不同事故形态和不同伤害机理的相对重要性。在此基础上，建立爆炸事故的伤害模型，并建立各种伤害机理下的三区划分。从而最大限度地保证伤害模型的质量合理性。

（二）客观性原则

要求爆炸事故伤害模型的每个公式和参数都有可靠的理论或实验报告。这里的实验依据既包括前人或他人的实验结果，又包括从火灾、爆炸事故案例中归纳的统计结果。

（三）可行性原则

爆炸事故是非常复杂的物理现象，爆炸事故严重度受许多随机因素，如事故发生的时间、地点、环境和事故发生后人们采取的行动等的影响。同时，就目前的科学技术水平而言，人类对爆炸事故发生的原因、过程和破坏规律的认识仍然有限。因此，为了预测爆炸事故严重度，在建立爆炸事故伤害模型时，必须做一些假设。例如，假设伤害区域内的目标全部伤害、区域之外的目标全部无伤害等，否则，爆炸事故伤害模型必然过于复杂，难以理解和推广应用，或者根本无法建立起爆炸事故的伤害模型。

（四）最大危险原则

最大危险原则有两方面的含义：一方面，如果危险源具有多种事故形态，且它们的后果相差悬殊，在预测瓦斯爆炸事故严重度时，按后果严重的事故形态考虑；另一方面，如果某种事故形态有多种伤害形式，按照最大危险原则，预测事故后果也只考虑最主要的伤害形式。

（五）概率求和原则

该原则是指如果危险源具有多种事故形态，且它们的事故后果相差不太悬殊，则按照统计平均原理估计总的事故严重度。$S = \sum_{I=1}^{N}(P_1 \times S_1)$，其中，$S$ 为危险源总的事故严重度；P_1 为第 1 种事故形态发生的概率；S_1 为第 1 种事故形态的严重度；N 为事故形态的个数。

（六）可比性原则

不同的易燃、易爆危险源有不同的爆炸事故形态。爆炸事故的后果计算也多种多样，如人员伤亡、重伤、轻伤和财产损失，目的是为了比较不同易燃、易爆危险源的相对危险性。

（七）科学性原则

科学的任务是揭示事物发展的客观规律，探求客观真理，作为人们改造世界和进一步认识世界的指南。系统安全分析和评价的方法，也必须反应客观实际，即确实能辨识出系统中存在的所有危险。应该承认，许多危险是能够凭经验或知识辨识出来的，但也有一些潜在很深的危险不易被发现，这有现有技术水平的制约，也有人们认识观的影响，评价的结论做到尽量符合实际情况。因此就必须找出充分的理论和实践依据，以保障方法的科学性。

（八）适用性原则

系统分析和评价方法适合企业的具体情况，即具有可操作性。方法要简单、结论要明确、效果要显著，这样才能被人们接受。一些假定的不确定因素过多，计算复杂，貌似艰深而难于理解应用的方法是不可取的。

（九）综合性原则

系统安全分析和评价的对象千差万别，涉及企业的人员、设备、物料、法规、环境的各个方面，不可能用单一的方法完成任务。例如，对待新设计的项目和现有的生产项目就有区别，前者多半属于静态的分析评价，后者则应考虑动态的情况。又如，对危险过程的控制和伤亡数字的目标控制，在方法上也有所不同。所以，在评价时一般需要采用多种评价方法，取长补短。

二、瓦斯爆炸事故伤害和破坏模型建立的基本假设

瓦斯爆炸事故是非常复杂的过程，到目前为止，人们对矿山瓦斯爆炸事故的发生过程、破坏规律和伤害度的认识还十分有限，对有些问题的认识还在发展之中。同时，井下环境具有复杂性和瓦斯爆炸事故的短暂性、严重性、难观察性。因此，为了建立既合理可靠、又简单实用的瓦斯爆炸事故的伤害模型，必须对矿山瓦斯爆炸事故做一些适当的假设。在假设过程中，应按爆炸冲击波伤害和爆炸产物来进行假设。根据目前对爆炸冲击波伤害情况的研究文献所做的假设，提出适于瓦斯爆炸伤害的假设，主要包括如下内容。

（一）直线性假设

如果考虑井下巷道延伸的不规则性，将会给计算带来极大的困难，因而假设巷道的延伸是直线性的，只是在最后的计算结果中，根据巷道的弯道和支道对冲击波传递的影响，加以修正，即乘以一个修正参数。

（二）爆源面性假设

该假设指的是爆炸物质瓦斯的集中性，由于巷道延伸的直线性，在起爆点瓦斯比较集中，而在瓦斯爆炸传播的过程中，瓦斯又将沿途巷道的瓦斯引燃爆炸。为了简化问题，同时又不至于产生较大的偏差，因此，可以将瓦斯的集中性假设为集中在爆源点的一个面上。

（三）一致性假设

该假设指的是巷道的支护形式、断面等的一致，其延伸的方向均一致。

（四）死亡区假设

该假设指的是在距爆源某一距离为长度，巷道宽度为宽的矩形面积内，将造成人员的全部死亡，而在该区域之外的人员，将不会造成人员的死亡。当然，这一假设并不完全符合实际。因为死亡区外可能有人死亡，而死亡内可能有人不死亡，两者可以抵消一部分，这样既简化了瓦斯爆炸的计算，同时又不至于带来显著的偏差，因为瓦斯爆炸的破坏效应随距离增加急剧衰减的，该假设是近似成立的。上述假设主要是针对瓦斯爆炸事故的冲击波伤害模型而言的。同时，在本书所建立的瓦斯爆炸伤害模型中，对重伤区、轻伤区和财产损失区，都将做类似的处理。

（五）重伤区假设

设在距爆源的某一距离为长度，巷道宽度为宽的矩形面积内，该面积内的所有人员全部重伤，而在该区域之外的人员，将不会造成人员受重伤。该假设主要针对爆炸冲击波的伤害模型而言。

（六）轻伤区假设

设在距爆源的某一距离为长度，巷道宽度为宽的矩形面积内，该面积内的所有人员全部轻伤，而在该区域之外的人员，将不会造成人员受伤。该假设主要针对爆炸冲击波的伤害模型而言。

（七）等密度假设

该假设指的是人员和财产的分布情况是均匀的、等密度的。尽管在瓦斯爆炸源的不同距离内的人员和财产分布情况随时间和距离的不同而不同，但为了简化计算，同时又不至于产生较大的误差，可以这样简化。

（八）财产损伤区假设

该假设指的是在距离爆源的某一距离为长度，巷道宽度为宽的矩形面积内，该面积内的所有财产全部损坏，而在该区域之外的财产，将不会造成任何损失。该假设完全是针对爆炸冲击波的伤害模型而言的。

（九）爆炸的严重性假设

该假设指的是由于瓦斯爆炸的种类不同而产生的损害情况也不同。在这里，只考虑其最严重的爆炸情况来考虑其损害情况。在本书的瓦斯爆炸事故的讨论中，将以爆轰这一情况来讨论瓦斯爆炸事故的伤害情况。

（十）风流稳定性假设

该假设指在爆炸过程中，通风系统虽然受到爆炸冲击波和巷道变性的影响，巷道中的风流风向可能不是原来的风向，大小也会发生变化，但此时的通风系统一般仍然在工作，其所做功仍然可以认为没有变化，其对爆炸事故的伤害作用的影响仍然没有变化。即不是假设爆炸事故发生后，巷道中的风流仍然像爆炸前一样，而是环境因素中的风流对爆炸事故的影响不变，是稳定的。

（十一）爆炸反应程度一致性假设

该假设指的是在爆炸反应过程中，瓦斯爆炸反应中的主要气体 CH_4 与 O_2 的反应程度的一致性，即在反应过程中，单位 CH_4 与 O_2 所产生的 CO_2 与 CO 的量一样。

这样，可以从爆炸前将参与爆炸反应的瓦斯质量进行预测事故的伤害严重度。

三、爆炸火球模型

爆炸能产生火球，辐射出大量的热能。人被火球包围或受火球的强烈热辐射可能受到伤害，严重时导致死亡；可燃物在爆炸火球的热辐射作用下则可能着火，产生次生火灾。次生火灾既可由受到强烈的热辐射而引起，又可因带有火星的破片或冲击波的作用而引起。爆炸引起次生火灾是一个非常复杂的问题，而它们产生的伤害后果与火球产生的伤害后果相比，通常是很小的。

进行火球危险性评价需要知道火球温度、火球持续时间和火球大小等参数，火球温度与炸药的燃烧热、热容和燃烧方式等因素有关。火球温度变化范围很大。通常，沸腾液体扩展蒸气爆炸的火球温度在 1350 K 左右，蒸气云爆炸的火球温度在 2200 K 左右，固体推进剂爆炸的火球温度在 2500 K 左右，液体推进剂爆炸火球温度在 3600 K 左右，爆轰炸药爆炸的火球温度在 5000 K 左右，核爆炸的火球温度则高达 10^7 K。

火球直径和持续时间与爆炸量之间一般具有如下的指数关系，如式（5-36）和式（5-37）所示：

$$D=aW^b \tag{5-36}$$

$$t=cW^d \tag{5-37}$$

其中，D 为火球半径，m；W 为爆炸消耗的燃料质量，kg；T 为火球持续时间，s；a、b、c、d 为经验常数。由于研究对象和实验条件不同，不同研究人员得出的火球模型参数互不相同。表 5-3 列出了文献中常见的火球模型。其中，High 模型的适用条件是：液体推进剂和燃料爆炸，火球温度 3600 K 左右，燃料质量大于 20 kg。Hasegawa 和 Sato 模型的适用条件是：液体推进剂和燃料爆炸，火球温度 3600 K 左右，燃料质量小于 10 kg。Rakaczky 模型的适用条件是：弹药爆炸，火球温度 2500 K 左右。Roberts 模型的适用条件是：丙烷爆炸，燃料质量大于 1 kg。Moorhouse 和 Pritchard 模型和 ILO 模型的适用条件是：沸腾液体扩展蒸气爆炸，火球温度 1350 K。

表 5-3　常见的爆炸火球模型

模型作者	$D=aW^b,\ t=cW^d$			
	a	b	c	d
High	3.86	0.320	0.299	0.320
Hasegawa 和 Sato	5.25	0.314	1.070	0.258
Rakaczy	3.76	0.325	0.258	0.349
Roberts	5.8	0.333	0.258	0.316
Moorhouse 和 Pritchard	5.330	0.327	1.089	0.327
ILO	5.8	1/3	0.45	1/3

　　Baker、Cox、Westine、Kulesz 和 Strehlow 认为，模型数学上的相似性也许暗示它们是某个普适模型的极限情况。假设传导和对流过程交换的热量相对于热辐射交换的热量和火球内瞬时储存的能量可以忽略，火球的热容量（密度和比热容的乘积）不随时间变化，火球的瞬态成长过程忽略不计，单位燃料爆炸释放出的能量与燃料无关。通过量纲分析发现火球直径 D 与火球温度 θ 的 1/3 次方成反比，火球持续时间 t 则与火球温度 θ 的 10/3 次方成反比。结合 High 推出的火球模型，有下面的普适火球模型：

$$D = 3.86W^{0.320} \times 3600^{1/3} / \theta^{1/3} = 59.0W^{0.320} / \theta^{1/3} \qquad (5\text{-}38)$$

$$t = 0.299W^{0.320} \times 3600^{1/3} / \theta^{10/3} = 2.13 \times 10^{11} W^{0.320} / \theta^{10/3} \qquad (5\text{-}39)$$

四、瓦斯爆炸火球伤害效应

（一）瓦斯爆炸事故火球热辐射模型的总体思路及关键参数

　　建立瓦斯爆炸热辐射伤害模型的总体思路是：首先分析瓦斯爆炸事故热辐射的伤害机理，提出热辐射的伤害准则；然后分析瓦斯爆炸热辐射的传播规律，在火灾爆炸事故现有的伤害距离公式的基础上，通过适当的假设，推导出适合矿井下的热辐射伤害距离公式；最后根据一定的标准，划分瓦斯爆炸火球热辐射的三区。

（二）热辐射伤害准则

　　在热辐射的作用下，目标可能受到伤害。这里的目标指可能被伤害的任何客体，如人员、炸药、推进剂、机器、木材、建筑物或其他任何结构。这里的伤害包括对人的伤害、对物的破坏。在研究热辐射对物的破坏时，多数研究人员以热辐射引燃木材为研究内容。热辐射对人的伤害形式主要有皮肤烧伤，伤害严重时能导致死亡。人们关于热辐射对人伤害的认识，多数是在动物试验的基础上得到的。因此，这些认识会存在一定的局限性和片面性。不同的研究人员，由于研究方法不同，得到的结果存在差异。

　　分析热辐射的伤害效应必须首先确定热辐射的伤害准则。W. E. Baker、P. A. Cox、P. S. Westine、J. J. Kulesz 和 R. Strehlow 是最早比较系统地论述热辐射伤害准则的学者。依据他们的论述，这里将常见的热辐射准则归纳为热通量准则、热剂量准则、热通量-热剂量准则、热通量-时间准则和热剂量-时间准则。由于文献中通常用 q、Q 和 t 分别表示热通量、热剂量和作用时间，所以上述准则又分别被称为 q 准则、Q 准则、q-Q 准则、q-t 准则和 Q-t 准则。由于热通量、热剂量和作用时间三个参量中知道任意两个就可以计算出第三个，所以热通量-热剂量准则、热通量-时间准则和热剂量-时间准则是完全等价的，下面只讨论热通量准则、热剂量准则和热通量-热剂量准则。

1）热通量准则：热通量准则是以热通量作为衡量目标是否被伤害的指标参数，当目标接收到的热通量大于或等于引起目标伤害所需要的临界热通量时，目标被伤害。适用范围为：热通量作用时间比目标达到热平衡所需要的时间长。

2）热剂量准则：热剂量准则以目标接收到的热剂量作为目标是否被伤害的指标参数，当目标接收到的热剂量大于或等于目标伤害的临界热剂量时，目标被伤害，如表 5-4 所示。适用范围为：作用目标的热通量持续时间非常短，以至于接收到的热量来不及散失掉。

表 5-4　瞬态火灾作用下人的伤害准则

热剂量/（kJ/m²）	伤害效应
375	三度烧伤
250	二度烧伤
125	一度烧伤
65	皮肤疼痛

3）热通量-热剂量准则：当热通量准则或热剂量准则的适用条件均不具备时，应该适用热通量-热剂量准则。热通量-热剂量准则认为：目标能否被伤害不能由热通量或热剂量单独一个参数决定，而必须由它们共同决定。热通量准则和热剂量准则是热通量-热剂量准则的极限情况。

目前，最完整的热伤害准则是视网膜烧伤准则。该准则是 Miller 和 White 在用猴子做实验的基础上提出的。它以曲线的形式给出了不同暴露时间下视网膜烧伤尺寸与热剂量之间的关系。根据该准则，当暴露时间小于 10^{-4} s、视网膜烧伤尺寸大于 0.2 mm 时，视网膜能否烧伤由热剂量唯一决定，视网膜烧伤临界热通量的具体数值与视网膜烧伤尺寸有关，烧伤尺寸越大，临界热通量越小。

目前，计算火灾发生时视网膜烧伤距离只能采用尝试法（by try and error）。一旦意识到热辐射有伤害眼的危险，人可以在极短的时间内采取保护眼的措施，如人眨眼的时间只有 10^{-2} 量级。因此，热辐射伤害不宜以视网膜的烧伤为基础。

在多数情况下，热辐射伤害以裸露皮肤的烧伤为基础，Buettner 曾得到裸露皮肤在热辐射作用下产生从可忍受的疼痛转变为不可忍受的疼痛的临界热通量-时间曲线，因为不同的试验个体得到的数据必然具有分散性。但 50%的观察结果位于这两条曲线之间。皮肤下面 0.1 mm 深处温度超过 44.8℃时，认为发生了不可忍受的疼痛。温度继续增加时，疼痛感急剧增加，然后逐渐减退，直至完全消失，表明暴露的皮肤已完全烧坏。

在 Buettner 提供的经验公式的基础上，按照一般人口（未明确定义）考虑，假设人的暴露面积为皮肤表面积的 20%，Pietersen 推导了热辐射伤害方程：

死亡： $$P_r = -37.23 + 2.56\ln(tq^{4/3})$$ （5-40）

二度烧伤： $$P_r = -43.14 + 3.0188\ln(tq^{4/3})$$ （5-41）

一度烧伤： $$P_r = -39.83 + 3.0186\ln(tq^{4/3})$$ （5-42）

其中，q 为人体接收到的热通量，W/m^2；t 为人体暴露于热辐射的时间，s；P_r 为伤害概率单位；P_r=5 对应的人员伤害概率为 0.50。

（三）瓦斯爆炸热伤害准则

由上述几个伤害准则的详细情况可知，各伤害准则的适用范围不同。当目标达到热平衡时，热通量还继续作用的情况下（作用时间比较长），选用热通量伤害准则。而井下巷道中瓦斯爆炸事故在很短的时间内结束，火焰峰面热辐射作用的时间相对很短，并且难以确定，除热剂量伤害准则外其余准则都与作用时间有密切的联系，因此选用瞬态火灾作用下的热剂量伤害准则。我国学者宇德明在 Pietersen 热辐射伤害概率公式的基础上，推导出热剂量伤害准则，人员死亡、重伤、轻伤概率都为 0.5，假定作用时间为 40 s 的情况下，如表 5-5 所示。

表 5-5 瞬态火灾作用下热剂量伤害准则

热剂量/（kJ/m² ）	伤害效应
592	死亡
392	重伤
172	轻伤

（四）瓦斯爆炸火球热辐射的传播

目前，瓦斯爆炸机理尚不成熟，所以在研究瓦斯爆炸事故高温灼伤过程中，为了估计爆炸火球的伤害距离，必须知道火球热辐射的传播规律。鉴于井下巷道的复杂性，本书对瓦斯爆炸事故高温灼伤过程做如下假设。

1）井下局部积聚的瓦斯量占有参与爆炸反应的瓦斯总质量相当大的比例，或者认为爆炸瓦斯全部为积聚瓦斯。

2）爆炸在井下巷道中瞬时完成，爆炸后高温气体以火球热辐射的形式对井下人员产生伤害。

3）不考虑空气对热辐射的吸收作用，井下巷道壁面粗糙程度，截面积突变以及障碍物对冲击波等的影响，爆炸所产生的化学能全部用来产生热辐射。

4）爆炸及热辐射传播在井下直巷道中完成。

根据假设 2），爆炸在瞬时完成，在估计爆炸火球的伤害距离的过程中采用瞬态火灾作用下的热剂量伤害准则。在不考虑巷道壁面和空气对热辐射吸收作用的情况下，火球热辐射传播规律如式（5-43）所示：

$$R = 4.64M^{0.32}(BM^{\frac{1}{3}}/Q_{\text{火球}})^{\frac{1}{2}} \tag{5-43}$$

其中，M 为参与反应的燃料质量，kg；Q 为火球的热剂量，J/m²；常量 $B=2.04×10^4$。

由于式（5-43）是一般爆炸火球的伤害距离公式，而井下巷道中空气成分比较复杂。鉴于此，有必要将公式中燃烧的物质量 M 通过中间物 TNT 当量质量与瓦斯量建立关系。

而爆源质量与 TNT 当量质量之间的换算关系为

$$M_{\text{TNT}} = M × Q_{\text{E}}/Q_{\text{TNT}} \tag{5-44}$$

其中，M_{TNT} 为 TNT 当量质量，kg；M 为爆炸物质量，kg；Q_{E} 为爆炸物爆热，J/kg；Q_{TNT} 为 TNT 爆热，J/kg。

根据瓦斯爆炸在标准状态下与在爆轰状态下的差别，通过修正得到适合爆轰时的计算公式：

$$M_{\text{TNT}} = \frac{n\xi Q_{\text{C}}\rho V_{\text{CH}_4}}{Q_{\text{T}}} = 1.049\,V_{\text{CH}_4}(\text{kg}) \tag{5-45}$$

其中，TNT 转化率 $n=0.2$；爆炸系数 $\xi=0.6$；TNT 在爆轰时发热量 $Q_{\text{T}}=4520\,\text{kJ/kg}$；瓦斯在爆轰时发热量 $Q_{\text{C}}=55.164\,\text{mJ/kg}$；瓦斯的密度 $\rho=0.716\,\text{kg/m}^3$；$V_{\text{CH}_4}$ 为参与爆炸的瓦斯体积量，m³。联立式（5-44）和式（5-45）可得

$$W = 1.049V_{\text{CH}_4}Q_{\text{TNT}}/Q_{\text{E}} = 0.835V_{\text{CH}_4}(\text{kg}) \tag{5-46}$$

将式（5-46）及常量 $B=2.04×10^4$ 代入式（5-43）得

$$R = 607.008V_{\text{CH}_4}^{0.487}/Q_{\text{火球}}^{1/2} \tag{5-47}$$

式（5-47）中符号意义与上述相同。

为求出死亡、重伤和轻伤的具体半径公式，现将死亡、重伤及轻伤的临界热剂量 592 kJ/m²、392 kJ/m²、172 kJ/m² 代入式（5-47），得到瓦斯爆炸火球伤害距离公式，如表 5-6 所示。

表 5-6　瓦斯爆炸伤害距离计算公式

伤害效应	伤害距离/m
死亡	$R=0.715V_{\text{CH}_4}^{0.487}$
重伤	$R=0.879V_{\text{CH}_4}^{0.487}$
轻伤	$R=1.328V_{\text{CH}_4}^{0.487}$

注：R 代表伤害距离，m；V_{CH_4} 代表瓦斯量，m³

第三节　瓦斯爆炸毒气伤害模型研究

大量瓦斯爆炸事故表明，爆炸生成的有毒有害气体是导致煤矿井下人员大量

伤亡的主要原因，爆炸产生的毒害气体主要是一氧化碳。毒害气体在井下的传播过程分为两个连续的阶段：第一阶段是瓦斯与空气的混合物燃烧生成的毒害气体在火焰和爆炸冲击作用下的传播过程；第二阶段是爆炸生成的高浓度毒害气体在有风和无风巷道（如掘进巷道中）或微风巷道（爆炸后风流短路，致使巷道风速很小）中的扩散过程。

一、爆炸毒害气体在火焰和冲击波作用下的传播

巷道内瓦斯爆炸可分为点火和传播两个阶段。从时间和空间上看，点火阶段时间极短，爆炸主要在传播阶段。瓦斯被点燃后，燃烧产物膨胀，火焰前方气体因前驱冲击波的作用，被加热和压缩，燃烧波与冲击波在传播过程中相互作用、相互加速形成正反馈机制。瓦斯预混气体在燃烧阶段具有一定的速度和加速度，反应生成的有毒气体也以一定的初速度传播，毒害气体滞后于火焰锋面。所以，火焰锋面加速传播，是爆炸过程和毒害气体传播的关键。受巷道障碍物、支护环境和反射波等影响，在瓦斯爆炸燃烧反应阶段内毒害气体速度变化非常复杂。燃烧波的传播和冲击波前后或燃烧波前后气体状态发生的变化，决定爆炸产物的运动状态。

瓦斯与空气预混气体在燃烧过程中产生大量爆炸产物，分析表明，爆炸开始分解产物以烃类为主，其中甲烷最多。爆炸产物主要有 CO_2、CO 和 H_2O，由于其温度很高，因而爆炸产物急剧膨胀。爆炸产物的体积膨胀有两个方面的原因：一是反应过程中摩尔数的增加；另一个原因是反应前后气体温度的增加。化学反应前后，气体的总摩尔数不发生改变，燃烧产物的高温使气体密度大幅度降低，体积膨胀，从而对燃烧波前方的气体产生推动作用。通常使用未燃气体的密度 ρ_1 与产物密度 ρ_2 的比 $\varepsilon = \rho_1 / \rho_2$ 表示膨胀率，实验测得的典型膨胀率为 $5 \sim 12$。化学反应式为

$$CH_4 + 2(O_2 + 3.77N_2) \longrightarrow CO_2 + 2H_2O + 7.54N_2 + 886 \text{ kJ/mol}$$

瓦斯爆炸阶段，爆炸毒害气体的传播是由于冲击波和火焰共同作用的结果，火焰的传播距离和范围决定毒害气体在这一阶段的传播范围。有毒气体在瓦斯燃烧爆炸反应区的传播范围，一般用火焰波传播范围来表征，即火焰区的长度。瓦斯爆炸传播存在显著的卷吸作用，即冲击波和火焰波在传播过程中将携带经过地点的气体一同前进，使得爆炸的燃烧区域远大于原始气体分布区域，因此在瓦斯燃烧区内有毒气体的传播范围大于原始混合物分布区域。煤尘爆炸实验证明，此区域一氧化碳浓度一般都超过 1%以上，由于爆炸气体膨胀冲击速度在 200 m/s 左右，此范围的工作人员一般都来不及逃离现场，处于死亡区内。

二、基于扩散分布理论的毒害气体扩散模型

煤尘爆炸后在巷道一定区间内充满一定浓度的毒害气体和粉尘，该区间称为

毒害混合气体抛出带，抛出带与爆炸过程火焰区长度相当。爆炸后掘进巷道通风设施破坏，巷道处于无风状态，流体毒害污染质的运移规律遵循流体扩散规律。

基于费克的分子扩散理论建立毒害混合气体的一维扩散模型：

$$\frac{\partial c}{\partial t} = D_{\mathrm{m}} \frac{\partial^2 c}{\partial x_1^2} \tag{5-48}$$

对式（5-48）积分可解得毒害气体混合气体浓度分布模型：

$$c(x_1, t) = \frac{M}{\sqrt{4\pi D_{\mathrm{m}} t}} \exp\left[-\frac{x_1^2}{4 D_m t}\right] \tag{5-49}$$

毒害气体混合物扩散系数方程：

$$D_{\mathrm{m}} = \frac{\overline{x_1^2}}{2t} \tag{5-50}$$

其中，毒害混合气体的浓度 c，是空间 x_1 和时间 t 的函数，指在时间 t 内沿 x_1 方向毒害混合气体的浓度值，$c = (x_1, t)$，其量纲为 M/L；毒害混合气体的分子扩散系数 D_{m}，其值的大小受温度和压力的影响，量纲为 L²/T；$t = 0$，$x_1 = 0$ 时，沿 x_1 方向的扩散质的浓度为 M，M 与 c 成正比。

式（5-50）表明，毒害混合气体的扩散浓度 c 沿 x_1 方向的分布规律是按指数规律分布的，当 M 是 x_1 和 t 的函数时，即当 $t = \tau$ 时，在时间 $\mathrm{d}\tau$ 内，c 沿 x_1 方向在 $x_1 = \xi$ 和 $\mathrm{d}\xi$ 面上有增量 $M = f(\xi, \tau) \mathrm{d}\xi \mathrm{d}\tau$，毒害气体的数量 M 一维扩散经时间 $t = \tau$，$x_1 = \xi$ 处的浓度 c 为全部连续区间 $a \leqslant x_1 \leqslant b$ 上的二重积分值：

$$c(x_1, t) = \int_0^t \int_a^b \frac{f(\xi, \tau)}{\sqrt{4\pi D_{\mathrm{m}}(t - \tau)}} \exp\left[-\frac{(x_1 - \xi)^2}{4 D_{\mathrm{m}}(t - \tau)}\right] \mathrm{d}\xi \mathrm{d}\tau \tag{5-51}$$

毒害混合气体由掘进巷道释放到井巷风流中，必然被风流所携带，整体上与风流一起运动。同时，用于浓度梯度和风流脉动作用而在风流中逐步被稀释，井巷毒害气体的转移过程是平移输送和风流中扩散的综合。素流传质过程符合质量守恒、费克定律和博申尼克假定，在问题研究中做如下假定：①井巷中的设备和人员，不足以改变井巷风流的分布状态；②井巷毒气混合物的掺入对风流密度的影响，可忽略不计；③粉尘的二次飞扬对毒气混合物浓度的影响，可忽略不计；④忽略巷道周壁涌出的微量瓦斯，流体是不可压缩的；⑤假设时均流速 u 不随 x 变化。

纵向弥散方程可描述为

$$\frac{\partial c}{\partial t} + u \frac{\partial c}{\partial x} = E_x \frac{\partial^2 c}{\partial x^2} + J \tag{5-52}$$

其中，c 为巷道断面毒害气体的平均浓度；u 为巷道平均风速；J 为单位时间内因井巷条件及物理化学变化而引起的有毒气体的变化量；E_x 为纵向弥散系数。

假设井下煤尘爆炸生成的毒害气体总量为 M，根据质量守恒定律，在不考虑单位时间内毒害气体受巷道环境和物理化学变化的情况下（$J=0$），毒害气体传播过程中总量保持不变，即

$$\int_{-\infty}^{+\infty} (x,t)\mathrm{d}x = M \tag{5-53}$$

把矿井巷道内煤尘爆炸产生的毒害混合气体看成是瞬时点污染源，则：$t=0$ 时，$c(x,t)\big|_{x=0} \to \infty$，$c(x,t)\big|_{x>0}=0$；$t \to \infty$ 时，$c(x,t)\big|_{x\to\infty} = 0$。在风速为常数时，可解得巷道中毒害混合气体的浓度分布规律为

$$c(x,t) = \frac{M}{\sqrt{4\pi E_x t}} \exp\left[-\frac{(x-ut)^2}{4E_x t}\right] \tag{5-54}$$

可见，毒害气体的浓度分布为时间和位置的函数，在 $x=ut$ 处为浓度峰值，且不同时刻峰值的浓度和位置不同。

纵向紊流弥散系数的确定。爆炸产生的毒害气体在井巷中的弥散过程是横断面上风速分布不均和紊流风流纵向脉动作用的结果。径向紊流扩散系数则是紊流风流横向脉动的效果。前者比后者大近千倍。纵向弥散系数 E_x 由两部分组成，即

$$E_x = E_{x_1} + E_{x_2} \tag{5-55}$$

其中，井巷横断面上风速分布不均而引起的传质系数 E_{x_1}，m^2/s；紊流风流纵向脉动而引起的传质系数 E_{x_2}，m^2/s。

以圆形轴对称井巷中污染物传质模型为基础，应用动量传递和质量传递比拟原理和井巷紊流风速分布函数，推导出传质系数 E_{x_1} 和 E_{x_2} 的函数关系：

$$E_{x_1} = 65.41 r\sqrt{\alpha u}$$

$$E_{x_2} = 0.056 r\sqrt{\alpha u}$$

$$E_x = 65.47 r\sqrt{\alpha u} \tag{5-56}$$

其中，断面平均风速 u，$\mathrm{m/s}$；巷半径 r，非圆形井巷时为水力半径，m；井巷摩擦阻力系数 α，$\mathrm{N \cdot s^2/m^4}$。

三、基于能量守恒理论的毒害气体扩散模型

（一）毒害气体及烟流区传播物理模型

假设煤尘爆炸后巷道局部区域充满毒害气体和烟流，以此为研究对象，称为污染区。新鲜风流的流入及毒害气体流出该区域，都会使该区域的温度和气体浓

度等随时间降低。毒害气体和烟流与巷道壁存在热交换使区域温度不断下降，热量散失直至与新鲜风流的温度趋于一致。如图 5-1 所示，方框内的巷道充满了煤尘爆炸后的毒害气体和烟流，视为初始状态的污染区。假设爆炸污染区的温度处处相等，气体及烟流均匀混合且无化学反应发生，无气体吸附和吸收现象，污染区的瞬时压强和体积不发生变化。图中 T、h 和 C 分别表示入、出风流的温度、能量和浓度。

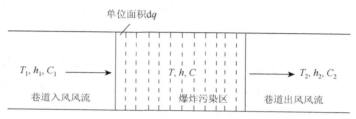

图 5-1　毒害气体及烟流传播物理模型

（二）毒害气体及烟流区传播温度变化分析

由于毒害气体及烟流区随着新鲜风流的进入混合，又有毒害气体及烟流从另一出口流出，并且巷壁也和毒害气体及烟流存在热交换，因此混合物的温度随时间下降。由能量守恒定律，$\mathrm{d}\tau$ 时间内毒害气体及烟流能量的增量为

$$\mathrm{d}Q = \mathrm{d}(h_1 - h_2) - \mathrm{d}q \tag{5-57}$$

其中，$h = h_1 = h_2$，$\mathrm{d}Q = C_p\mathrm{d}T = \rho AL\mathrm{d}T$，代入式（5-57）可得

$$(\rho_1 D_1 C_{p1} T_1 - \rho D C_p T)\mathrm{d}\tau - SL\mathrm{d}q = \rho ALC_p\mathrm{d}T \tag{5-58}$$

其中，$\mathrm{d}q$ 表示 $\mathrm{d}\tau$ 时间内单位面积烟流与巷壁的对流换热量；毒害气体及烟流区混合气体流量 D，$\mathrm{m^3/s}$；在工程计算中某段时间内当作常数处理，以均值代替。混合气流的密度是温度的函数。将式（5-58）对 $\mathrm{d}\tau$ 微分得

$$\rho ALC_p\mathrm{d}T/\mathrm{d}\tau + SL\mathrm{d}q/\mathrm{d}\tau + \rho D C_p T_R - \rho_1 D_1 C_{p1} T_1 = 0 \tag{5-59}$$

其中，巷道入风流的等压比热容 C_{p1}，$\mathrm{J/(kg \cdot ℃)}$；毒害气体及烟流区混合气体等压比热容 C_p，$\mathrm{J/(kg \cdot ℃)}$；进风流密度 ρ_1，$\mathrm{kg/m^3}$；进风流温度 T_1，$℃$；原始岩石温度 T_R，$℃$；毒害气体及烟流充满巷道的长度 L，m；巷道断面周长 S，m；巷道断面面积 A，$\mathrm{m^2}$。

毒害气体及烟流的密度为

$$\mathrm{d}\rho = \mathrm{d}\tau / [V(\rho_1 D_1 - \rho D)] \tag{5-60}$$

当 $\tau = 0, \rho = \rho_0$（ρ_0 为毒害气体及烟流区混合气体密度）时，则

$$\rho = \rho_1 D_1 D^{-1} + (\rho_0 - \rho_1 D_1 D^{-1})\exp(-D\tau/V) \tag{5-61}$$

由岩石的非稳态传热可得

$$\frac{\partial T_r}{\partial \tau} = a \cdot \left(\frac{\partial^2 T_r}{\partial r^2} + \frac{1}{r} \cdot \frac{\partial T_r}{\partial r} \right) \tag{5-62}$$

当 $\tau = 0$，$r \to \infty$，$T_r = T_R$ 时，则

$$r = r_0, \quad \lambda \frac{\partial T_r}{\partial r} = \alpha \cdot (T_r - T) \tag{5-63}$$

其中，热交换前岩石温度 T_R，℃；热扩散系数（导温系数）a，且 $a = \lambda \rho^{-1} c^{-1}$，$m^2/s$；对流换热系数 α，$W/(m^2 \cdot ℃)$；岩石导热系数 λ，$W/(m^2 \cdot ℃)$。

而

$$q_r \lambda = -\frac{\partial T_r}{\partial r}\Big|_{r=r_0}$$

再引入一个无因次函数，即系数 $K(\alpha)$，它可以视为描述巷道围岩绝热隔离层厚度的无因次参数，该参数随巷道使用年限而增加。则式（5-63）的解析解可表示为

$$K(\alpha) = \alpha r_0 \lambda^{-1} (T_w - T)(T_R - T)^{-1} \tag{5-64}$$

因为 $dq = \alpha(T - T_w)d\tau = \lambda(T - T_R)K(\alpha)d\tau$，则可得

$$dq/d\tau = \lambda K(\alpha) r_0^{-1} (T - T_R) d\tau \tag{5-65}$$

将式（5-64）和 $AL = V = r_0 SL$ 代入式（5-62），得

$$\frac{dT}{d\tau} + \left(\frac{\lambda K(\alpha)}{\rho C_p r_0^2} + \frac{D}{V} \right) T - \left(\frac{\lambda K(\alpha) T_R}{\rho C_p r_0^2} + \frac{D_1 C_{p1} \rho_1 T_1}{\rho V C_p} \right) = 0 \tag{5-66}$$

式（5-66）即为混合气体及烟流区的温度变化关系式，也可写为

$$\frac{dT}{d\tau} + B(\tau) T - A(\tau) = 0 \tag{5-67}$$

其中，

$$B(\tau) = \frac{\lambda K(\alpha)}{\rho C_p r_0^2} + \frac{D}{V}$$

$$A(\tau) = \rho^{-1} \left(\frac{\lambda K(\alpha) T_R}{C_p r_0^2} + \frac{D_1 C_{p1} \rho_1 T_1}{V C_p} \right)$$

而式（5-67）为一次非齐次方程，其解为

$$T = K \exp\left(-\int B(\tau) d\tau \right) + \exp\left(-\int B(\tau) d\tau \right) \int A(\tau) \exp\left(-\int B(\tau) d\tau \right) d\tau \tag{5-68}$$

该方程的初始条件为：$\tau = 0$，$T = T_0$。

$K(\alpha)$ 是含有时间 τ 的不可积复杂函数，因此，式（5-68）很难给出数值解。

实际上 $\lambda K(\alpha)/\rho_1 C_p r_0^2$ 项表示混合气体及烟流与巷道壁换热，在入风流与出风流风量较大的情况下可以忽略，因此，仅计算出入风流所损失的热量。

$$\frac{\mathrm{d}T}{\mathrm{d}\tau}+\left(\frac{\lambda K(\alpha)}{\rho C_p r_0^2}+\frac{D}{V}\right)T=0 \tag{5-69}$$

解式（5-69）可得

$$T=\exp(-E\tau)\{K+T_1DC_{p1}\rho^{-1}D_1^{-1}C_1^{-1}[A\exp(E\tau)-BE\tau-B\ln\rho]\} \tag{5-70}$$

其中，

$$A=\rho_1D_1D^{-1}$$

$$B=\rho_0-\rho_1D_1D^{-1}$$

$$E=DV^{-1}$$

当 $\tau=0$，$T=T_0$ 时，解得

$$K=T_0-T_1DC_{p1}\rho_1D_1C_p(A-B\ln\rho_0) \tag{5-71}$$

将 K 值代入解得

$$T(\tau)=\exp(-E\tau)\left\{T_0+T_1DC_{p1}\rho^{-1}D_1^{-1}C_1^{-1}[A\exp(E\tau-1)-BE\tau+B(\ln\rho_0-\ln\rho)]\right\} \tag{5-72}$$

其中，$\rho=\rho_1D_1D^{-1}+(\rho_0-\rho_1D_1D^{-1})\exp(-DV^{-1}\tau)$。

当 $\tau\to\infty$ 时，则有

$$\lim_{r\to\infty}T(\tau)=\lim_{r\to\infty}\left\{K+T_1DC_{p1}\rho_1^{-1}D_1^{-1}C_p^{-1}[A\exp(E\tau)-BE\tau-B\ln\rho]\right\}\exp(-E\tau)$$

用洛必达法则对上式分子分母求导可得极限：

$$\lim_{r\to\infty}T(\tau)=DC_{p1}D_1^{-1}C_p^{-1}T_1$$

而 $\lim\limits_{r\to\infty}T(\tau)DC_p=DC_{p1}$，可得

$$\lim_{r\to\infty}T(\tau)=T_1 \tag{5-73}$$

分析推导可以看出，式（5-73）是符合实际情况的温度变化关系式。

（三）毒害气体及烟流区传播浓度变化分析

由上述推导分析可知，毒害气体和烟流区浓度变化可由式（5-74）描述：

$$\mathrm{d}C=\mathrm{d}\tau V^{-1}(D_i-DC) \tag{5-74}$$

其中，毒害气体和烟流区浓度 C，%；时间 τ，s；毒害气体和烟流区的容积 V，m^3；流入污染区的毒害气体和烟流流量 D_i，m^3/s；流出污染区的毒害气体和烟流流量 D，m^3/s。

当 $\tau=0$，$C=C_0$ 时，则由式（5-74）可解得毒害气体和烟流在巷道内的浓度变化关系式：

$$C=D_iD^{-1}+(C_0-D_iD^{-1})\exp(-DV^{-1}\tau) \tag{5-75}$$

　　依据式（5-75），给出毒害气体和烟流进出流量、容积量和时间，可绘出毒害气体和烟流浓度随各参数变化的函数示意图，如图 5-2 所示。

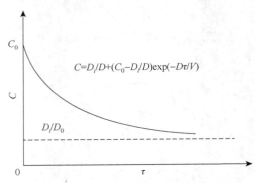

$$C=D_i/D+(C_0-D_i/D)\exp(-D\tau/V)$$

图 5-2　毒害气体及烟流浓度衰减关系

　　从图 5-2 可以得出，瓦斯爆炸后毒害气体和烟流区的浓度随时间呈指数规律衰减变化。但是毒害气体和烟流与周围的环境不断地交换着能量，其温度和压强随时间发生变化。另外，整个矿井通风系统的风量分配也不断变化，这样毒害气体和烟流区流入风量和流出的风量及等压比热容也随时间而变化。

　　上述两种不同理论建立的模型表明：两种模型采用的方法不同，但结果是一致的，即爆炸后毒害气体的传播变化趋势均服从指数变化。利用扩散分布规律建立的毒害气体模型，能反映矿井空气和巷道影响因素，实际应用性强；利用能量守恒定律等建立的模型，考虑了浓度随时间、温度和压强等变化的因素，但由于毒害气体和烟流与周围的环境不断地交换着能量，其温度和压强随时间发生变化，并且整个矿井通风系统的风量分配也不断变化，这样毒害气体和烟流区流入风量和流出的风量及等压比热容也随时间而变化。由于爆炸瞬间完成，一般情况下毒害气体在 30min 内到达不到受害人，人就会逃离现场免受伤害。

　　因此，采用扩散分布规律建立的毒害气体模型，揭示瓦斯爆炸毒害气体传播伤害的规律。

四、毒害气体无风或有风状态下沿传播方向扩散变化的理论解

　　研究表明，巷道平均风速 0.32～4.55 m/s，摩擦阻力系数 0.008～0.047 N·s²/m⁴，雷诺数 Re 为 1×10^4～1.36×10^5，环境温度 20～23℃，气压 100 391.76 Pa，纵向紊流弥散系数 E_x 为 0.922～7.921 m²/s。

　　将式（5-56）代入式（5-64）可得巷道毒害气体浓度随距离变化的关系式：

$$C_{\max} = 0.035 Mr^{\frac{1}{2}}\alpha^{-\frac{1}{4}}x^{\frac{1}{2}} \tag{5-76}$$

式中各符号代表的意义与式（5-56）相同。

巷道毒害气体浓度与井巷半径 r、井巷摩擦阻力系数 α、瓦斯爆炸生成的毒害气体总量为 M，以及毒害气体沿纵向传播的距离有关。在其他条件不变的情况下，$C_{\max}$ 与毒害气体沿纵向传播距离的平方根成反比，即 $C_{\max} \propto \sqrt{x}$。

五、毒害气体伤害准则与分区

（一）毒害气体伤害准则

有毒气体对人员伤害的准则目前主要有两种，即毒物浓度伤害准则和毒物浓度-时间伤害准则。

毒物浓度伤害准则，该准则认为只有毒物浓度高于某一临界浓度值时，才会造成人员伤害；否则，即使长期接触也不会对人员造成伤害，这一临界浓度值也称为浓度阈值。

毒物浓度-时间伤害准则，该准则认为人员是否受到伤害及受到伤害的程度取决于毒物浓度与接触时间两个参数。目前有两种方法表示毒物浓度和接触时间的关系。

毒物浓时积准则（Huber 准则）。有毒气体经呼吸道吸入作用时，其毒性大小常用两个数据表示：一是引起中毒的染毒空气浓度 C；二是人员未戴呼吸道防护器材在染毒空气中呼吸的时间，称为暴露时间 t。毒性大小可用这两个数据的乘积浓时积（Ct 值）表示。Ct 值是一种阈值，小于此值时不引起中毒，只有等于或大于此值时才引起中毒。具体地说，某一物质在浓度 C 时，人员暴露 t 时间以上能引起中毒，或人员在某一物质的染毒空气中暴露 t 时间，在染毒空气浓度 C 以上时能引起中毒。Ct 值可看作一常数，它取决于毒剂种类、个体差异和中毒条件。然而这一常数只适用于暴露时间较短的情况下。在暴露时间较长或毒剂浓度很低时，测得的致死浓时积往往偏高，特别是那些易于排出体外或体内易于失去毒性的毒物更是如此。浓时积 Ct 值没有考虑到暴露时间内人员的呼吸状况。众所周知，人员在运动时的肺通气量比在安静时大得多。因此，在浓度 C 的染病空气中暴露时间 t，活动时吸入的毒剂量比静止时大得多。换言之，达到同一伤害程度的毒害剂量，在单位时间内活动状态比在静止状态时小得多。

毒负荷准则。毒物对人员的伤害程度还可用毒负荷（toxic load）衡量，它是毒物浓度和接触时间的函数，其表达式为

$$\mathrm{TL} = kC^n t^m \tag{5-77}$$

其中，TL 为毒负荷，ppm·s；与靶剂量有关的系数 k，通常 $k \leqslant 1$；毒气浓度 C，ppm，应大于急性阈作用浓度；接触时间 t，min；n 为浓度对 TL 贡献的修正系数，反映毒物浓度在中毒效应中的作用，$n > 1$ 或 $n \leqslant 1$；修正系数 m，反映接触时间对 TL 贡献的修正指数在中毒效应中的作用，由于机体在吸收毒物的同时发生代谢转

化和排出过程，故通常 $m \leqslant 1$。

若吸入 CO，血液碳氧血红蛋白（HbCO）比例达 65%即不能存活，CO 毒负荷为 HbCO65%。人体对某一毒物的致死毒负荷几乎是一个恒定值。当接触时间不超过 30 min 时，HbCO 形成与 CO 浓度及接触时间的关系符合式（5-78）：

$$HbCO\% = C^{0.858}t^{0.53}/197 \tag{5-78}$$

其中，C 为 CO 浓度，ppm；t 为接触时间，min。

（二）毒害气体伤害区域

根据历次有毒气体泄漏事故中人员伤亡情况，可将事故范围划分为致死区、重伤区、轻伤区和吸入反应区。

毒物对人群反应的强弱呈剂量-反应关系。后者指接触某定量危害因素所致特定效应（如死亡）在接触群体中所占百分数。决定中毒程度的是作用于靶器官或靶分子的剂量。而靶剂量与吸入毒物的浓度及接触时间有关。由于吸入毒物的浓度有时可对靶剂量起着决定性的作用。许多毒气当浓度超过一定限度时，可使接触者发生"电击样"中毒，而低于某一浓度阈值，接触时间再长也不会急性中毒。毒物事故中，空间某点 $P(X, Y, Z)$ 在某时刻 t 的瞬时浓度 C 取决于气体泄漏速度、泄漏总量、温度、风向、风速、巷道形貌等因素。对事发时停留在 P 点的人员而言，求其伤害程度，只要考虑该点的平均浓度 C_p 和接触时间 t 就够了。一次高浓度接触可能造成畸后果，均不作为伤害分区的依据。

1. 致死区（A 区）

本区人员若缺少防护或未能及时逃离，则将无例外地蒙受严重中毒，其中半数左右人员可能中毒死亡，中毒死亡的概率在半数以上。

2. 重伤区（B 区）

本区内大部分人员蒙受重度或中度中毒，须住院治疗，有个别人甚至中毒死亡。

3. 轻伤区（C 区）

本区内大部分人员有轻度中毒或吸入反应症状，门诊治疗即可康复。

4. 吸入反应区（D 区）

本区内一部分人员有吸入反应症状，但未达中毒程度，一般在脱离接触后 24 h 内恢复正常。

通常，上述四个区是由内向外分布的，居内的重伤害区边界线，即外侧较轻伤害区的内边界。"吸入反应区"的外边界不一定要确定出来。致死区和重伤区是疏散、抢救的重点区域，轻伤区也应在疏散之列。

（三）暴露时间的确定

任意时刻有毒气体的浓度可利用扩散模型等计算得到，而接触时间则依据下述原则确定。

1）瞬时泄放，人在毒气云中的暴露时间等于浓度大于人的最大忍受浓度的毒气云经过时间。

2）连续泄放，在泄放源周围人员无任何准备的情况下，人在毒气云中的暴露时间等于毒气泄漏持续时间。如果泄放源周围人员经过事故防护教育，接到报警后能采取有效防护措施或转移到安全地带，可按事故发生到采取安全防护措施或疏散进入安全区所需时间确定人在毒气云中的暴露时间。

接触时间取决于毒气量、泄放速度、泄放持续时间和人的行为。历次毒物泄漏事故证明造成严重伤害的人群接触高浓度的时间一般不超过 30 min，因为在这段时间里人员可以逃离现场。事故的全部影响时间大多在 60 min 之内，越近泄放源浓度越高、伤亡越严重。为便于比较，"致死区"和"重伤区"的最长接触时间假定为 30 min；"轻伤区"由于覆盖面积大，疏散困难，最长接触时间假定为 60 min，"吸入反应区"由于浓度较低，人们尚能忍受，接触时间不限·。

（四）毒害气体传播伤害分区

煤矿安全规程规定，矿井 CO 有害气体最高允许浓度为 0.0024%，超过此浓度，人就会受到伤害。如表 5-7 所示，人体中毒程度和快慢与 CO 浓度的关系。

表 5-7 人体中毒程度和快慢与 CO 浓度的关系

中毒程度	中毒时间	CO 浓度/（mg/L）	CO 体积浓度/%	中毒症状
无征兆或轻微征兆	数小时	0.2	0.016	—
轻微中毒	1h 内	0.6	0.048	耳鸣，心跳，头昏，头痛
严重中毒	0.5～1h 内	1.6	0.128	耳鸣，心跳，头痛，四肢无力，哭闹，呕吐
致命中毒	短时间内	5.0	0.400	丧失知觉，呼吸停顿

考虑到煤矿井下受限空间毒害气体扩散的特点及爆炸的瞬时泄放等特点，伤害模型采用毒物浓度-时间伤害准则来建立。CO 毒害气体的浓时积按毒害程度的不同可分为若干等级，常用的分级有：致死浓时积，能使 50% 左右人员死亡的浓时积称半致死浓时积，以 LC_{t50} 表示；失能浓时积，能使 50% 左右人员丧失能力而未引起死亡的浓时积，以 IC_{t50} 表示；中毒浓时积，能使 50% 左右人员中毒的浓时积，以 PC_{t50} 表示。致死区：$LC_{t50} = 192$ g·min/m³；重伤区：$IC_t = 96$ g·min/m³；轻伤区：$PC_t = 14.4$ g·min/m³，即毒气 CO 的致死区半致死剂量为 192 g·min/m³（240 000 ppm·min）；重伤区半伤害剂量为 96 g·min/m³（120 000 ppm·min）；轻伤区半中毒剂量为 14.4 g·min/m³（18 000 ppm·min）。根据上述假设的接触时间，致死区浓度阈值为 6.4 g/m³，重伤区浓度阈值为 3.2 g/m³，轻伤区浓度阈值为 0.24 g/m³。

1. 毒害气体传播伤害死亡区

当 $c_{max} \geqslant 6.4$ g/m^3 的区域称为死亡区，按 50 g/m^3（体积分数为 4%）的煤尘爆炸产生有毒气体 CO 量计算，可得

$$1.75Mr^{-\frac{1}{2}}\alpha^{-\frac{1}{4}}x^{-\frac{1}{2}} \geqslant 6.4 \tag{5-79}$$

其中，参与爆炸的煤尘量 M，m^3；井巷半径 r，m；其余各符号含义同上文。

由式（5-79）可得煤尘爆炸事故毒气伤害死亡区的计算公式：

$$x \leqslant 0.075M^2r^{-1}\alpha^{-\frac{1}{2}} \tag{5-80}$$

2. 毒害气体传播伤害重伤区

当 6.4g/m$^3 \geqslant c_{max} \geqslant 3.2$ g/m^3 的区域为重伤区，同理，可得爆炸事故毒气伤害重伤区的计算公式：

$$3.2 \leqslant 1.75Mr^{-\frac{1}{2}}\alpha^{-\frac{1}{4}}x^{-\frac{1}{2}} \leqslant 6.4 \tag{5-81}$$

由式（5-81）可得煤尘爆炸事故毒气伤害重伤区的计算公式：

$$0.075M^2r^{-1}\alpha^{-\frac{1}{2}} \leqslant x \leqslant 0.3M^2r^{-1}\alpha^{-\frac{1}{2}} \tag{5-82}$$

3. 毒害气体传播伤害轻伤区

当 $c_{max} \leqslant 0.24$ g/m^3 的区域称为轻伤区，同理，可得爆炸事故毒气伤害轻伤区的计算公式：

$$1.75Mr^{-\frac{1}{2}}\alpha^{-\frac{1}{4}}x^{-\frac{1}{2}} \leqslant 0.24 \tag{5-83}$$

由式（5-83）可得煤尘爆炸事故毒气伤害轻伤区的计算公式：

$$x \geqslant 53.17M^2r^{-1}\alpha^{-\frac{1}{2}} \tag{5-84}$$

瓦斯爆炸毒害气体在爆炸巷道内传播一段距离后进入巷道网络中传播，集中有害气体在网络中除了以平移-扩散形式传播以外，在网络节点处还要与其他风路中的风流相混合，并分流到其他风路中去。因此改变了瓦斯爆炸生成的毒害气体的稀释过程，扩大了集中有毒气体的污染范围。结合煤矿实际，建立毒害气体在通风网络中浓度分布模型。

设有通风网络 $G(V, E)$，$|V|=m$，$|E|=n$，初始时刻在 e_j 风路中产生集中有害气体，则该风路中毒害气体浓度分布为

$$c_j(x,t) = c_j^0 + c_j'(x,t) \tag{5-85}$$

其中，该风路气体的稳态浓度 c_j^0；以集中毒害气体产生地点为原点的位置坐标 x；集中毒害气体浓度 $c_j'(x,t)$。

$$c_j'(x,t) = \frac{M_j}{\sqrt{4\pi E_{xj}t}}e^{\frac{(x-u_jt)^2}{4E_{xj}t}} \tag{5-86}$$

其中，M_j、u_j、E_{xj}分别为e_j风路中瓦斯爆炸产生的集中毒害气体的量、风速和弥散系数。

瓦斯爆炸产生的集中毒害气体汇集到节点时，要与其他流向该节点的风流混合，并分流到其他风流中去。设节点处风流均匀混合，则节点处集中毒害气体的浓度为

$$D_i(t) = \frac{\sum_{j=1}^{n} b_{ij} Q_j c_j(x_j,t)}{\sum_{j=1}^{n} b_{ij} Q_j} \quad (5\text{-}87)$$

其中，

$$b_{ij} = \begin{cases} 1 & \text{风路 } e_j \text{ 以 } i \text{ 节点为终点} \\ 0 & \\ \text{其他} & \end{cases}$$

时刻节点$D_i(t)$的毒害气体浓度$D_i(t)$；风路中j的风量$Q_j(j=1,2,3,\cdots)$；集中毒害气体从原点到节点的距离x_i。

汇流后的毒害气体浓度将以节点浓度值向下风测风路中传播，风路中的气体浓度为

$$c_{ik}(x,t) = c_{ik}^0 + k_i c_{ik}(x,t) \quad (5\text{-}88)$$

$$k_i = \frac{D_i(t)}{c_j(x_j,t)} \quad (5\text{-}89)$$

$$c_{ik} = \frac{M_{ik}}{\sqrt{4\pi E_{xk}t}} e^{\frac{(x-u_k t_k)^2}{4E_{xk}t}} \quad (5\text{-}90)$$

其中，集中毒害气体节点稀释系数k_j；以节点i为起点的风路e_k中有害气体浓度c_{ik}；风路的风速$u_k - e_k$；风路的弥散系数$E_{xk} - e_k$；风路的传播时间$t_k - e_k$；进入e_k风路的毒害气体量$t_k = t - x_j/u_j$。

$$M_{ik} = M_j \frac{Q_k}{\sum b_{ij} Q_j} \quad (5\text{-}91)$$

令$t_{aj} = x_j/u_j$，风路的时间常数$t_{aj} - e_j$，当风流稳定时，各风路的时间常数为定值。

利用式（5-91），可以计算出矿井爆炸生成的集中毒害气体在通风网络中的浓度分布，具体应用解算采用计算机编程。

第六章　瓦斯爆炸应急救援预案

生产安全事故应急救援工作是政府为减少事故的社会危害，及时进行事故抢险，减少人员伤亡、财产损失和环境污染，按照预先制订的应急救援预案进行的事故抢险救援工作。生产安全事故应急救援工作，应坚持"以人为本、预防为主、快速高效"的方针，贯彻"统一领导、属地为主、协同配合、资源共享"的原则。随着生产社会化的不断深入，建立完善的事故应急救援体系是保障我国经济快速稳健发展和构筑和谐社会的必然要求。

为了预防和控制潜在的事故或紧急情况发生时，做出应急准备和响应，最大限度地减轻可能产生的事故后果，需要建立应急管理制度。应急和应急管理工作实行统一领导，分级负责。在公司的统一领导下，建立健全"分级管理，分线负责"为主的应急管理体制；各级领导各司其职、各负其责，应充分发挥应急响应的指挥作用。应坚持预防与应急相结合、常态与非常态相结合，常抓不懈，在不断提高安全风险辨识、防范水平的同时，加强现场应急基础工作，做好常态下的风险评估、物资储备、队伍建设、完善装备、预案演练等工作。强化一线人员的紧急处置和逃生的能力，"早发现、早报告、迅捷处置"。居安思危，预防为主[89]。

第一节　事故应急救援体系

一、事故应急救援管理

事故应急救援管理是一个不断循环的过程，是对重大事故的全过程管理，贯穿于事故发生前、中、后的各个过程，"预防为主，常备不懈"。通常说的"养兵千日用兵一时"实际上也可以用到事故应急救援当中，这个过程就是用兵，平时注重养，随时做好准备。

事故应急救援的管理过程包括预防、准备、响应、恢复，进行完一个应急救援过程以后，又进入了下一个应急救援的循环过程。

1）预防：一是预防事故发生；二是降低事故后果的严重性。

2）准备：应急机构的建立和职责落实、预案的编制、应急队伍的建设、应急设备、物资的准备和维护、预案的演练、与外部应急力量的衔接等。

3）响应：事故的报警与通报、人员疏散、急救与医疗、消防和工程抢险措施、信息收集与应急决策和外部救援等。

4）恢复：包括事故损失评估、原因调查、清理废墟等。

二、事故应急救援体系的基本构成

（一）应急救援体系

一个完整的应急体系应该有以下四个组成部分。

1. 组织体制

包括管理机构、功能部门、应急指挥、救援队伍。从组织体制上保证有兵可用，听从指挥。

国务院成立国家生产安全事故应急救援工作领导机构。国家生产安全事故应急救援工作领导机构由国务院领导，国务院安全生产监督管理部门和有关部门、人民解放军、武装部队的负责人组成，具体工作由国务院安全生产监督管理部门承担。国家生产安全事故应急救援工作领导机构应履行以下职责。

1）研究提出全国生产安全事故应急救援工作的重大方针政策；研究部署、指导协调全国生产安全事故应急救援工作。

2）协调指挥涉及多个部门、跨地区、影响特别恶劣的生产安全事故的应急救援工作。

3）根据应急救援工作的需要，请调和协调人民解放军、武警部队参加生产安全事故应急救援工作。

4）协调与自然灾害、公共卫生和社会安全突发事件应急救援机构之间的关系。

5）协调、处理境内重大生产安全事故中涉外及港、澳、台相关事务。

国家设立国家生产安全事故应急救援指挥机构，负责全国生产安全事故应急救援工作的协调和指导，具体负责特别重大生产安全事故的应急救援工作。

国家建立生产安全事故专业应急救援指挥机构，由国务院批准设立，负责本行业或者本领域的生产安全事故应急救援工作，配合国家生产安全事故综合应急救援指挥机构和地方人民政府开展生产安全事故的应急救援工作。

国家建立的区域性生产安全事故应急救援组织，由国务院批准成立，主要承担特别重大生产安全事故的应急救援工作。根据省、自治区、直辖市人民政府的请求，区域性生产安全事故应急救援组织应当协助当地人民政府开展生产安全事故的应急救援工作。

省、自治区、直辖市人民政府应当成立本行政区域的生产安全事故应急救援工作领导机构和生产安全事故的应急救援指挥机构，并根据需要建立重点生产安全事故应急救援组织。市（地）级、县（市、区）级人民政府应当成立本行政区域的生产安全事故应急救援工作领导机构和生产安全事故的应急救援指挥机构。

现场应急救援指挥机构应急救援指挥坚持属地为主、条块结合的原则，由地方政府负责，根据事故的响应等级，按照预案由相应的地方政府或者专业应急指挥机构组成现场应急救援指挥部，由地方政府负责人或专业应急指挥机构负责人担任总指挥，统一指挥、协调应急救援行动。

2. 运作机制

包括统一指挥、分级响应、属地为主、公众动员。应急救援的组织，也包括对事故所影响到的居民群众，都要有效地运作。在运行过程中涉及如下组织或机构。

1) 应急救援专家组。应急救援专家组在应急救援准备和应急救援中起着重要的参谋作用。在应急救援体系中，应针对各类重大危险源建立相应的专家库。专家组应对该地区、行业潜在重大危险的评估、应急救援资源的配备、事态及发展趋势的预测、应急力量的重新调整和部署、个人防护、公众疏散、抢险、监测、清消、现场恢复等行动提出决策性的建议。

2) 医疗救治组织。通常由医院、急救中心和军队医院组成。应急救援中心应与医疗救治组织建立畅通的联系渠道，要求医疗救治组织针对各类重大危险源建立相关的救治方案、准备相关的救治资源；在现场救援时，主要负责设立现场医疗急救站，对伤员进行现场分类和急救处理，并及时合理转送医院治疗救治，同时对现场救援人员进行医学监护。

3) 抢险救援组织。主要由公安消防队、专业应急救援组织、军队防化兵和工程兵等组成。其主要职责是尽可能、尽快控制并消除事故，营救受伤、受困人员。

4) 监测组织。主要由环保监测站、卫生防疫站、军队防化侦察分队、气象部门等组成，负责迅速测定事故的危害区域、范围及危害性质，监测空气、水、设备（施）的污染情况及气象监测等。

5) 公众疏散组织。主要由公安、民政部门和街道居民组织抽调力量组成，必要时可吸收工厂、学校中的骨干力量参加，或请求军队支援。主要负责根据现场指挥部发布的警报和防护措施，指导相关地域的居民实施隐蔽；引导必须撤离的居民有序地撤至安全区或安置区；组织好特殊人群的疏散安置工作；引导受污染的人员前往洗消去污点；维护安全区或安置区的秩序和治安。

6) 警戒与治安组织。通常由公安部门、武警、军队、联防等组成。主要负责对危害区外围的交通路口实施定向、定时封锁，阻止事故危害区外的公众进入；指挥、调度撤出危害区的人员和车辆顺利地通过通道，及时疏散交通阻塞；对重要目标实施保护，维护社会治安。

7) 洗消去污组织。主要由公安消防队伍、环卫队伍、军队防化部队组成。其主要职责有：开设洗消点（站），对受污染的人员或设备、器材等进行消毒；组织地面洗消队实施地面消毒，开辟通道或对建筑物表面进行消毒；临时组成喷雾分队，降低有毒有害的空气浓度，减少扩散范围。

8) 后勤保障组织。主要涉及计划部门、交通部门、电力、通讯、市政、民政部门，物资供应企业等。主要负责应急救援所需的各种设施、设备、物资及生活、医药等后勤保障。

9）信息发布组织。主要由宣传部门、新闻媒体、广播电视系统等组成。负责事故和救援信息的统一发布，以及及时准确地向公众发布有关保护措施的紧急公告等。

10）其他组织。主要包括参加现场救援的志愿者等。

3．**法制基础**

重大事故应急救援体系的建立与应急救援工作的高效开展，必须有相应的法律法规作为支撑和保障，明确应急救援的方针与原则，规定有关部门在应急救援工作中的职责，划分响应级别，明确应急预案编制和演练要求、资源和经费保障、索赔和补偿、法律责任等。

包括紧急状态法、应急管理条例、政府令、标准等。做到"依法行使，依法行政"，这也是我们国家法制建设的一个基本要求。

4．**保障系统**

保障系统包括信息通讯、物资装备、人力资源、经费财务。一个完善的保障系统包括信息的通信，在事故发生以后，要和各方进行及时的联络，必须要有通讯及物资、人员和经费的保障，应急救援工作才会顺利地进行。支持保障系统的主要功能是保障重大事故应急救援工作的有效开展。主要包括以下几个方面。

1）通讯系统。通讯系统是保障应急救援行动的关键。应急救援体系必须有可靠的通讯保障系统，保证应急救援过程中各救援组织内部，以及内部与外部之间通畅的通讯，并应设有备用通讯系统。

2）警报系统。应建立重大事故警报系统，及时向受事故影响的人群发出警报和紧急公告，准确传达事故信息和防护要求。该系统也应设有备用的警报系统。

3）技术与信息支持系统。重大事故的应急救援工作离不开技术与信息的支持。应建立应急救援信息平台，开发应急救援信息数据库和决策支持系统，建立应急救援专家组，为现场应急救援决策提供所需的各类信息和技术支持。

4）宣传、教育和培训体系。在充分利用已有资源的基础上，建立起应急救援的宣传、教育和培训体系。一是通过各种形式和活动，加强对社会公众的应急知识教育，提高应急意识，如应急救援政策、基本防护知识、自救与互救基本知识等；二是为全面提高应急队伍的作战能力和专业水平，设立应急救援培训基地，对各类应急救援人员进行相关专业技术的强化培训，如基础培训、专业培训、战术培训等。

（二）矿山应急救援体系

根据国家煤矿安全监察局（简称国家局）关于建立国家矿山应急救援体系

的工作部署，依据《安全生产法》、《矿山安全法》、《煤矿安全监察条例》和其他法律法规的规定制订了国家矿山应急救援体系建设方案。该体系由矿山应急救援管理系统、组织系统、技术支持系统、装备保障系统和通讯信息系统五部分组成[90]。

1. 矿山应急救援管理系统

该系统由国家矿山应急救援委员会、国家局矿山救援指挥中心、省级矿山救援指挥中心、市级及县级矿山应急救援指挥部门及矿山应急救援管理部门等组织（机构）组成。

国家矿山应急救援委员会是在国家局领导下负责矿山应急救援决策和协调的组织。主任、副主任由国家局领导兼任，委员由国家局有关司、处（总）负责人、国家及省矿山救援指挥中心负责人、区域矿山救护队伍指挥员、矿山救护专家以及国家矿山救援技术研究、实验、培训中心负责人组成，全部为兼职。

国家局矿山救援指挥中心受国家局委托，组织协调全国矿山应急救援工作。其机构设置及职能如下。

（1）职责范围

组织协调全国矿山应急救援工作；负责国家矿山应急救援体系建设工作；组织起草有关矿山救援方面的规章、规程和安全技术标准；承办矿山应急救援新技术、新装备的推广应用工作；负责矿山救护比武、矿山救护队伍资质认证工作；承办全国矿山救护技术培训工作；承办有关国际矿山救护技术交流与合作项目；完成国家局交办的其他事项。

（2）内设机构及其职能

根据职责范围，矿山救援指挥中心设四个处，即综合处、救援处、技术处和管理处。

综合处的职责是：负责规章制度的建设，搞好对外、对内服务；负责中心工作的计划与总结，组织全国矿山应急救援工作会议；负责督促、检查、催办中心办公会议决定事项及上级机关交办的事项；负责全国矿山救援系统的新闻宣传工作。

救援处的职责是：组织协调全国矿山应急救援工作；根据需要调动救援队伍、救援专家、救援装备；定期组织预防性安全检查，建立事故预测预警机制；负责应急救援预案编制，指导各省（区）矿山应急救援预案的编制工作；组织全国矿山救护比武，指导各省区训练比武活动；负责指导矿山救援队伍的日常工作，组织战备训练；负责全国矿山救护队伍、资源、装备管理，负责全国矿山救援专家组的组织与管理工作，联系矿山医疗救护工作；组织召开矿山救援技术、战术研讨会议。

技术处的职责是：负责组织起草有关矿山救援方面的规章、规程和安全技术标准；负责编制国家矿山救援体系建设规划；负责组织、管理矿山救援科研项目课题的立项及计划的实施；负责承办矿山应急救援新技术、新装备的推广应用工作；编制基地矿山救援队伍的技术装备配备计划；负责指导矿山救援技术研究中心、培训中心工作；负责承办有关国际矿山救护技术交流与合作项目；联系矿山救护专业委员会、《矿山救护》编辑部；负责矿山应急救援网络的建设与管理；负责矿山救援技术培训，组织考核、发证。

管理处的职责是：负责国家矿山救援体系、队伍、作风建设等管理工作；指导、协调省级矿山救援指挥中心；负责组织国家级救援基地的建设和管理；负责矿山救护队伍资质认证工作；负责组织制定《矿山救援质量标准化达标验收细则》，组织、指导质量标准化工作；负责管理全国矿山救援队伍的通讯调度工作；负责全国矿山应急救援年度统计报表的编制；适时分析全国救援动态，定期在救援网站上发布相关信息。

在国家局矿山救援指挥中心的指导协调下，建立了省级矿山救援指挥中心，协调指挥辖区矿山应急救援工作。至 2004 年 9 月，经国家局批复相继成立了山东矿山救援指挥中心、湖南矿山救援指挥中心、河南矿山救援指挥中心、新疆矿山救援指挥中心、内蒙古矿山救援指挥中心、四川矿山救援指挥中心、云南矿山救援指挥中心、山西矿山救援指挥中心、黑龙江煤矿抢险救援指挥中心、安徽煤矿救援指挥中心、辽宁煤矿救援指挥中心、贵州煤矿救援指挥中心、甘肃煤矿救援指挥中心及宁夏煤矿救援指挥中心 14 个省级矿山救援指挥中心；经省政府批复成立的有青海省和河北省两个矿山救援指挥中心。还有一些省区正积极运作、筹建和申报待批。

2. 矿山应急救援组织系统

该系统分为救护队伍和医疗队伍。救护队伍由区域矿山救援基地、重点矿山救护队和矿山救护队组成。急救医疗队伍包括国家局矿山医疗救护中心、区域和重点医疗救护中心和企业医疗救护站，负责矿山灾变事故的救护及医疗。

根据国家局党组"以煤矿救护队为基础，向非煤扩展，建立矿山应急救援体系"的精神，规划了以救援力量较强，装备先进，救灾经验丰富和交通便利的平顶山、大同、淮南、六枝、开滦、鹤岗、兖州、平庄、铜川、芙蓉、新疆、甘肃金川、江西铜业和广西华锡 14 支矿山救护队伍为基础，按照国家重点装备、地方政府组织建设，依托优势企业的模式，经过改造、补充、完善，建设国家级区域矿山救援基地。各级政府、相关省局和矿山救护队高度重视，加大装备和资金投入，补充人员、规范管理，取得了阶段性成果。

国家局矿山救援指挥中心在建立国家级区域矿山救援基地的基础上，与各省共同研究，制订了省级矿山救援基地建设规划。初步规划 77 个矿山救护队，经过技术改造，建设省级矿山救援基地。河南等省局通过整合优化矿山救护资源，加大救护装备和资金投入，已经初步建成了一个统一高效的矿山救护网络，基本实现了全省矿山救援队伍统一指挥、分级指导、重点扶持、协调高效的管理体制。

国家矿山医疗救护中心规划在各省区建立 37 个省级矿山医疗救护基地，至 2004 年 9 月，已有六家正式挂牌，投入建设。

通过国家级、省级基地，基层救护队伍和矿山医疗救护队伍的建设，初步形成了分级管理、统一指挥、职责明晰、协同作战的矿山救援网络。

3. 矿山应急救援技术支持系统

该系统包括国家矿山应急救援专家组、国家局矿山救援技术研究实验中心、国家局矿山救援技术培训中心，负责为应急救援工作提供技术和培训服务。

国家矿山救援技术专家组，从全国矿山、科研院校聘请救援技术专家，分设瓦斯（煤尘）火灾、水灾、顶板、综合、医疗六个专业组。为国家矿山应急救援工作的发展战略与规划、法规、规定、技术标准的制（修）订提供专家意见；为特大、复杂矿山灾变事故的应急处理提供专家支持（包括现场救灾技术支持和通过远程会商视频系统等方式的技术支持）；总结和评价矿山救援和事故抢险救灾工作的经验等。

4. 矿山应急救援装备保障系统

该系统的基本框架是：国家局矿山救援指挥中心购置先进的、具备较高技术含量的救灾装备与仪器仪表，储存在区域矿山救援基地，用于支援重大、复杂灾害的抢险救灾；区域矿山救援基地要按规定进行装备并加快现有救护装备的更新改造，配备较先进、关键性的救灾技术设备，用于区域内或跨区域矿山灾害的应急救援；重点矿山救护队负责省（市、自治区）内重大特大矿山事故的应急救援，按规定配齐常规救援装备并保持装备的完好性。

5. 矿山应急救援通讯信息系统

该系统以国家局中心网站为中心点，建立完善的抢险救灾通讯信息网络，使国家局矿山指挥中心、省级矿山救援指挥中心、各级矿山救护队、各级矿山医疗救护中心、各矿山救援技术研究实验培训中心、地（市）及县（区）应急救援管理部门和矿山企业之间，建立并保持畅通的通讯信息通道，并逐步建立起救灾远程会商视频系统。矿山应急救援通讯信息系统在国家局矿山救援指挥中心与国家局调度中心之间实现电话、信息直通。

6. 矿山应急救援的基本程序

当矿山发生灾变事故时，以企业自救为主。企业救护队和医院在进行救助的同时，上报上一级矿山救援指挥中心（部门）及政府。当本企业救援能力不足以有效抢险救灾时，应立即向上级矿山救援指挥中心提出救援要求。

各级救援指挥中心对得到的事故报告要迅速向上一级汇报，并根据事故的大小、救援的难易程度等决定调用重点矿山救护队或区域矿山救护基地以及矿山医疗救护中心实施应急救援。

省内发生重特大矿山事故时，省内区域矿山救援基地和重点矿山救护队的调动由省级矿山救援指挥中心负责。

国家局矿山救援指挥中心负责调动区域矿山救援队伍进行跨省区应急救援。

三、事故应急救援体系的响应机制

典型的响应级别可分为三级，级别自一级逐渐降低。

1）一级紧急情况。级别最高。事态发展比较严重，必须利用所有有关部门及一切资源的紧急情况，或者需要各个部门同外部机构联合处理的各种紧急情况，通常要宣布进入紧急状态。假如本企业的力量不够，要外部机构进行增援的情况，称为紧急情况。

2）二级紧急情况。只需要两个或更多部门响应的紧急情况。

3）三级紧急情况。程度最小的一级响应。能被一个部门正常可利用的资源处理的紧急情况。范围一般比较小，只在某一个区域内。

长期以来瓦斯爆炸事故在重特大事故中所占比例居高不下，尤其是近几年能源消耗大大增加，煤炭需求量大幅度提高，煤矿企业生产规模增大，重特大瓦斯爆炸事故频繁发生，已成为制约煤炭安全生产的瓶颈。从安全哲学的角度看，危险是绝对的，安全是相对，事故是可以预防的，但从目前的安全科技水平来讲，还没有完全达到有效预测和预防所有煤矿事故的程度。

应急救援是经历惨痛事故后得出的教训。建立瓦斯爆炸事故应急救援机制，制订应急救援计划，及时有效地实施应急救援行动。不但可以预防重大的瓦斯爆炸事故灾害的发生，而且一旦出现紧急情况，人们可以按照预先制订的计划和步骤进行救援行动，从而有效地减少经济损失和人员伤亡。

鉴于目前严峻的安全生产形势，尤其是煤矿，要想防止和减少生产安全事故，减少事故中的人员伤亡和财产损失，促进安全生产形势的稳定好转，生产安全事故应急管理与应急救援体系的建立就显得十分迫切和必要。在《国务院关于进一步加强企业安全生产工作的通知》（国发〔2010〕23号）中，第五章重点突出了要"建设更加高效的应急救援体系"，要求要加快国家安全生产应急救援基地建设，建立完善企业安全生产预警机制和完善企业应急预案。

瓦斯爆炸事故应急救援是矿山事故应急救援的重要组成部分，针对我国煤矿安全生产现状及存在的问题，借助先进计算机技术和信息技术手段，加强瓦斯爆炸事故应急救援体系建设，提升煤矿应急管理水平，辅助煤矿实现安全生产是必然的选择；而建立瓦斯爆炸事故应急管理、救援辅助指挥管理信息系统是遏止事故蔓延、减少事故伤亡的一剂良方，也是当前我国煤矿安全生产工作中的建设重点。

在工业发达国家，应急救援工作已经成为整个国家危机处理的一个相当重要的组成部分。尤其是进入 20 世纪 90 年代后，一些工业发达国家把应急救援工作作为维护社会稳定、保障经济发展、提高人民生活质量的重要工作内容。事故应急救援已成为维护国家管理能够正常运行的重要支撑体系之一。美国、欧盟、日本、澳大利亚等地区和国家在应急救援法规、应急管理机构、应急指挥系统、应急资源保障、应急预案和公民知情权等方面，都形成了比较完善的应急救援体系及支持系统。在应急预案编制方面，美国出台了《综合应急计划指南》、《危险物质应急计划编制指南》、加拿大出台了《工业应急计划编制指南》、澳大利亚出台了《社区应急计划编制指南》等。

经过多年的努力，工业发达国家和一些发展中国家都建立了符合本国特点的应急救援体系，包括建立了国家统一指挥各国对矿山的应急救援工作。美国、德国、波兰、南非等国家的矿山应急救援体系比较健全。近几年来，国外学者对应急救援主要围绕以下几个方面进行了研究：应急管理体系和应急机制方面、应急资源的布局调度和评估方面、应急决策和决策支持系统方面。

煤矿事故应急救援是煤矿安全工作的重要组成部分。长期以来，我国煤矿救护工作在煤矿的灾害救治中发挥了重要作用。但应急救援技术的发展却相对缓慢，客观上主要是由于对某些灾害事故发生、发展的机理尚未完全掌握清楚，救援技术及装备的研究相对灾害的监测预防难度更大，影响了其发展。主观上是由于我国重大事故的应急救援体系尚未建立健全。近几年，随着煤矿安全监察体系的逐步健全与完善、安全投入的逐年增加，我国煤矿应急救援技术有了较大发展，应急救援能力随之提高。例如，近年来我国已采用互联网地理信息系统（WebGIS）技术开发出基于浏览器的数字地图抢险救援预案编制技术。已经解决了网络数字地图制作难题，能够直接在屏幕数字电子地图上编制生成抢险救援图层，救援图层可通过网络收发，从而实现网络抢险救灾调度图形化管理，为建立网络化抢险救灾指挥系统提供了核心技术支持。通过采用先进的 Internet/Intranet 网络技术、互联网地理信息系统（WebGIS）技术、先进的远程分布式数字图形化工业测控技术、先进的光纤通讯技术和先进的煤矿安全管理专业技术，开发出可适用于县、市等多级调度的应急救援指挥系统。在救援指挥系统的屏幕上可直接以数字地图的方式查看分析煤矿状况，通过实时监测状态进行灾害发展趋势分析。在系统功能、产品结构及系统灵活性、可靠性和稳定性等方面均有了较大的提高，实现了井下大范围内救灾应急通信和指挥通信。

我国各种煤矿监测监控技术发展较快，监测监控产品涉及煤矿安全生产的各个方面，从而大大提高了煤矿安全防治水平，部分产品同时也具备了为事故救援提供服务的能力。然而煤矿事故的应急救援本身就是一个巨大的系统工程，根据发生事故灾害的类型、事故可能引起的破坏程度、发生事故的矿井地质条件等的不同，所采用的救援技术和装备也不尽相同。同时救援方案的确定、技术与装备的采用都需要在短时间内做出准确的判断和协调管理，才能真正达到应急救援的目的。目前我国在煤矿事故应急预案编制和指挥调度、救灾通讯和装备方面开展了较为深入的研究，并取得了一些进展。

我国煤矿应急救援体系建设越来越成为煤炭工业部门的热门话题，百姓关心、政府重视。显然，尽快组建起以国家煤矿安全监察局煤矿救援指挥中心为核心的煤矿应急救援系统已成当务之急。为此，国家煤矿安全监察局也将组建矿山救援指挥中心作为重中之重的工作。根据筹备中的国家煤矿安全监察局煤矿救援指挥中心发展方案，未来的国家煤矿安全监察局煤矿救援指挥中心结构框架体系，包括五大系统：煤矿救护及应急救援管理系统、煤矿救护及应急救援组织系统、煤矿救护及应急救援技术支持系统、煤矿救护及应急救援装备保障系统、煤矿救护及应急救援通讯信息系统。我国煤矿重大灾害事故应急救援中存在一些问题，主要有以下几个方面[89]。

1. 瓦斯防治技术有待新的突破

我国多年矿井瓦斯防治的理论和实践表明，瓦斯爆炸、瓦斯突出机理及突出预测预报等是瓦斯防治研究的中心内容。而瓦斯爆炸事故的瓦斯来源很多情况下与瓦斯突出事故相关，所以要杜绝瓦斯爆炸事故还需从根本上消除瓦斯突出事故。突出机理是这一研究的核心，而预测预报是这一研究目标的应用，不言而喻，二者相辅相成。只有弄清瓦斯突出事故的实质，才能有针对性、有实际效果地实施瓦斯突出预测预报，也才能有根据地采取有效的防治措施，从而引起对瓦斯突出事故防治的研究逐步深化和突破，把对矿井瓦斯防治的研究推向一个新的发展高度。目前，矿井瓦斯防治的研究在理论上相对成熟，特别是周世宁和何学秋突出机理的流变假说、蒋承林和俞启香的地壳失稳假说、梁冰和章梦涛的固流耦合失稳理论、郭德勇和韩德馨的黏滑失稳机理等的提出，使矿井瓦斯的防治有了很大的提高。但是随着煤矿开采水平不断加深，生产条件日趋复杂，现有的部分瓦斯理论已经无法适应当前的生产条件。同样，当前的瓦斯事故连续发生也说明了现有的部分瓦斯理论已经不适合指导我们的煤矿生产。开采深度的加深，加强对瓦斯防治的研究已经成为当前刻不容缓的任务，对做好当前煤矿安全也具有非常重要的现实意义。

2. 矿山应急救援系统的研究有待继续研究

搞好煤矿安全生产是保护国家财产和煤矿职工生命安全的一件大事，它直接关系到国民经济的发展和社会的稳定。就目前的科技水平看，煤炭行业本身就是一个高危行业，要从生产上达到绝对安全是不可能的事。所以在目前不能百分之百控制事故发生的前提下，事故的应急救援作为事故后的一种补救措施是必不可少的，事故应急救援的主要目标是控制事故的发生与发展，并尽可能消除事故，将事故对人和财产的损失降低到最低程度。通过矿山事故应急救援系统的建立与实施，可以最大限度地减少事故的发生或降低事故的损失。我国矿山救援开展相对较早，并取得了一定的成就，同时我国矿山救援体系也正在逐渐形成和完善，但国内对矿山应急救援理论研究还比较缺乏，在理论上还不完全成熟，以至于不能用正确的理论来指导实践。虽然《煤矿安全规程》规定，煤矿企业必须编制年度预防和处理计划，但还没有统一编制预案的要求，以至于预案的可行性差，在事故发生时没有一个正确的应急救援行动，事故前的准备和事故后的恢复生产与调查处理还没有和应急救援有效地联系起来，不能把它们看成是应急救援工作的重要组成部分。总之，现有的应急救援系统还不能达到安全本质化的要求。

3. 技术落后，装备数量不足，救援能力差

我国的矿山应急救援装备普遍存在数量不足、技术落后和低层次重复建设等问题，即使是我国已经非常完善的公安消防系统。在相当一部分的城市也存在应急装备和器材数量不足的现象，更不用说配备针对性不强的、特殊专用的先进救援装备和矿山应急救援装备。在我国矿山事故应急救援过程中，矿山救护队起着十分重要的作用，但煤矿企业应急队伍的建设普遍存在重视程度不够、经费不足的现象，应急装备器材的欠账较多，数量不足，而且缺乏有效的维护，一旦发生重特大事故，抢险救灾手段比较原始、落后，很难有效发挥应有的应急救援能力。

4. 缺乏必要的实际应急演习

目前，我国应急管理中普遍存在的一个问题是缺乏必要的应急演习，预案只停留在文件水平上，而没有进行有针对性的实际演习，这种预案的效果很难保证其可靠性，即使预案策划十分周密、细致，也只能是纸上谈兵。因此，应急演习不但是应急预案中必不可少的组成部分，也是应急管理体系最重要的活动之一。

由于目前我国在应急救援体系建设、基础理论及关键技术研究、科学管理和先进装备等方面远远满足不了当前严峻的安全生产形势所提出的迫切要求，与发达国家相比也有比较大的差距，如缺乏统一协调指挥、难以实现资源共享、缺乏统一的规划、布局不合理、应急装备落后、应急救援队伍力量薄弱、应急管理法制基础工作相对滞后等。鉴于目前严峻的煤矿安全生产形势，要想防止和减少瓦斯爆炸事故，减少事故中的人员伤亡和财产损失，促进煤矿安全生产形势的稳定好转，那么建立瓦斯爆炸事故应急救援体系就显得十分迫切和必要。

目前，应急救援研究的核心问题有事故的信息处理与演化规律建模、应急决策理论、紧急状态下个体和群体的心理与行为反应规律、应急准备体系的构成及其脆弱性分析理论与方法等几个方面。其中，应急决策理论主要研究事故应对决策的相关网络结构及其拓扑表达，非结构化、半结构化和结构化分析方法及其规则发现和挖掘，复杂灾害多部门协同应对流程、决策机制和运行模拟方法。对完善应急救援体系有重要意义。

第二节　应急救援预案基本知识

一、应急救援预案职能

编辑应急救援预案是指针对可能发生的事故，为迅速、有序地开展应急行动而预先制订的行动方案[89]。事故应急救援处理预案有时也称为应急处理计划。特大事故往往发生于重大危险源，因此一旦发生特大安全事故，事故区域及其邻近区域的人员生命和财产安全将会受到严重威胁。重特大事故的应急救援处理预案的编制和实施，对于发生重特大事故以后有效地开展应急救援工作、最大限度地减少人员伤亡和财产损失具有重要意义。

事故应急救援处理预案分现场预案（企业预案）和场外预案（区域预案）两种。现场预案由企业进行编制，并负责对事故潜在危险进行评估。而场外预案的编制主要由政府负责，企业配合进行。现场外的事故应急救援处理预案应由企业和地方政府部门共同编制，对重大危险源的现场事故应急救援处理预案的编制应由企业负责。

特大事故发生以后，为了抑制事故蔓延扩大，减少人员伤亡和财产损失，需要按照事先制订的事故应急救援处理预案，企业、社会相关部门各司其职，按部就班、有条不紊地开展事故救援，最大限度地减少事故损失，尽快恢复生产[90]。

（一）应急预案总指挥的职能及职责

1）分析紧急状态确定相应报警级别，根据相关危险类型、潜在后果、现有资源控制紧急情况的行动类型。

2）指挥、协调应急反应行动。

3）与企业外应急反应人员、部门、组织和机构进行联络。

4）直接监察应急操作人员行动。

5）最大限度地保证现场人员和外援人员及相关人员的安全。

6）协调后勤方面以支援应急反应组织。

7）应急反应组织的启动。

8）应急评估、确定升高或降低应急警报级别。

9）通报外部机构，决定请求外部援助。

10）决定应急撤离，决定事故现场外影响区域的安全性。

（二）抢险救援组的职能及职责

1）抢救现场伤员。

2）抢救现场物资。

3）组建现场消防队。

4）保证现场救援通道的畅通。

（三）危险源风险评估组的职能和职责

1）对各施工现场及加工厂特点及生产安全过程的危险源进行科学的风险评估。

2）指导生产安全部门安全措施落实和监控工作，减少和避免危险源的事故发生。

3）完善危险源的风险评估资料信息，为应急反应的评估提供科学的、合理的、准确的依据。

4）落实周边协议应急反应共享资源及应急反应最快捷有效的社会公共资源的报警联络方式，为应急反应提供及时的应急反应支援措施。

5）确定各种可能发生事故的应急反应现场指挥中心位置以使应急反应及时启用。

6）科学合理地制定应急反应物资器材、人力计划。

二、应急救援预案编制应注意的问题

针对可能发生的事故，为迅速、有序地开展应急行动制订完善的应急救援预案，对应急准备和应急响应的各个方面预先做出详细安排，明确在突发事故发生之前、发生之后及现场应急行动结束之后，谁负责做什么、何时做、怎么做，是成功处置各类突发事故、最大程度地保障国家和人民的生命财产免受损失的重要保障。但是，要编制一个完善的应急预案并非易事，需要投入大量的人力、物力，需要耗费精力认真思索、周密策划。笔者根据当前企事业单位编制应急预案的现状，总结出编制应急预案应注意的问题。

（一）预案内容要"全面"

内容上，不仅要包括应急处置，还要包括预防预警、恢复重建；不仅要有应对措施，还要有组织体系、响应机制和保障手段。

（二）预案内容要"准确"

预案务必切合实际、有针对性。要根据事件发生、发展、演变规律，针对本企业风险隐患的特点和薄弱环节，科学制订和实施应急预案。预案务必简明扼要、有可操作性。

一个大企业所有的预案文本，摞在一起是很厚的一大本，但具体到每一个岗位，一定要简洁明了，最多也就半页纸，甚至三五句话。

要把岗位预案做成活页纸，准确规定操作规程和动作要领，让每一名员工都能做到"看得懂、记得住、用得准"。

（三）预案内容要"适用"

预案内容要"适用"，也就是务必切合实际。应急预案的编制要以事故风险分析为前提。要结合本单位的行业类别、管理模式、生产规模、风险种类等实际情况，充分借鉴国际、国内同行业的事故经验教训，在充分调查、全面分析的基础上，确定本单位可能发生事故的危险因素，制订有针对性的救援方案，确保应急预案科学合理、切实可行。

（四）预案表述要"简明"

编制应急预案要本着"通俗易懂，便于操作"的原则。要抓住应急管理的工作流程、救援程序、处置方法等关键环节，制订出看得懂、记得住、用得上，真正管用的应急预案，坚决避免把应急预案编成只重形式不重实效、冗长烦琐、晦涩难懂的东西。应急预案是否简明易懂、可操作，还要广泛征求并认真听取专家和一线员工的意见。

（五）应急责任要"明晰"

明晰责任是应急预案的基本要求。要切实做到责任落实到岗，任务落实到人，流程牢记在心。只有这样，才能在一旦发生事故时实施有效、科学、有序的报告、救援、处置等程序，防止事故扩大或恶化，最大限度地降低事故造成的损失和危害。

（六）预案内容要"保鲜"

预案不是一成不变的，务必持续改进。要认真总结经验教训，根据作业条件、人员更替、外部环境等不断发展变化的实际情况，及时修订完善应急预案，实现动态管理。

预案不是孤立的，务必衔接配套。各级各类企业都要逐步建立健全应急预案报备管理制度，实现企业与政府、企业与关联单位、企业内部之间预案的有效衔接。

（七）应急预案要"衔接"

应急救援是一个复杂的系统工程，在一般情况下，要涉及企业上下、企业内外多个组织、多个部门。特别是不能完全确定的事故状态，使应急救援行动充满变数，在很多情况下必须寻求外部力量的支援。因此，无论企业、还是政府在编制应急预案时，必须按照"上下贯通、部门联动、地企衔接、协调有力"的原则，将所编应急预案从横向、纵向两个方面，与相关应急预案进行有机衔接。

1. 政府应急预案的衔接

首先，要在评审企业预案的基础上进行编制，在评审辖区企业应急预案的基础上，优选确定编制预案对象，并从程序上、具体操作上进行有机衔接。同时，要对部门应急预案、相邻地区的预案进行评审，从职责、内容到程序上实现有机衔接。特别是对于跨区域、跨部门联动，必须保证联动措施具体，且能保证联动的及时性、迅速性、可行性、有效性。

2. 企业应急预案的衔接

企业上下的各项综合应急预案、专项应急预案、现场处置方案要进行充分沟通，从纵向上实现良好衔接。

企业相关部门的专项应急预案组织要进行充分沟通，良好衔接，特别是从指挥职责、人力调用、物资调用、装备调用上，努力减少中间环节。要实现相互协作、快速有效地开展应急救援；务必事先达成一致，将职责不清、推诿扯皮、程序繁杂等影响救援效率与效果的现象事先化解掉。

企业的应急预案，要评审所在地政府的应急预案，在职责、内容与程序上实现有机衔接。

3. 政府和企业应急预案的相互衔接

由于当前应急预案文体体系还处在一个初步形成的阶段，在应急预案的操作体系上还有许多需要完善的地方。因此，在实际工作中，要坚持动态互评的原则，不断加以改进，做到良好衔接。

大可不必考虑以谁为主，谁先谁后的问题，谁先制订，谁及时告知对方，后者则对双方的预案进行评审，把衔接问题处理好后，再将最新版预案告知，做到相互知晓。对于暴露出的问题，双方应及时沟通，协商解决，达成共识。

但是，由于企业是应急预案对象的主体，因此企业要首先主动做好与地方政府衔接工作，确保企业应急预案与地方政府预案协调联动。

政府、企业预案的相互评审，是一个相互沟通、加强衔接、完善预案的动态过程。决不能出现政府以权力部门自居，既不主动与企业应急预案进行衔接，而且对企业要求衔接的举措（如企业索要政府相关领导、部门的联系电话号码等事宜）也不予支持的现象。已经发生的应急救援行动事实证明，这种衔接不良的问题，极易延误联动时间，错失最佳的抢救时机，成为应急救援行动的硬伤。

（八）应急预案要"演练"

预案只是预想的作战方案，实际效果如何，还需要实践来验证。同时，熟练的应急技能也不是一日可得。因此，必须对应急预案进行经常性演练，验证应急预案的适用性、有效性，发现问题，改进完善。这样不仅可以不断提高预案的质量，而且可以锻炼应急人员过硬的心理状态和熟练的操作技能。

（九）预案改进要"持续"

要加强应急预案的培训、演练，通过培训和演练及时发现应急预案存在的问题和不足。同时，要根据安全生产形势和企业生产环境、技术条件、管理方式等实际变化，与时俱进，及时修订预案内容，确保应急预案的科学性和先进性。

三、应急救援预案编制程序

应急预案是从总体上阐述事故的应急方针、政策，应急组织结构及相关应急职责，应急行动、措施和保障等基本要求和程序，是应对各类事故的综合性文件。应急预案编制的程序如下。

（一）成立应急预案编制小组

针对可能发生的环境事件类别，结合本单位部门职能分工，成立以单位主要负责人为领导的应急预案编制工作组，明确预案编制任务、职责分工和工作计划。预案编制人员应由具备应急指挥、环境评估、环境生态恢复、生产过程控制、安全、组织管理、医疗急救、监测、消防、工程抢险、防化、环境风险评估等各方面专业的人员及专家组成。

（二）基本情况调查

对企业（或事业）单位基本情况、环境风险源、周边环境状况及环境保护目标等进行详细的调查和说明。

1. 单位的基本情况

主要包括企业（或事业）单位名称、法定代表人、法人代码、详细地址、邮政编码、经济性质隶属关系及事业单位隶属关系、从业人数、地理位置（经纬度）、地形地貌、厂址的特殊状况（如上坡地、凹地、河流的岸边等）、交通图、疏散路线图及其他情况说明。

2. 环境风险源基本情况调查

1）企业（或事业）单位主、副产品及生产过程中产生的中间体名称及日产量，主要生产原辅材料、燃料名称及日消耗量、最大容量、储存量和加工量，以及危险物质的明细表等。

2）企业（或事业）单位生产工艺流程简介，主要生产装置说明，危险物质储存方式（槽、罐、池、坑、堆放等），生产装置及储存设备平面布置图，雨、清、污水收集、排放管网图，应急设施（备）平面布置图等。

3）企业（或事业）单位排放污染物的名称、日排放量，污染治理设施去除量及处理后废物产量，污染治理工艺流程说明及主要设备、构筑物说明，其他环境保护措施等。对污染物集中处理设施及堆放地，如城镇污水处理厂，垃圾处理设施，医疗垃圾焚烧装置及危险废物处理场所等，还须明确纳污或收集范围及污染物主要来源。

4）企业（或事业）单位危险废物的产生量，储存、转移、处置情况，危险废物的委托处理手续情况（危险废物处置单位名称、地址、联系方式、资质、处理场所的位置、处理的设计规范和防范环境风险情况等）。

5）企业（或事业）单位危险物质及危险废物的运输（输送）单位、运输方式、日运量、运地、运输路线，"跑、冒、滴、漏"的防护措施、处置方式。

6）企业（或事业）单位尾矿库、储灰库、渣场的储存量，服役期限，库坝的建筑结构，坝堤及防渗安全情况。

3. 周边环境状况及环境保护目标情况

1）企业（或事业）单位周边 5 km 范围内人口集中居住区（居民点、社区、自然村等）和社会关注区（学校、医院、机关等）的名称、联系方式、人数；周边企业、重要基础设施、道路等基本情况；给出上述环境敏感点与企业的距离和方位图。

2）企业（或事业）单位产生污水排放去向，接纳水体（包括支流和干流）情况及执行的环境标准，区域地下水（或海水）执行的环境标准。

3）企业（或事业）单位下游水体河流、湖泊、水库、海洋名称、所属水系、功能区及饮用水源保护区情况，下风向空气质量功能区说明，区域空气执行的环境标准。

4）企业（或事业）单位下游供水设施服务区设计规模及日供水量、联系方式，取水口名称、地点及距离、地理位置（经纬度）等；地下水取水情况、服务范围内灌溉面积、基本农田保护区情况。

5）企业（或事业）单位周边区域道路情况及距离，交通干线流量等。

6）企业（或事业）单位危险物质和危险废物运输（输送）路线中的环境保护目标说明。

7）企业（或事业）单位周边其他环境敏感区情况及位置说明。

8）如调查范围小于突发环境事件可能波及的范围，应当扩大范围，重新调查。

（三）环境风险源识别与环境风险评价

企业（或事业）单位根据风险源、周边环境状况及环境保护目标的状况，委托有资质的咨询机构，按照《建设项目环境风险评价技术导则》（HJ/T 169）的要求进行环境风险评价，阐述企业（或事业）单位存在的环境风险源及环境风险评价结果，应明确以下内容。

1）环境风险源识别。对生产区域内所有已建、在建和拟建项目进行环境风险分析，并以附件形式给出环境风险源分析评价过程，列表明确给出企业生产、加工、运输（厂内）、使用、储存、处置等涉及危险物质的生产过程，以及其他公辅和环保工程所存在的环境风险源。

2）最大可信事件预测结果。明确环境风险源发生事件的概率，并说明事件处理过程中可能产生的次生衍生污染。

3）火灾、爆炸、泄漏等事件状态下可能产生的污染物种类、最大数量、浓度及环境影响类别（大气、水环境或其他）。

4）自然条件可能造成的污染事件的说明（汛期、地震、台风等）。

5）突发环境事件产生污染物造成跨界（省、市、县等）环境影响的说明。

6）尾矿库、储灰库、渣场等如发生垮坝、溢坝、坝体缺口、渗漏时，对主要河流、湖泊、水库、地下水或海洋及饮用水源取水口的环境安全分析。

7）可能产生的各类污染对人、动植物等危害性说明。

8）结合企业（或事业）单位环境风险源工艺控制、自动监测、报警、紧急切断、紧急停车等系统，以及防火、防爆、防中毒等处理系统水平，分析突发环境事件的持续时间、可能产生的污染物（含次生衍生）的排放速率和数量。

9）根据污染物可能波及范围和环境保护目标的距离，预测不同环境保护目标可能出现污染物的浓度值，并确定保护目标级别。

10）结合环境风险评估和敏感保护目标调查，通过模式计算，对突发环境事件产生的污染物可能影响周边的环境（或健康）的危害性进行分析，并以附件形式给出本单位各环境事件的危害性说明。

（四）环境应急能力评估

在总体调查、环境风险评价的基础上，对企业（或事业）单位现有的突发环境事件预防措施、应急装备、应急队伍、应急物资等应急能力进行评估，明确进一步需求。企业（或事业）单位委托有资质的环境影响评价机构评估其现有的应急能力。主要包括以下内容。

1）企业（或事业）单位依据自身条件和可能发生的突发环境事件的类型建立应急救援队伍，包括通讯联络队、抢险抢修队、侦检抢修队、医疗救护队、应急消防队、治安队、物资供应队和环境应急监测队等专业救援队伍。

2）应急救援设施（备）包括医疗救护仪器、药品、个人防护装备器材、消防设施、堵漏器材、储罐围堰、环境应急池、应急监测仪器设备和应急交通工具等，尤其应明确企业（或事业）单位主体装置区和危险物质或危险废物储存区（含罐区）围堰设置情况，明确初期雨水收集池、环境应急池、消防水收集系统、备用调节水池、排放口与外部水体间的紧急切断设施，以及清、污、雨水管网的布设等配置情况。

3）污染源自动监控系统和预警系统设置情况，应急通信系统、电源、照明等。

4）用于应急救援的物资，特别是处理泄漏物、消解和吸收污染物的化学品物资，如活性炭、木屑和石灰等，有条件的企业应备足、备齐，定置明确，保证现场应急处置人员在第一时间内启用；物资储备能力不足的企业要明确调用单位的联系方式，且调用方便、迅速。

5）各种保障制度（污染治理设施运行管理制度、日常环境监测制度、设备仪器检查与日常维护制度、培训制度、演练制度等）。

6）企业（或事业）单位还应明确外部资源及能力，包括：地方政府预案对企业（或事业）单位环境应急预案的要求等；该地区环境应急指挥系统的状况；环境应急监测仪器及能力；专家咨询系统；周边企业（或事业）单位互助的方式；请求政府协调应急救援力量及设备（清单）；应急救援信息咨询等。

根据有关规定，地方人民政府及其部门为应对突发事件，可以调用相关企业（或事业）单位的应急救援人员或征用应急救援物资，并于事后给予相应补偿。各相关企业（或事业）单位应积极予以配合。

（五）应急预案编制

在风险分析和应急能力评估的基础上，针对可能发生的环境事件的类型和影响范围，编制应急预案。对应急机构职责、人员、技术、装备、设施（备）、物资、救援行动及其指挥与协调方面预先做出具体安排。应急预案应充分利用社会应急资源，与地方政府预案、上级主管单位及相关部门的预案相衔接。

（六）应急预案的评审、发布与更新

应急预案编制完成后，应进行评审。评审由企业（或事业）单位主要负责人组织有关部门和人员进行。外部评审是由上级主管部门、相关企业（或事业）单位、环保部门、周边公众代表、专家等对预案进行评审。预案经评审完善后，由单位主要负责人签署发布，按规定报有关部门备案。同时，明确实施的时间、抄送的部门、园区、企业等。

企业（或事业）单位应根据自身内部因素（如企业改、扩建项目等情况）和外部环境的变化及时更新应急预案，进行评审发布并及时备案。

（七）应急预案的实施

预案批准发布后，企业（或事业）单位组织落实预案中的各项工作，进一步明确各项职责和任务分工，加强应急知识的宣传、教育和培训，定期组织应急预案演练，实现应急预案持续改进。

四、应急预案编制主要内容指南

（一）总则

1. 编制目的

简述应急预案编制的目的。

2. 编制依据

简述应急预案编制所依据的法律、法规和规章，以及有关行业管理规定、技术规范和标准等。

3. 适用范围

说明应急预案适用的范围，以及突发环境事件的类型、级别。

4. 应急预案体系

说明应急预案体系的构成情况。

5. 工作原则

说明本单位应急工作的原则，内容应简明扼要、明确具体。

（二）基本情况

主要阐述企业（或事业）单位基本概况、环境风险源基本情况、周边环境状况及环境保护目标调查结果。

（三）环境风险源与环境风险评价

主要阐述企业（或事业）单位的环境风险源识别及环境风险评价结果，以及可能发生事件的后果和波及的范围。

（四）组织机构及职责

1. 组织体系

依据企业的规模大小和突发环境事件危害程度的级别，设置分级应急救援的组织机构。企业应成立应急救援指挥部，依据企业自身情况，车间可成立二级应急救援指挥机构，生产工段可成立三级应急救援指挥机构。尽可能以组织结构图的形式将构成单位或人员表示出来。

2. 指挥机构组成及职责

明确由企业主要负责人担任指挥部总指挥和副总指挥，环保、安全、设备等部门组成指挥部成员单位；车间应急救援指挥机构由车间负责人、工艺技术人员和环境、安全与健康人员组成；生产工段应急救援指挥机构由工段负责人、工艺技术人员和环境、安全与健康人员组成。

应急救援指挥机构根据事件类型和应急工作需要，可以设置相应的应急救援工作小组，并明确各小组的工作职责。

（五）预防与预警

1. 环境风险源监控

明确对环境风险源监测监控的方式、方法，以及采取的预防措施。说明生产工艺的自动监测、报警、紧急切断及紧急停车系统，可燃气体、有毒气体的监测报警系统，消防及火灾报警系统等。

2. 预警行动

明确事件预警的条件、方式、方法。

3. 报警、通讯联络方式

明确事故的报警系统及各部门通讯联络方式。

（六）信息报告与通报

依据《国家突发环境事件应急预案》及有关规定，明确信息报告时限和发布的程序、内容和方式，应包括以下内容。

1. 内部报告

明确企业内部报告程序，主要包括 24 h 应急值守电话、事件信息接收、报告和通报程序。

2. 信息上报

当事件已经或可能对外环境造成影响时，明确向上级主管部门和地方人民政府报告事件信息的流程、内容和时限。

3. 信息通报

明确向可能受影响的区域通报事件信息的方式、程序、内容。

4. 事件报告内容

事件信息报告至少应包括事件发生的时间、地点、类型和排放污染物的种类、数量、直接经济损失、已采取的应急措施，已污染的范围，潜在的危害程度，转化方式及趋向，可能受影响区域及采取的措施建议等。

5. 列出联系方式

以表格形式列出上述被报告人及相关部门、单位的联系方式。

（七）应急响应与措施

1. 分级响应机制

针对突发环境事件严重性、紧急程度、危害程度、影响范围、企业（或事业）单位内部（生产工段、车间、企业）控制事态的能力及需要调动的应急资源，将企业（或事业）单位突发环境事件分为不同的等级。根据事件等级分别制定不同级别的应急预案（如生产工段、车间、企业应急预案），上一级预案的编制应以下一级预案为基础，超出企业应急处置能力时，应及时请求上一级应急救援指挥机构启动上一级应急预案。并且按照分级响应的原则，明确应急响应级别，确定不同级别的现场负责人，指挥调度应急救援工作和开展事件应急响应。

2. 应急措施

根据污染物的性质，事件类型、可控性、严重程度和影响范围；根据污染物的性质，事件类型、可控性、严重程度和影响范围，风向和风速；根据污染物的性质，事件类型、可控性、严重程度和影响范围，河流的流速与流量（或水体的状况）；企业应结合自身条件，依据事件类型、级别及附近疾病控制与医疗救治机构的设置和处理能力，制订具有可操作性的处置方案。

3. 应急监测

发生突发环境事件时，环境应急监测小组或单位所依托的环境应急监测部门应迅速组织监测人员赶赴事件现场。根据实际情况，迅速确定监测方案（包括监测布点、频次、项目和方法等），及时开展应急监测工作，在尽可能短的时间内，用小型、便携仪器对污染物种类、浓度、污染范围及可能的危害做出判断，以便对事件及时、正确地进行处理。

企业（或事业）单位应根据事件发生时可能产生的污染物种类和性质，配置（或依托其他单位配置）必要的监测设备、器材和环境监测人员。

4. 应急终止

1）明确应急终止的条件。事件现场得以控制，环境符合有关标准，导致次生衍生事件隐患消除后，经事件现场应急指挥机构批准后，现场应急结束。

2）明确应急终止的程序。

3）明确应急状态终止后，继续进行跟踪环境监测和评估工作的方案。

5. 应急终止后的行动

1）通知本单位相关部门、周边企业（或事业）单位、社区、社会关注区及人员事件危险已解除。

2）对现场中暴露的工作人员、应急行动人员和受污染设备进行清洁净化。

3）事件情况上报事项。

4）需向事件调查处理小组移交的相关事项。

5）事件原因、损失调查与责任认定。

6）应急过程评价。

7）事件应急救援工作总结报告。

8）突发环境事件应急预案的修订。

9）维护、保养应急仪器设备。

（八）后期处置

1. 善后处置

受灾人员的安置及损失赔偿。组织专家对突发环境事件中长期环境影响进行评估，提出生态补偿和对遭受污染的生态环境进行恢复的建议。

2. 保险

明确企业（或事业）单位办理的相关责任险或其他险种。对企业（或事业）单位环境应急人员办理意外伤害保险。

（九）应急培训和演练

1. 培训

依据对本企业（或事业）单位员工、周边工厂企业、社区和村落人员情况的分析结果对参与应急行动所有人员进行的培训。

2. 演练

明确企业（或事业）单位根据突发环境事件应急预案进行演练的内容、范围和频次等内容。

（十）奖惩

明确突发环境事件应急救援工作中奖励和处罚的条件和内容。

（十一）保障措施

1. 经费及其他保障

明确应急专项经费（如培训、演练经费）来源、使用范围、数量和监督管理措施，保障应急状态时单位应急经费的及时到位。

2. 应急物资装备保障

明确应急救援需要使用的应急物资和装备的类型、数量、性能、存放位置、管理责任人及其联系方式等内容。

3. 应急队伍保障

明确各类应急队伍的组成，包括专业应急队伍、兼职应急队伍及志愿者等社会团体的组织与保障方案。

4. 通信与信息保障

明确与应急工作相关联的单位或人员通信联系方式，并提供备用方案。建立信息通信系统及维护方案，确保应急期间信息通畅。

根据本单位应急工作需求而确定的其他相关保障措施（如交通运输保障、治安保障、技术保障、医疗保障、后勤保障等）。

（十二）预案的评审、备案、发布和更新

应明确预案评审、备案、发布和更新要求。

1）内部评审。

2）外部评审。

3）备案的时间及部门。

4）发布的时间、抄送的部门、园区、企业等。

5）更新计划与及时备案。

（十三）预案的实施和生效时间

列出预案实施和生效的具体时间；预案更新的发布与通知。

（十四）附件

1）环境风险评价文件（包括环境风险源分析评价过程、突发环境事件的危害性定量分析）。

2）危险废物登记文件及委托处理合同（单位与危险废物处理中心签订）。

3）区域位置及周围环境保护目标分布、位置关系图。

4）重大环境风险源、应急设施（备）、应急物资储备分布、雨水、清净下水和污水收集管网、污水处理设施平面布置图。

5）企业（或事业）单位周边区域道路交通图、疏散路线、交通管制示意图。

6）内部应急人员的职责、姓名、电话清单。

7）外部（政府有关部门、园区、救援单位、专家、环境保护目标等）联系单位、人员、电话。

8）各种制度、程序、方案等。

9）其他。

第三节　应急救援预案编制

为了应急救援可能发生的瓦斯爆炸事故，确保在事故发生后能够做到及时、迅速、有效地抢救人员、保护设备、控制和缩小事故影响范围，防止事故的扩大，减小其危害程度，尽可能地减少事故造成的人员伤亡和财产损失，根据应

急救援编制的主要内容及注意事项制订煤矿瓦斯爆炸事故应急救援预案，主要内容如下。

一、矿井概况及危险程度分析

（一）矿井概况

说明本矿井的通风方法和方式、矿井的瓦斯含量、矿井的瓦斯涌出量及矿井的瓦斯等级、矿井的瓦斯抽放方法等情况，确定瓦斯爆炸事故分布范围。主要分布在井下各采区的掘进工作面瓦斯积聚区及各采区各煤层的回采工作面的上隅角瓦斯积聚区。

（二）危险分析

1. 瓦斯爆炸事故危险因素的存在场所
1）通风系统不合理的地点。
2）回采工作面、均压回采工作面上隅角。
3）掘进工作面。
4）工作面过断、破碎等地质构造带。
5）顶板高冒区。
6）采掘计划所需掘进的巷道。
2. 瓦斯爆炸事故危害程度
1）产生大量有害气体，使井下人员中毒或死亡。
2）产生高温高压烧伤人员。
3）产生高压气浪和强大的冲击波，造成人员机械性损伤和设备的损坏。
4）影响正常生产，造成矿毁人亡和经济损失。
5）引发煤尘爆炸，扩大事故范围。

二、应急处置基本原则

在应急救援过程中，必须认真贯彻执行"以人为本，安全第一；统一领导，分级负责；依靠科学，依法规范；预防为主，平战结合"的工作原则，要把抢救受伤人员作为首要任务[89]。

瓦斯爆炸事故应急处理基本原则如下。

1）坚持"防止事故扩大，减少人员伤亡"的第一原则，若发生瓦斯爆炸事故时，以最快的速度实施救援和处置。

2）坚持"以人为本"时间就是生命的原则，发生事故后立即组织救护队必须在最短的时间内赶到现场实施救援处置。

3）坚持分工合作、落实责任的原则。煤矿发生瓦斯爆炸事故后，立即组织实施应急救援的第一责任人，其不在矿时，由应急救援领导小组副组长，依照排名先后依次承担第一责任人的领导责任，组织实施应急救援处置。同时，各部门第一责任人则为其部门发生瓦斯爆炸事故后，配合应急救援领导小组实施应急救援。处理的第一责任人，其不在矿时，由其副职依照排名先后承担第一责任人，配合应急救援领导小组实施应急救援处置。

4）坚持服从命令、听从指挥的原则。发生瓦斯爆炸事故时，各相关人员必须坚守工作岗位，保证联系方式畅通，应急救援机构所有成员必须无条件服从应急救援指挥部的统一调度、统一指挥，及时赶赴现场实施救援处置，防止事故扩大，切实把损失减小到最低程度。

三、组织机构及职责

（一）应急组织体系

为了在处理矿井各种灾害时做到按计划有组织地顺利进行，最大限度减少灾害造成的损失和避免事故的进一步扩大，成立应急组织机构[90]。

1）矿山事故救援指挥遵循属地为主的原则，按照分级响应原则，当地人民政府负责人和有关部门及矿山企业有关人员组成现场应急救援指挥部，具体领导、指挥矿山事故现场应急救援工作。

2）企业成立事故现场救援组，由企业负责人、矿山救护队队长等组成现场救援组，矿长担任组长负责指挥救援。

3）国家安全生产监督管理总局统一协调、指挥特别重大事故（Ⅰ级）应急救援工作，主要内容有以下几个方面：①指导、协调地方人民政府组织实施应急救援；②协调、调动国家级矿山救援基地的救援力量，调配国家矿山应急救援资源；③协调、调动国家安全生产监督管理总局矿山医疗救护中心的救护力量和医疗设备，加强指导救护、救助工作；④派工作组赴现场指导矿山事故灾难应急救援工作；⑤组织矿山应急救援专家组，为现场应急救援提供技术支持；⑥及时向国务院报告事故及应急救援进展情况。

（二）应急指挥部职责

1）　负责组织制订、修订应急预案可能发生的爆破事故应急预案。

2）　负责组织应急预案的评审与发布。

3）　负责预案的宣传、教育和培训。

4）　负责组织预案的演练，对演练中暴露的问题及时组织修订、补充和完善。

5）　负责应急资源的定期检查评估，并组织落实。

6）负责落实事故处理方案和营救遇险人员方案。

7）负责按照《预案》程序，组织、指挥、协调各应急反应进行应急救援行动。

8）负责选定井下救援基地，任命井下基地指挥。

9）负责清点井下被困人员数量和姓名。

10）负责签发下井许可证。

11）负责指导事故善后处理工作。

12）负责配合事故调查。

13）宣布应急恢复、应急结束。

（三）应急指挥部下设办公室职责

1）在接到报警信号时，保证迅速、准确地向报警人员询问事故现场的重要信息。

2）事故发生后负责通知指挥部成员和各专业行动组成员。

3）及时传达指挥部的命令。

4）掌握现场救援情况，并及时向指挥部报告详细情况。

（四）下设八个应急救援工作小组职责

1. 抢险救灾组

保养并维护好各类装备、仪器。

经常组织救护队员进行岗位练兵和事故应急救援的演练工作，做到召之即来，来之能战，战之能胜。

发生灾变事故时，根据事故性质的不同，进行具体的抢险救灾。

坚持 24 h 昼夜值班制度，坚守工作岗位，提高警惕，随时准备应对突发事件。

2. 医疗急救行动组

备足抢险救灾过程中所需的各种药品和医疗器械。

建立与上级及外部医疗机构的联系与协调。

指定医疗指挥官，建立现场急救和医疗服务的统一指挥。

建立对现场急救站，设置明显标志，保证现场急救站的安全及空间、水、电等基本条件保障。

建立对受伤人员进行分类急救、运送和转院的标准操作程序，建立受伤人员治疗跟踪卡，保证受伤人员都能得到及时的救治。

保障现场急救和医疗人员的人身安全。

3. 治安保卫组

根据事故现场情况，设置警戒区，实施交通管制，对危害外围的交通路口实施定向、定时封锁，严格控制进出事故现场的人员及车辆，避免出现意外的人员伤亡或引起现场的混乱，维持好秩序。

组织营救受害人员，组织疏散、撤离或采取措施保护危险区域内的其他人员。

负责事故现场的安全保卫工作，预防和制止各种破坏活动，看管好枪支、弹药库，维护社会治安，严防不法分子乘机破坏；必要时承担抢险救灾工作。

搞好灾变期间，易燃、易爆、危险化学品、水源、煤气管道的监控和管理工作。

4. 物资保障组

根据爆破灾变分类，备好相应的救灾物资。

按规定及时为抢救人员配齐救援装备，提高救援队伍的技术装备水平。

组织人员和车辆，运送救灾物资，保证救援物资快速、及时供应到位。

5. 后勤生活服务组

负责维护正常的生活秩序。

妥善安排好受灾群众的生活。

做好抢险救灾的后勤保障工作。

负责安排增援人员的饮食和休息。

6. 宣传教育组

负责及时收集、掌握准确完整的事故信息。

向新闻媒体、应急人员及其他相关机构和组织发布事故的有关信息。

负责谣言控制，澄清不实。

做好灾区的思想政治工作，稳定灾民情绪，坚定信念，鼓舞士气。

发动群众，战胜困难。

7. 善后处理行动组

组织对伤亡人员的处置和身份确认。

督促、指导事故单位及时通知伤亡人员家属。

落实用于接待伤亡人员家属的车辆和住宿，做好相应的接待和安抚解释工作，并及时向指挥中心报告善后处理的动态。

8. 资料组

收集现场有关资料，记录事故处理情况。

了解掌握事故的发展动向、综合分析各种数据，为事故的正确处理提供技术依据。

四、预防与预警

本预案适用范围为井下发生瓦斯、煤尘爆炸，造成严重伤亡或工作面造成破坏的情况。

（一）危险源监控

1）工作面上隅角：由瓦斯员按照瓦斯巡回作业图表和测点计划表加强对上隅角瓦斯的检查，若上隅角瓦斯超限，必须采取导风帘、导风筒稀释或利用抽排风机抽排上隅角瓦斯。

2）各综采面上隅角有害气体浓度必须符合《煤矿安全规程规定》（以下简称《规程》），当发现工作面上隅角有害气体超限时，必须停止工作切断电源，瓦斯员立即会同安监工、跟班队长沿进风顺槽撤出人员，设立警戒。同时向指挥部汇报，以便及时启动应急预案。

3）采掘工作面都必须设专职瓦斯员检查瓦斯，严格执行手拉手交接班制度。除正常检查各点有害气体外，还必须认真检查沿路"一通三防"设施的使用、维护等情况。

4）采煤工作面后古塘悬板面积不能超过《煤矿安全规程规定》中的规定，如超过规定必须强制放顶，施工队组在生产或检修期间，只有当上隅角 CH_4 浓度小于 0.8%、二氧化碳浓度小于 1.5% 和一氧化碳浓度小于 0.0024% 时，方可进行作业，否则严禁施工。

5）井下各施工队组的跟班队长、班组长、跟班干部、流动电钳工下井时，必须携带便携式瓦斯检测仪便于随时检查工作面各点的气体浓度，一旦超限，立即会同安监工、瓦检工组织撤人、断电，并向指挥部汇报，以便采取相应措施。

6）工作面电气设备恢复送电时，必须先由瓦斯员检查电气设备和开关附近 20m 范围内的瓦斯浓度，只有瓦斯浓度小于 0.5% 时，方可启动。

7）采、掘工作面必须按规定要求安设瓦斯传感器并定期用标气进行调校。

8）工作面过断层、破碎带等地质构造时，必须设专职瓦斯员随时检查工作地点的瓦斯，如发现瓦斯异常涌出时，必须立即停止工作，切断电源，撤出人员，由通风区采取措施进行处理。

9）顶板高冒区和石炭二叠纪延伸各地点：必须派专职瓦斯员班班利用瓦斯探仗加强检查，防止瓦斯积聚。对矿井冒落区域，应设专职瓦斯员经常检查瓦斯，如发现瓦斯浓度超过 0.8% 时，必须停止工作，切断电源，撤出人员，由通风区采取措施进行处理。

10）为防止掘进工作面与小窑贯通。

矿小窑纠察科与地测科必须准确提供大矿周边小窑采掘部署、越层越界及通风系统情况，并提供详细的图纸及相关资料。

必须严格执行"有掘必探，先探后掘，长探短掘"的原则，对于前方小窑情况明确的巷道，必须班班利用 3m 长钎杆进行探巷，探眼布置不少于 3 个，具体布置由施工队组根据实际情况制订专项措施；对于前方小窑情况不明确的巷道，必须每天抽一个班，利用岩石电钻进行探巷。先用岩石电钻探巷，然后再掘进，以此循环作业。

施工巷道一旦与小窑探通，由当班跟班队长会同瓦检员、安检员组织所有人员佩戴好自救器，迅速将人员撤至盘区进风巷中；同时由跟班队长负责切断工作面所有电源，并及时向应急指挥部汇报，撤人时钻杆不能拨出，待救护队员取样检查完毕后再进行封堵工作。

矿通防队必须在可能与小煤窑贯通的地点配备有足够的封堵物料，便于及时封堵。

小窑一旦与大矿贯通，受影响区域所有人员必须立即佩戴好自救器，迅速沿避灾路线撤离到安全地点，同时负责切断工作区域所有电源，并及时向应急指挥部汇报。

贯通后，各单位的施工人员必须集体行动，严禁单独行动，严禁进入与小窑贯通的各巷道，跟班干部必须随时清点好本单位的工作人员。

矿井各回风巷及总回风巷必须严格按照有关要求安设瓦斯探头。通防队加大每周二、周四的巡回检查力度。

（二）其他预防措施

1）健全专业机构配足检查人数，定期培训和不断提高专业人员技术素质的规定：各级领导和检查人数（包括瓦斯员）区域分工巡回检查汇报制度，交接班制度，矿长、总工程师每天阅签瓦斯日报的规定；盲巷、采空区和密闭启封等有关瓦斯管理规定；爆破与巷道贯通时的瓦斯管理规定；矿井瓦斯监测装备（瓦斯探头、一氧化碳探头、风电瓦电闭锁等）使用管理的有关规定。

2）瓦斯员不得发生空班、漏检、少检、假检或一次性填写牌板等情况。

3）排放瓦斯过程中的瓦斯管理。《规程》规定停风区中瓦斯浓度超过 0.8%或二氧化碳浓度超过 1.5%时，最高瓦斯和二氧化碳浓度不超过 3.0%时，必须采取安全措施，控制风流排放瓦斯。停风区中瓦斯浓度或二氧化碳浓度超过 3.0%时，必须制订安全排放瓦斯措施，报矿技术负责人批准。

4）盲巷、采空区的瓦斯管理。井下应尽量避免出现任何形式的盲巷。与生产无关的报费旧巷，必须及时充填不燃性材料进行封闭。

5）对于掘进施工的独头巷道，必须保证局部通风机连续运转，临时停工地点不得停风。局部通风机因故停止运转时，必须立即切断巷道内一切电器设备的电源（安设风电闭锁装置可自动断电）并且撤出人员，在巷道口设置栅栏并挂有明显警标，严禁人员入内。

6）凡是封闭的巷道，要坚持对密闭定期检查，至少每周一次，并对密闭质量，内外压差，密闭内气体成分、温度等进行检测和分析，发现问题采取相应措施及时处理。

7）有瓦斯积存的盲巷恢复通风排放瓦斯或打开密闭时，应特别慎重，事先必须编制专门的安全措施，报矿总工程师批准。处理前应由救护队佩戴呼吸器进入瓦斯积聚区域检查瓦斯浓度并估算积聚的瓦斯数量，然后再按"分级管理"的规定排放瓦斯，应严格按照《规程》的规定执行。

8）巷道贯通时的瓦斯管理。综合机械化掘进巷道在相距 50 m 前，其他巷道在相距 20 m 前，必须停止一个工作面的作业，做好调整通风系统的准备工作，地测部门必须向矿总工程师报告，并通知生产和通风部门。生产和通风部门必须分别制订巷道贯通安全措施和通风系统调整方案。

（三）事故信息报告程序

井下各采掘地点一旦发生事故，井下人员立即到事故附近的电话亭，打电话告知监控中心、调度室（24 h 派有专人值班）报告事故相关信息后。由调度室通知有关部门和人员参与救援行动。

报警系统：井下各采掘地点设有防爆电话，它与监控中心调度室相通。

矿辅助救护队设有预警铃，铃声一响，全体队员立即集合接受命令待令出发。各级人员立即到达指定岗位待令。

通讯系统：应急指挥机构之间，应急队员之间均有电话相互联系。

应急机构各小组负责人建立通讯录。

严格执行以下瓦斯爆炸事故报告制度。

1）凡本矿发生瓦斯爆炸事故，应在最短的时间（2 min 内）以最快的方式立即向应急救援指挥部报告，指挥部及领导小组获悉后，在 3 min 内立即向县应急救援中心和主管部门报告，并视其事故情况及时做好有关情况续报工作。

2）不论是部门报告，还是矿应急救援指挥部在向上级报告时，可先采用口头（电话）方式报告，随后立即用书面形式正式上报，报告时包括以下内容：

①事故发生的时间、地点及事故类别；②事故的情况、简要经过、伤亡人数、遇险人数或有可能发生的重大后果、破坏范围和损失情况；③事故原因的初步判断，有无发生二次事故的可能；④伤亡人员的抢救和已采取的应急措施；⑤是否需要有关部门、单位协助救援工作；⑥报告人姓名、职务、联系方式。

瓦斯事故发生后，迅速采取措施，在抢救人员和财产的过程中，特别是在抢救伤员时、要防止事故扩大及疏通交通等原因需要移动现场物件时，必须做上（+）标志，详细记录和绘制事故现场图，并妥善保存现场重要痕迹、物证等。

五、事故应急处理

（一）事故的响应分级

应急救援分级响应是在发生矿山生产安全事故后，根据事故大小、救灾难度、影响程度，相应级别的矿山应急组织处于响应状态，并启动应急预案实施应急救援工作。

根据我国矿山应急组织体系对矿山事故的应急响应分为三级。

1）Ⅰ级应急响应

若企业发生一般生产安全事故时，应急救援实行Ⅰ级响应。

企业立即启动本单位应急预案，并按《灾害预防与处理计划》和应急救援指挥部制订的救灾方案实施救援工作，同时上报地方人民政府应急组织。

地方人民政府应急组织处于预备状态。矿山应急救援指挥部办公室了解、掌握事故的应急救援情况，向矿山应急救援专业组、专家组、省级救援基地、省级医疗救护中心等发出预警，同时向上级应急组织报告。

国家矿山应急组织处于知悉状态。国家矿山应急救援指挥部办公室加强值班和联络，密切关注事故现场情况。

2）Ⅱ级应急响应

若企业发生重、特大生产安全事故，应急救援实行Ⅱ级响应。

地方人民政府应急组织立即启动应急预案，组织实施应急救援工作，同时向国家矿山应急救援指挥部办公室报告。

国家矿山应急组织处于预备状态。矿山应急救援指挥部办公室立即向指挥部报告，及时掌握事故的应急救援情况，传达指挥部有关指令。向矿山救援专家组、国家级矿山救援基地、国家医疗救护中心、救援物资储备单位等发出预警。

3）Ⅲ级应急响应

发生下列情况之一时，应急救援实行Ⅲ级应急响应，国家矿山应急组织启动应急预案。

1）若企业发生30人以上特别重大伤亡事故。

2）党中央、国务院领导有重要批示的重、特大事故。

3）在社会上造成较大影响的或社会舆论广泛关注的事故。

4）受灾、受困人员在30人以上的事故。

5）其他需要国家组织应急救援的事故。

（二）事故应急响应程序

1. 接警

1）矿井应急救援指挥部办公室（设在调度室）负责接收全矿生产安全事故的报警信息。

2）指挥部办公室值班人员接到报警时，必须做好事故的详细情况记录。

3）若不是矿山应急救援指挥部办公室首先接到报警时，其他接警人员应立即报告指挥部办公室值班人员。

4）若事故信息不是来自地方人民政府矿山应急组织，应立即告知相关人员。

2. 应急组织启动

1）矿山应急救援指挥部办公室接警后，立即通知所有指挥部成员到指挥部集合。同时通知有关部门、矿山医疗救护中心做好应急救援准备。

2）指挥部办公室向指挥部汇报事故情况，整理现场资料、图纸等，供指挥部决策、指挥使用。

3）由总指挥或副总指挥组织研究救援方案，指挥部成员根据指挥部命令认真履行各自的职责。

4）指挥部决定派出赴现场应急工作组、应急救援行动小组，确定是否请求外部增援。

5）指挥部及时上报事故和救援进展情况，适时向媒体公布。

3. 应急救援行动

1）赴现场应急工作组听取事故现场情况汇报，并了解以下内容：事故矿井概况；事故发生的经过；灾区探查的情况；初步判断分析事故地点、类别、原因；已经采取的救援措施；医疗抢救、医治安排；后勤保障；治安保卫；需要协调解决的问题。

矿井图纸资料：矿井采掘工程平面布置图、矿井通风系统图、事故地点局部放大图和剖面图、抢救工程进展图、供电系统图、排水系统图、消防火系统图等。

2）赴现场应急工作组指导、协调抢险救灾，根据救援情况，负责协调调动救援、医疗力量和救援装备、救援药品。

3）赴现场应急工作组为救援决策提供建议和技术支持。

4）赴现场应急工作组向矿山应急指挥部汇报事故现场情况及救援方案，随时保持和矿山应急救援指挥部的联系。

5）指挥部根据现场汇报分析掌握救援进展情况，修正救援方案，下达指令。

4. 应急救援结束

1）现场救援工作完成后，现场应急工作组向矿山应急指挥部汇报，由指挥部宣布应急救援工作结束。

2）应急救援指挥部办公室在应急救援工作结束后，组织有关人员及时做出应急救援工作总结，并建档管理。

5. 矿山事故报告

1）企业发生生产安全事故后，事故现场人员应按照《灾害预防与处理计划》采取积极自救和互救，并立即报告本单位负责人。

2）矿山企业负责人接到事故报告后，应迅速组织抢救，并按照国家有关规定立即报告当地人民政府和安全生产监督管理部门、煤矿安全监察机构。

3）地方人民政府和安全生产监督管理部门、煤矿安全监察机构接到事故报告后，迅速赶赴事故现场，组织事故抢救，并按照规定上报国家矿山应急救援指挥部办公室。

4）国家矿山应急救援办公室实行 24 h 值班制度，接收全国矿山生产安全事故的报警信息。

6. 矿山救援队伍的应急响应

矿山救护队值班人员接到事故电话，应在问清和记录事故地点、时间、类别、遇险遇难人员数量、通知人姓名及单位后，立即发出警报，并向指挥员报告。矿山救护队应做到：①矿山辅助救护队必须在规定的时间内，按照事故性质携带所需救援装备，迅速赶赴事故现场；②矿山辅助救护队到达事故现场后，根据现场指挥部的救灾方案，按照矿山（煤矿）救护规程的规定，组织灾区探察，实施有效救援；③矿山辅助救护队应将灾情和救援情况，及时报告现场救援指挥部；若救援能力不足、难以实施有效救援时，应立即向现场救援指挥部明确要求增加救援力量。

如果有到事故现场增援的矿山救护队，与先期到达的矿山救护队组成矿山救护联合作战部，在现场救援指挥部的统一指挥下，共同完成事故的救援工作。

在处理特别重大、复杂的矿山事故时，若所在省、自治区、直辖市的救援力量不足，由国家局矿山救援指挥中心调动国家级矿山救援基地的救援力量加强救援工作。

矿山医疗救护中心及各医疗救护组织接到事故通知后，必须做好医疗急救和卫生防疫的各项准备工作，按救援指挥部决定，赶赴事故现场参加医疗救治。

（三）事故应急处置措施

煤矿根据各类重特大安全事故发生后的性质、类别，制订以下应急救援处置措施。当发生瓦斯和煤尘爆炸时，应采取以下措施。

1）当井下发生瓦斯煤尘爆炸事故时，井下人员或其他人员应立即电告调度室，调度室立即报警，指挥部人员迅速到位。

2）指挥部首先命令切断井下电源，同时及时组织救援小组人员对其进行侦察，掌握情况和数据。根据事故报告情况立即疏散井下所有人员。

3）当井下有人员遇堵塞在工作面时，首先采取自救或互救，自己首先戴上自救器，或挽扶其他职工沿进风流方向撤离灾区。堵塞严重时，找一安全地点等待营救，打开压风管道或发出救援信号等待营救，及时、迅速组织其他职工采取有利的方法自救，采取轮流疏通堵塞物等方法，并随时与调度联系。

4）根据侦察的情况和数据确定行动方案，首先救助遇险人员。

5）指挥部根据事故地点，可在距灾区距离最近的安全地点设立救护基地，选择正确的通风方式，使爆炸后产生的有毒有害气体不涉及其他工作面。如果发生在回风巷，则要保持风机的正常运转。救护队沿进风方向或威胁区域迅速撤人和救人。当发现危险重大隐患必须立即用科学的方法扑灭。

6）如果是突出引起的爆炸，在探明突出地点后，检测瓦斯涌出量和各种有毒有害气体浓度，并及时判断确定有无二次爆炸。

7）若没有火灾，没有二次爆炸的危险时，及时清理好回风堵塞物，恢复通风设施，调整通风系统，确保正常通风。

8）若是内因火灾，不能直接扑灭时，就选择好位置，准备密闭。密闭的程序按《救护规程》规定操作。

9）密闭完后立即撤离现场。指挥部根据情况再决定恢复程序和措施。

（四）矿工自救与互救和现场急救

当矿井一旦发生灾害事故后，矿工在万分危急的情况下，必须依靠自己的智慧和力量，积极、正确地采取救灾及自救、互救的措施，现场人员必须遵循一定的行动原则：及时报告灾情，积极抢救，安全撤离及妥善避灾等原则。

当发生灾变事故后，事故地点附近的人员必须尽量了解或判断事故的性质、事故地点及灾害程度，并迅速利用距灾区最近的电话或其他方式向矿调度室汇报，并迅速向事故可能涉及的区域发出警报，使其他人员尽快全面知道灾情。在确保自身安全的前提下，采取积极有效的办法和措施，及时投入现场抢救，将事故消灭在初始阶段或控制在最小范围，最大限度地减少事故造成的损失。在抢救事故的过程中，必须保持统一的指挥和严密的组织，严禁冒顶蛮干和惊慌失措，严禁各行其是和单独行动。当受灾现场不具备事故抢救的条件或可能危及人员的安全时，应由现场负责人或有经验的老工人带领，根据矿井灾害预防和处理计划中规定的撤离路线和当时当地的实际情况，尽量选择安全条件最好，距离最短的路线，迅速撤离危险区域。如无法撤退时，应迅速进入预先筑好的或就近地点快速建筑的临时避难硐室妥善避灾，等待矿山救护队的救援，切忌盲动。

当发生瓦斯与煤尘爆炸事故时，井下人员一旦感受到附近空气有颤动现象或发出嘶嘶的空气流动声的情况时，要沉着、冷静，采取措施进行自救，具体方法是：背向空气颤动方向，俯卧倒地，面部贴在地面，以降低身体高度，避开冲击波的强力冲击，并闭气暂停呼吸，用毛巾捂住口鼻，防止火焰吸入肺部。用衣物盖住身体，爆炸后，要迅速按规定佩戴好自救器，弄清方向，沿着避灾路线赶快撤离到新鲜风流中。

（五）各类灾害事故的撤退路线

当矿井发生灾害事故时，受灾人员和应急救援队伍在救援指挥部组长的领导指挥下，根据不同灾害性质和灾害事故发生的具体情况，按要求路线抢救和撤退人员。安全撤退人员采取的具体措施应详尽确切、细致周密。煤矿事故应急救援处理预案中，人员的分工要明确具体，通知召集人员的方法要迅速及时。为了能及时通知灾区人员和受灾害威胁的地区人员的安全撤退，应在井下人员集中地点装设电话。在某些事故发生后可能将电话破坏时，还须考虑用其他方式，如音响或通过压风管放入有气味的气体等。撤退的路线上应有照明设备和路标。为便于人员撤退和满足救护人员的需要，抑制事故扩大，可根据具体情况对停风、反风或增强、减弱风流的条件及实现的方法、步骤做出细致的规定。为了保证暂时无法撤退人员的安全，应规定自救器的存放地点、用作临时避难硐室的位置、为修筑硐室所需的各种材料，以及对供给空气、食物和水等问题做出安排。事故发生后，对井下人员的统计方法等也应做出相应规定[90]。

（六）善后处置

省（区、市）人民政府负责组织善后处置工作，包括遇难人员亲属的安置、补偿，征用物资补偿，救援费用的支付，灾后重建，污染物收集、清理与处理等事项。尽快恢复正常秩序，消除事故后果和影响，安抚受害和受影响人员，确保社会稳定。

应急救援工作结束后，参加救援的部门和单位应认真核对参加应急救援的人数，清点救援装备、器材；核算救灾消耗的费用，整理应急救援记录、图纸，写出救灾报告。

地方人民政府应认真分析事故原因，强化安全管理，制订防范措施。

矿山企业应深刻吸取事故教训，加强安全管理，加大安全投入，认真落实安全生产责任制，在恢复生产过程中制订安全措施，防止事故发生。

（七）保险

事故灾难发生后，保险机构及时派人员开展相关的保险受理和赔付工作。

六、应急救援物资与保障

（一）内部救援保障

1. 指挥保障

矿井瓦斯爆炸事故急救援指挥部必须认真收集各种有关数据（特别是应急救援小组成员的通讯信息等），果断决策抢险救援方案，指挥抢险事故工作，保障指挥决策的科学性、安全性、实用性、可操作性。

2. 抢险救援队伍保障

矿自备的辅助矿山救护队、加强救援工作的应知应会业务知识的学习，加强身体素质的锻炼，加强对救援物资定期的检查、维护和使用的管理，提高抢险救灾的能力。当瓦斯爆炸事故发生后，辅助救护队应及时赶赴现场组织施救，根据灾情严重与否及自身救护力量，决定是否请外部支援。

1）应急指挥中心负责协调全国矿山应急救援工作和救援队伍的组织管理。全国矿山救护队分布情况见相关资料。

2）省级矿山救援指挥中心负责组织、指导协调本行政区域矿山应急救援体系建设及矿山应急救援工作。

3）国有矿山企业的县级以上地方各级人民政府应建立矿山应急组织。

4）矿山企业必须建立由专职或兼职人员组成的矿山救援组织。不具备单独建立专业救援组织的小型矿山企业，除应建立兼职的救援组织外，还应与临近的专业救援组织签订救援协议，或者与临近的矿山企业联合建立专业救援组织。

5）国家级矿山救援基地在应急指挥中心的组织协调下，参加全国矿山重特大事故的直急救援工作。国家级矿山救援基地的主要救援区域及联系方式和分布示意图见相关资料。

6）各省（区、市）根据辖区内矿山分布及受自然灾害威胁程度，建立 1～3 个省级矿山救援基地，由省级矿山救援指挥中心组织、指导，参加矿山事故的应急救援工作。

7）矿山救援人员按隶属关系，由所在单位为矿山救援人员每年缴纳人身保险金，保障救援人员的切身利益。

3. 医疗保障

医疗抢救组负责应急处理工作中医疗救护保障的组织实施，坚持"救死扶伤，以人为本"的原则，专业队伍医疗救护和群众性卫生救护工作要在第一时间内现场展开（特别是矿山救援队伍医疗救护知识的专项培训工作），尽最大努力，减少人员伤亡和财产损失。

1）国家安全生产监督管理总局矿山医疗救护中心负责指导全国矿山事故伤员的急救工作。设立国家安全生产监督管理总局矿山医疗救护专家组，为矿山事故应急救援提供医疗救护方面的技术支持。

2）各省（区、市）选择医疗条件较好的医疗单位，作为省级矿山医疗救护中心，指导、参加矿山事故中危重伤员的救治工作。

3）矿山企业建立矿山医疗救护站（或与企业所在地医院签订医疗救护协议），负责企业矿山事故伤员的医疗急救和矿山救援队伍医疗救护知识专项培训工作。

4. 物资保障

应急救援机构的各小组应定期检查瓦斯爆炸事故的救灾物资准备情况及分布

情况，定期向矿业主汇报工作。

后勤保障组必须认真组织协调救灾物资的供应，定期核查救援物资和装备的数量及质量，保障抢险过程中有充足的救灾物资，使抢险工作顺利进行。

5. 通信与信息保障

有关人员和有关单位保证能够随时取得联系，有关单位的调度值班电话保证24 h有人值守。

通过有线电话、移动电话、卫星、微波等通信手段，保证各有关方面的通讯联系畅通。

国家安全生产监督管理总局与各省（区、市）人民政府、省级安全生产监督管理部门、各缀煤矿安全监察机构、省级矿山救援指挥中心、国家级矿山救援基地、国家矿山救援物资储备单位、矿山医疗救护中心建立畅通的应急救援指挥通信信息系统。

应急指挥中心负责建立、维护、更新有关应急救援机构、省级应急救援指挥机构、国家级矿山救援基地、矿山医疗救护中心、矿山应急救援专家组的通信联系数据库；负责建设、维护、更新矿山应急救援指挥系统、决策支持系统和相关保障系统。

各省（区、市）安全监督管理部门或省级煤矿安全监察机构负责本区域内有关机构和人员的通讯保障，做到即时联系，信息畅通。矿山企业负责保障本单位应急通讯、信息网络的畅通。

6. 交通运输保障

1）各地有关交通管理部门，对救援工作应大力支持。在应急响应时，利用现有的交通资源，协调铁道、民航、军队等系统提供交通支持，协调沿途有关地方人民政府提供交通警戒支持，以保证及时调运矿山事故灾难应急救援有关人员、队伍、装备、物资。

2）矿山救援和医疗救护车辆配用专用警灯、警笛，事故发生地省级人民政府组织对事故现场进行交通管制，开设应急救援特别通道，最大限度地赢得应急救援时间。

7. 治安保障

由事故发生地省级人民政府组织事故现场治安警戒和治安管理，加强对重点地区、重点场所、重点人群、重要物资设备的防范保护，维持现场秩序，及时疏散群众。发动和组织群众，开展群防联防，协助做好治安工作。

8. 经费保障

矿山企业应当做好事故应急救援必要的资金准备。安全生产事故灾难应急救援资金首先由事故责任单位承担，事故责任单位暂时无力承担的，由当地人民政府协调解决。国家处置矿山事故灾难所需资金按照《财政应急保障预案》的规定解决。

9. 技术支持与保障

国家安全生产监督管理总局设立矿山应急救援专家组，为矿山事故应急救援提供技术支持。

省级地方人民政府矿山应急组织设立矿山应急救援专家组，为矿山事故应急救援提供技术支持。

依托有关院校和科研单位，开展事故预防和应急技术及矿山救援技术设备的研究和开发。

（二）外部救援保障

应急救援指挥部根据瓦斯爆炸事故灾情情况决定请求外部应急救援队伍与否，通过向行业主管部门应急救援指挥部进行调援，根据医疗抢救组的能力决定是否请求外部医疗机构增援，保障抢险救援工作的顺利进行，尽量减少人员伤亡和财产损失。

七、预案的维护管理

（一）应急救援人员培训计划

矿长定期组织应急救援领导小组认真学习本预案内容。

应急救援领导小组定期组织应急救援机构的各小组认真学习本预案内容，各部门定期组织全体员工认真学习本预案内容。

（二）预案演练计划

矿应急救援领导小组应从本矿实际出发，针对瓦斯爆炸事故发生的方式，每半年组织员工及相关工作人员按照本预案进行一次模拟应急救援演习，提高本矿应急救援指挥机构及救援小组成员的实战水平和作战能力，增强煤矿广大员工预防事故的意识和自我防护自救互救能力，以便在事故发生后能将损失降低到最小限度。

（三）预案的修编条件

应急救援小组每年组织对预案修订一次。

应急救援小组根据演练过程中发现的问题，根据实际情况对本预案进行修订，保证本预案的科学性、安全性、实用性、可操作性。

（四）奖惩与实施

在抢险过程中成绩显著的，煤矿根据实际情况给予嘉奖，因工作失误造成后果的，按照本矿相关规定从严、从重处罚。

八、预案编制领导小组及任务

成立本预案编制领导小组。预案编制领导小组的任务如下。

1）收集资料，并进行初始评估。

2）辨识瓦斯爆炸危险源并评价风险。

3）评价应急能力与资源。

4）建立应急救援组织体系。

5）编制符合实际的应急计划方案。

6）编制各级应急计划。

第四节　应急救援预案演练实例

一、指导思想

按照"严格演练，加强战备，主动预防，积极抢救"的救援原则，最大限度地控制事故危害，减少人员伤亡和财产损失。通过演练，进一步加强我矿应急指挥部各成员之间的协同配合，提高应对突发事故的组织指挥、快速响应及处置能力，结合煤矿生产实际和《安全生产事故应急预案》及《煤尘爆炸事故应急救援预案》，特制订本演练方案。

二、应急演练目的

1）检验预案。通过开展应急演练，查找应急预案中存在的问题，进而完善应急预案，提高应急预案的实用性和可操作性。

2）锻炼队伍。通过开展应急演练，增强矿级管理人员及救护队对应急预案的熟悉程序，提高应急处置能力。

3）磨合机制。通过开展应急演练，进一步明确相关单位和人员的职责任务，理顺工作关系，完善应急机制。

4）科普宣教。通过开展应急演练，普及应急知识，提高井下员工风险防范意识和自救互救等灾害应对能力。

5）完善准备。通过开展应急演练，检查应对突发事件所需应急队伍、物资、装备、技术等方面的准备情况，发现不足及时予以调整补充，做好应急准备工作。

6）检验井上下通讯及汇报流程，井下撤人时间、指挥部人员到达指挥部时间、救护队到达时间、救护队到达事故地点时间。

7）检验救护队在处理突发事件时的应急反应，人员的出动速度，出动程序的准确性，小队与小队之间的配合。

8）检验救护队指挥员在处理事故中现场判断能力及方案制订的可靠性。

9）检验救护队在事故处理中人员安排、灾区侦察布置、遇险人员的处理、灾区灾变时的处置方法。

10）检验救护队在事故处理时小队人员之间的配合及灭火方法。检验事故发生后现场作业人员停电撤人布岗的准确性。检验救护队的应急救援能力及救护装备的配备使用情况。

11）检验遇险人员应急处置能力、检验压缩氧自救器使用时间、使用方法、人员佩戴自救器行走路程。

12）检验救援物资保障情况、救援辅助保障能力。

三、应急演练预案

矿井瓦斯爆炸事故应急救援预案综合演练。

（一）预警与报告

根据 90103 回风顺槽煤尘爆炸事故情景，现场人向调度室汇报，调度室立即汇报值班领导，并第一时间向兼职救护队发出警令，要求立即着装待命，启动应急预案，通知应急领导小组成员，并按程序向应急救援指挥中心（同时向应急办公室汇报）应急等部门汇报，并根据救援工作需要给予救援物资和救援力量支援。

（二）指挥与协调

根据 90103 回风顺槽瓦斯爆炸事故情景，立即在救护队成立以矿长为组长的应急指挥部，调集救护队和救护装备、物资，开展应急救援行动。

（三）应急通讯

根据 90103 回风顺槽煤尘爆炸事故情景，在应急救援相关部门或人员之间进行信息互通。

（四）事故监测

根据 90103 回风顺槽煤尘爆炸事故情景，由救护队对事故现场进行观察、分析或测定，确定事故严重程度、影响范围和变化趋势等。

（五）警戒与管制

根据 90103 回风顺槽煤尘爆炸事故情景，演习巷道周边设置应急处置现场警戒区域，实行交通管制，维护现场秩序。

（六）疏散与安置

根据 90103 回风顺槽煤尘爆炸事故情景，对事故可能波及范围内的相关人员进行疏散、转移和安置。

（七）医疗卫生

根据 90103 回风顺槽煤尘爆炸事故情景，调集医疗卫生专家和卫生应急队伍开展紧急医疗救援，并开展卫生监测和防疫工作。

（八）现场处置

根据 90102 回风顺槽煤尘爆炸事故情景，按照《瓦斯爆炸事故应急救援预案》现场处置方案和现场指挥部要求对事故现场进行控制和处理。

（九）后期处置

根据 90103 回风顺槽煤尘爆炸事故情景，应急处置结束后，所开展的事故损失评估、事故原因调查、事故现场清理和相关善后工作。

四、演练组织与实施

演练类型：矿井煤尘爆炸事故应急救援综合演练

演练时间：2014 年 9 月 20 日 10:30—12:00

演练地点：90103 回风巷

演练主要内容：矿井瓦斯爆炸事故、紧急撤离、灭火、抢救伤员

主办单位：山西新超煤业有限公司

观摩单位：长庆公司、沁源县矿山救护队、安监站

经费预算：5 万元

五、应急演练准备

（一）成立演练组织机构

现场指挥部

总指挥：×××

副总指挥：×××、×××

成员：×××、×××

为保证应急演练活动的顺利开展，确保取得实效，下设应急演练工作组、策划组、执行组、保障组、安全保卫组、评估组等专业工作组。

（二）应急演练工作组

组长：×××

副组长：×××

成员：×××、×××

负责演练活动筹备和实施过程中的组织领导工作，具体负责审定演练工作方案、演练工作经费、演练评估总结及其他需要决定的重要事项等。

（三）技术处理组

组长：×××

成员：×××、×××

根据事故性质、类别、影响范围等基本情况，迅速制订抢险与救灾方案、技术措施，报总指挥同意后实施。

制定并实施防止事故扩大的安全防范措施。

解决事故抢险过程中的技术难题，审定事故原因分析报告，报总指挥阅批。

（四）抢险救灾组

组长：×××

副组长：×××、×××

成员：兼职救护队员、增援单位救护队员

接到应急指令后，立即抽调精干人员以最快的速度赶到事故现场，开展人员救护和事故紧急处理，防止事故扩大。

具体负责实施指挥部制订的抢险救灾方案和安全措施，按照指挥部命令，完成遇险人员紧急救护和抢险救灾的相关任务。

对伤势较重的人员采取临时救护措施，并立即送往医院进行救治。

（五）医疗后勤保障组

组长：×××

副组长：×××、×××

成员：×××、×××

负责事故发生后现场医疗救护指挥及救援医护人员的集结调配；受伤人员的分类抢救。

负责事故发生后各种抢险救援物资的调拨供应；各种应急救援设备和物资的购置储备和保管维护。

负责上级领导及其他客人的接待和地面车辆调配工作。

负责处理事故发生后的善后处理工作。

负责事故发生后各项抢险救援所需资金的筹措和调拨。

（六）救护组

组长：兼职救护队长

成员：兼职救护队全体成员

参加抢险救灾的全过程，根据批准的事故处理作战计划，调配检查人员，对作战计划的各环节、措施的实施过程进行检查，确保作战计划安全顺利完成，发现不安全因素有权制止并提出安全可靠的补救措施，及时向指挥部汇报，听取指令。

组织人员迅速赶赴事故现场，制订救护方案，抢救伤员。

（七）事故调查组

组长：×××

副组长：×××、×××

成员：×××、×××

负责事故现场的保护、事故嫌疑责任人的监控及协助上级事故调查组在事故追查过程中对现场的勘查和取证等相关工作。

（八）策划组

组长：×××

副组长：×××、×××

成员：×××、×××

负责编制演练工作方案、演练脚本、演练安全保障方案和应急预案、宣传报道材料、工作总结和改进计划等。

（九）执行组

组长：×××

副组长：×××、×××

成员：×××、×××

负责演练活动筹备及实施过程中与相关单位、工作组的联络和协调、事故情景布置、参演人员调度和演练进程控制等。

（十）保障组

组长：×××

成员：企管科人员

负责演练活动工作经费和后勤服务保障，确保演练安全保障方案或应急预案落实到位。

（十一）评估组

成立由长庆公司、煤矿各领导等部门专家组成的专家组对此次应急预案演练进行评估。

组长：×××

副组长：×××、×××

成员：×××、×××

负责观察记录演练过程和进展情况，并对演练过程进行现场点评和总结评估，得出总结分析报告。评估分析人员事先了解整个演练方案，但不直接参与演练活动。在不干扰演练人员工作的情况下，协助控制人员确保演练按计划进行。

（十二）安全保卫组

组长：×××

成员：保卫科人员

负责组织对事故及灾害现场的保卫工作，设置警戒线，维持现场秩序，对应急救援通道实行交通管制，禁止无关人员进入事故演练场所范围内，保障抢险救援有序开展。

六、应急演练的要求

（一）领导重视、科学计划

领导高度重视是办好本次应急预案演练的关键。领导对这次应急预案演练高度重视，公司亲自抓这次应急预案演练，为办好这次应急预案演练创造了良好的条件。

（二）结合实际、突出重点

根据煤矿 90103 回风顺槽在施工过程中，可能发生的煤尘爆炸事故进行综合演练，解决应急过程中组织指挥和协同配合问题，解决应急准备工作的不足，为提高应急救援队伍应急抢险能力和矿井抗灾能力打下坚实的基础。

（三）周密组织、统一指挥

根据上级部门要求，本次应急预案演练由矿长亲自安排部署，明确分工，责任到人，为这次应急预案演练的开展提供基本保障。

（四）讲究实效、注重质量

遵守相关法律、法规、标准和应急预案规定。落实相关责任，明确工作程序，专人负责实施，尊重科学原则，保证演练取得真正的实效，注重演练质量。

（五）应急演练事故情景设计

2014 年 9 月 20 日 10 时 30 分，矿监控中心发出报警声，瓦斯监控平台显示 90103 回风顺槽工作面瓦斯、一氧化碳瞬时超限，90103 回风顺槽、总回风巷监控中断。随后 90103 回风顺槽当班瓦检员向调度室汇报："报告调度室，刚才放炮后爆炸声响异常，井下风流紊乱，风门、风筒等设备设施严重损坏，有大量烟雾和粉尘出现，90103 回风顺槽可能发生了煤尘爆炸事故"。

矿井瓦斯爆炸事故应急预案区域性演练，演练时间从 10:30 到 12:00，时长为 1 小时 30 分。

（六）参演人员主要任务及职责

按照应急演练过程中扮演的角色和承担的任务，将应急演练参与人员分为演习人员、控制人员、模拟人员和观摩人员，这四类人员在演练过程中都有着重要的作用，并在演练过程中佩戴不同颜色的安全帽，对身份进行识别。

（七）演习人员

组长：×××

副组长：×××、×××

成员：救护队员 18 人，安全科 4 人，调度室 1 人，技术科 2 人，机电科 2 人，掘进一队 5 人，模拟人员 2 人，共计 34 人。领导小组成员负责现场组织、抢险指挥、与其他应急响应人员协同应对重大事故或紧急事件；救护中队人员负责现场抢险救灾；工作人员负责协助指挥部开展工作、救助伤员或被困人员、记录、影像资料拍摄等工作；群众演员负责扮演现场施工人员、伤员、安全撤离组织人员等工作。

（八）控制人员

组长：×××

成员：×××、×××

其承担的任务包括：在演练过程中，根据现场情况调整演练方案、控制演练时间和进度、对演练中的意外情况做出迅速反应，保证现场演练人员安全，充分展示演练目的并使之顺利完成。

（九）模拟人员

模拟被撤离和疏散人员：掘进一队

在演练过程中扮演、模拟侵害对象、应急组织和服务部门的人员，或者事态发展的人员。熟悉各种模拟器材的使用方法，了解所模拟对象的职责、任务和能力，尽量客观反映组织和个人的行为，增加应急演练的真实性。

（十）观摩人员

观摩单位、公司相关领导成员及煤矿职工。

七、应急演练具体安排

1）根据演练时间定于 9 月 20 日。

2）9 月 12 日，召开第一次协调会，研究讨论《矿井煤尘爆炸事故应急救援预案演练方案》的编制要求。

3）9 月 15 日上午组织召开应急演练工作会，对《矿井煤尘爆炸事故应急救援预案演练方案》进行会审，并报安监局审批备案后，按照方案要求安排布置各项工作。

4）9 月 16 日进行桌面演练，参加演练人员全部参加。

5）9 月 20 日 10:30 进行现场预演，并完成现场准备工作，具备预演条件，所有参演人员及工作人员参加。

6）9 月 20 日上午 10:30 正式演练。

7）充分认识应急预案演练活动的重要意义，要把此次活动作为一项重要的任务来完成，按照自己的职责任务，切实做好准备工作，保证万无一失。服从演练协调指挥组的统一指挥和安排，保证信息畅通，随叫随到，确保演练工作的顺利开展。

八、应急演练主要步骤

1）10:00：演练人员进入会场。

2）10:10：主持人介绍参加本次演练的人员组成及观摩演练的公司领导，宣布会场纪律，介绍演练基本情况。

3）10:15：矿长×××同志讲话。

4）10:20：成立事故现场指挥部，总指挥由安全矿长×××担任，副指挥由通风副总×××担任，总工×××讲话，并下达演练开始指令。

5）10:30：瓦斯监控中心报警仪发出短暂报警音，显示屏显示 90103 回风顺槽瓦斯、一氧化碳瞬时超限，监控中断，监控人员向值班领导汇报。

6）10:31：90103 回风顺槽班长汇报调度室，调度室立即汇报值班领导，值班领导要求立即汇报矿长。

7）10:32：调度室汇报公司总经理，并要求第一时间通知救护队和李元中心卫生院。

8）10:33～10:35：应急响应步骤、签发应急预案启动令、下达抢险救灾指令。

9）10:35：兼职救护队着装、佩戴装备、集结、检查装备、向总指挥报告、待命。

10）10:38：宣布成立救援指挥部，指挥部成员共同分析灾情，进一步研究救灾方案，同时要求技术部门及时提供相关图纸（采掘工程平面图、通风系统图、避灾路线图）。

11）10:40：总指挥下达抢险救灾指令，要求向应急救援指挥中心汇报（同时汇报应急办公室）。

12）10:41：抢险组进入现场进行侦查。

13）10:42：开始撤离。

14）10:43：撤离结束。

15）10:45：侦查，在侦查过程中发现 1 名伤员，医疗救护组对伤员进行包扎处理，将伤员运出。

16）10:46：增援单位赶到，并向指挥部报道，指挥部下达增援指令。

17）10:47：将受伤人员送往医院进行救治。

18）10:50：侦查发现火源，使用灭火器灭火。

19）10:52：火源扑灭。

20）11:00：安风机、接风筒、排放瓦斯、汇报。

21）11:10：汇报抢险工作结束。

22）11:10：总指挥宣布救援演练结束。

23）11:10：副总指挥签发应急预案关闭令。

24）11:11：评价工作组对应急演练工作开展进行现场评估讲话。

25）11:20：演练工作讲评会，总指挥作演练讲评。

九、应急演练技术支撑及保障条件

（一）应急演练支撑性文件

《安全生产法》、《生产安全事故应急预案管理办法》（国家安全生产监督管理总局令第 17 号）、《突发事件应急演练指南》、《安全生产事故应急演练指南》（AQ/T 9007—2011）、《矿山救护规程》、《煤矿安全规程》（2011 版）等有关法律、法规和规章。

（二）应急演练保证条件

本次应急演练是在事先虚拟的事故条件下，应急指挥体系中各个组成部门、单位或群体的人员针对假设的特定情况，执行实际突发事故发生时各自职责和任务的排练活动。

提高对应急演练工作的认识。充分认识此次应急演练工作的重大意义，树立大局观念，增强做好应急演练工作的责任感和使命感，按照统一部署和要求，高标准、高质量、严要求，认真对待，服从指挥，统一调度，全力以赴做好应急演练工作。

（三）成立演练保障工作小组

组长：×××

成员：×××、×××

负责整个演练物资供应，负责演练的组织、协调，演练服装、耗材、器材、设备的配备。

做好车辆装备调度工作。合理安排司机和车辆，在人力、物力和技术上给予积极支持。做到两不误，既不影响应急演练，又不耽误日常工作，加强车辆调度管理。保持车况良好，保证行车安全，提高车辆服务水平，保证服务质量，为应急演练提供便利的保障条件，确保迅速、准确、安全地完成任务。

十、应急演练过程

演练过程及内容如表 6-1 所示。

表 6-1　演练过程及内容

开场（音乐）			
演练部门、人员进入会场做好准备			
演练主持：安全矿长 演练控制：介绍参加本次演练的人员组成及观摩演练的公司领导。（1）宣布会场纪律。（2）主持人介绍演练基本情况。基本情况介绍：为了提高煤矿生产安全事故应急管理水平，强化应急人员实施事故预警，应急响应，指挥与协调和现场处置的能力。根据《关于做好生产安全事故应急预案演练工作的通知》的安排，按照"严格演练，加强战备，主动预防，积极抢救"的救援原则，以"科学发展、安全发展"为目标，检验发生安全事故时，救援组织快速反应和高效实施应急救援的能力，有效防范和遏制生产安全事故的发生，我矿组织各部门于今天开展瓦斯爆炸事故应急预案演练。（3）请矿长杜振彪讲话。（4）请总工郭统一讲话。			
序号	参演人员及人数	模拟情景设计	处置行动及执行人	指令对白步骤
1	总指挥1人	副总指挥郭统一向矿长请示	副总指挥	报告矿长，应急演练现场已准备就绪，请指示。瓦斯爆炸应急预案演练现在开始
2	监控中心1人，值班领导1人	瓦斯监控中心报警仪发出短暂报警音，显示屏显示90103回风顺槽瓦斯、一氧化碳瞬时超限，监控中断，监控人员向值班领导汇报	监控人员、值班领导	报告矿长，90103回风顺槽刚才放炮后，瓦斯监控显示90103回风顺槽工作面瓦斯、一氧化碳瞬时超限 90103回风顺槽、总回风巷区域监控中断

续表

序号	参演人员及人数	模拟情景设计	处置行动及执行人	指令对白步骤
3	调度室调度员1人，值班领导1人，队长1人	调度室电话铃响，班长汇报调度室，调度室电话铃响，汇报值班领导	调度员、调度室值班领导、瓦检员	报告调度室，我是90103回风顺槽瓦检员张德兴，刚才放炮后爆炸声响异常，井下风流紊乱，风门、风筒等设备设施严重损坏，有大量烟雾和粉尘出现、温度升高，90103回风顺槽发生了瓦斯爆炸事故
			调度室值班领导	"报告，90103回风顺槽瓦检员汇报，刚才放炮后爆炸声响异常，井下风流紊乱，风门、风筒、风机等设备设施严重损坏，有大量烟雾和粉尘出现、温度升高，90103回风顺槽发生瓦斯爆炸事故了"。×××回复："立即电话通知井下各处作业的施工队或其他人员，命令他们在安全员、瓦检员、班长的带领下迅速撤离至地面，同时清点人数向矿调度室汇报，必须问清报告人姓名、时间、地点、受灾范围，是否有遇险人员等，并作好详细记录，并立即汇报总经理"
4	调度员1人	打电话汇报矿长	调度员、矿长	"报告向总，我是调度员吴正举，10时30分90103回风顺槽放炮，据90103回风顺槽班长汇报，发生了瓦斯爆炸，当班35人井下作业，请指示"。矿长回复："立即电话通知井下各处作业的施工队或其他人员，命令他们在安全员、瓦检员、班长的带领下迅速撤离至地面，同时清点人数向矿调度室汇报，必须问清报告人姓名、时间、地点、受灾范围，是否有遇险人员等，并做好详细记录，必须准确统计井下人员，通知井口检身工，除抢险救灾人员外其他人员一律不准入井。通知配电点值班人员停掉井下除风机外的一切动力电源。立即通知应急领导小组及成员到调度室集合，并第一时间通知救护队，立即要求着装待命"
5	应急领导小组及成员多人	应急领导小组成员赶到救护队，召开紧急会议	应急领导小组成员	吴正举："10时30分90103回风顺槽放炮后引起瓦斯爆炸事故，当班35人井下作业，情况十分严峻，现决定启动瓦斯爆炸事故应急救援预案"。签发应急预案启动令，响应级别为Ⅱ级。"各领导成员各就各位，立即组织开展应急抢险工作。罗总安要求向上级部门进行汇报，请求增援"
6	救护队接警人员1人，指挥部成员1人	救护队值班室报电话响。向应急指挥中心汇报	救护队员、安全副矿长	史队，我是调度卫国王，90103回风顺槽10时30分发生瓦斯爆炸事故，应急指挥部命令立即出动两个小队，立即着装整队待命"。王红生："喂，你好，应急指挥中心吗？我是煤矿安全副矿长王红生，我们90103回风顺槽10时30分发生瓦斯爆炸了，当班35人井下作业，情况十分严峻，特向你们请求医疗增援"……

序号	参演人员及人数	模拟情景设计	处置行动及执行人	指令对白步骤
7	救护队20人,总指挥1人	换装、佩戴装备、集结、检查装备	救护队员	立正、稍息……,同志们,10502回风顺槽10时30分发生放炮引起瓦斯爆炸事故,情况十分危急,应急指挥部命令我们立即整队赶赴灾区进行抢险救灾,各位报告装备完好情况……
		队长跑向矿长……	救护队员	救护队长:"报告副总指挥,救护队奉命到达,准备就绪,请指示"。王红生:"立即按救护要求开展救护工作,进行灾区侦查、人员撤离、疏散、救援、恢复通风"
8	应急领导小组成员多名	成立救援指挥部,指挥部成员共同分析灾情,进一步研究救灾方案,同时要求技术部门及时提供相关图纸(采掘工程平面图、通风系统图、避灾路线图)。同时下达指挥命令	应急领导小组成员多名	"根据90103事故情况,现在成立救援指挥部,指挥部设在救护队,指挥部下设:现场抢救、医疗救护、物资供应、后勤保障,各组长向指挥部报到,原地待命"。调度室主任卫王国向指挥部介绍90103回风顺槽瓦斯爆炸灾害有关情况,指挥部成员立即研讨抢险救灾方案
9	应急领导小组成员多名	总指挥下令	应急领导小组成员多名	井下其他巷道人员全部撤出地面,配电点切断除局扇外的所有机电设备电源;同时设置警戒,除抢险救灾人员外,其他人员不得入井。各组各负其责立即开展抢险救灾工作。罗总立即向应急救援指挥中心汇报→县安监局→县政府应急办公室等,请求增援
10	抢险队长2人,救护队员18人	救护队指挥员带领侦查小队和待机小队入井,并队确定侦察小队进入灾区时间和返回时间、联络信号、呼救信号及铺设灾区电话、井下基地待机小队与侦察小队随时保持不间断地联系	救护队员	侦查队队长:"报告,我侦察小队进入灾区侦查,时间规定以氧气压力最低的一名队员来确定整个小队进入或返回的时间,当侦察小队不按时返回或通信中断时,待机小队应立即进入援救"。待机队队长:"收到"
11	撤离人员、被撤离人员若干人	开始撤离	撤离人员和被撤离人员,救护队指挥员	"报告指挥部:当班井下35人作业人员已全部撤出,请指示"。指挥部:"继续侦查,发现情况立即汇报"
12		撤离结束,回报指挥部		
13	增援单位	陆续赶往事故地点,报告指挥部,指挥部立即召开紧急会议,对事故情况进行通报,对中增援单位下达抢先救灾指令	总指挥增援单位带队人员	"总指挥:今天10时30分,90103回风顺槽发生瓦斯爆炸事故,现井下作业人员已全部撤出,中心医院,有伤员运出立即开展医疗急救";医疗队到人回答:"是"。"公安、消防协助矿方开展现场警戒、秩序维护等";公安、消防报到人回答:"是"。其他增援队在原地待命听从指令
14	侦查小队指挥员与队员	小队长向指挥队长报告	侦查小队指挥员与队员	"报告队长:在这里发现1名伤员,请指示"。队长:"给伤员配用2 h呼吸器,进行伤员急救处置后,运出灾区"。队员:"是"
15	侦查小队指挥员与队员	给伤员佩戴呼吸器,搬运伤员,队员向指挥队长报告	侦查小队指挥员与小队长队员	"报告队长,伤员已安全运出,请指示"。队长:"继续灾区侦查"

续表

序号	参演人员及人数	模拟情景设计	处置行动及执行人	指令对白步骤
16	后勤保障组、医疗救护员	伤员运出、检查、送往医院	医务员	伤者神志清醒、瞳孔等大、头颅无创伤骨折……，立即转入医院进行医治
17	侦查小队指挥员与队员	侦查	侦查小队指挥员与小队长	队员："报告队长，前方发现火源，请指示"。队长："使用灭火器灭火"。队员："是"
18	侦查小队指挥员与队员	使用灭火器灭火，由于火势过大无法控制，向指挥部报告	侦查小队指挥员与队员	队员："报告队长，灭火器灭火无效，火势过大无法控制，请指示"。队长："退到安全地点安装惰性发生装置使用惰气灭火。"小队长："是"
19	侦查小队指挥员与队员	安装惰气发生装置灭火，向指挥部报告	侦查小队指挥员与队员	队员："报告队长，火源已灭完。请指示"。队长："恢复通风、按措施进行排放瓦斯"。队员："是"
20	侦查小队指挥员与队员	安装风机、接风筒、通风排放瓦斯，向指挥部汇报	侦查小队指挥员与队员	队员："报告指挥部，灾区已恢复正常通风，请指示"。指挥部："侦查小队按原路退出"。小队长："是"
21	抢险组、指挥部	向副总指挥汇报	抢险组	报告副总指挥，抢险工作已结束，建议解除警戒事宜
22	抢险组、指挥部	向总指挥报告	指挥部副总指挥	报告总指挥，应急演练结束，请指示
23	指挥部	总指挥宣布救援结束	指挥部总指挥	我宣布煤矿瓦斯爆炸事故应急救援预案演练结束

十一、应急演练评估项目

（1）应急演练目的和目标、情景描述，应急行动等

（2）应急演练准备、应急演练组织与实施、应急演练效果等

（3）应急演练各环节应达到的目标评判标准

（4）演练评估工作主要步骤及任务分工

（5）演练评估所需要用到的相关表格等

（6）演练保障方案

1）演练前，各单位（部门）要组织职工认真学习本演练方案、矿井灾害预防计划、作业规程和应急预案，熟悉避灾线路，并签字备查。

2）演练指挥人员要熟悉演练方案，做到指挥沉着，指令清晰、分工明确。

3）各单位（部门）要对演练工作高度重视，认真组织，保证演练工作顺利进行。

4）下井前要严格检查小队及个人所携带的仪器装备，确保装备仪器100%合格。要求参加演练的人员服从现场指挥员的命令，听从指挥，严格纪律。

5）各部门做好生产与演练安排，人员调配，在不影响生产的同时，保证演练工作按时有序进行。

6）进入灾区前，应同井下基地小队规定好联系方式和呼救信号，带队指挥员在进入灾区前要确认小队人员的身体状况，氧气压力，以氧气压力最低的一名队员来确定进入灾区和返回的时间。

7）侦察小队与待机小队随时用灾区电话保持不间断联系，并与待机小队规定返回的时间，发现异常情况或通讯中断时，待机小队立即进行援救。

8）在高瓦斯区域作业时，严禁随意开关矿灯和仪器相互碰撞，防止意外发生扩大事故。

9）进入灾区配用氧气呼吸器时，任何情况下都严禁指战员单独行动，严禁嬉笑打闹或不按小队队形行走。

10）在灾区工作时，小队长应经常观察队员的氧气压力并每隔 20 min 检查一次队员氧气呼吸器氧气消耗情况和身体状况，现场指挥员要根据氧气压力最低的 1 名队员来确定整个小队的返回时间。

11）抢险指挥部在抢险期间人员必须在岗，所有抢险期间指挥、安排由指挥部发出，做到统一指挥，统一抢险，各部门、各单位必须服从命令、听从指挥。

12）监测监控值班员密切注意观察井下瓦斯情况、风门开关状态、局部通风机运转情况、井下有害气体的变化情况、发现异常现象，立即向抢险指挥部报告。

13）在应急演练中，调度室值班员不但要做好信息传递、指令传达，而且要做好信息的接受、指令传达的记录。

14）参演单位及人员要从思想上重视，演练中要进入角色。

15）参演人员在实战演练中无论干什么，都要沉着冷静、紧张而有序，防止发生摔伤、扭伤等意外事故。

16）有序进行撤离，不要恐慌，不要狂奔乱跑，在现场负责人的带领下有组织的撤离，撤离时要相互帮助，相互照应。

17）在演练过程中如发生意外情况，在短时间不能妥善处理或解决时，可终止演练。

18）演练工作保障

一、人员保障

组长：

成员：

严格按照演练方案和相关要求，策划、执行、保障、评估、参演等人员参加演练活动，必要时考虑替补人员。

二、经费保障

组长：

成员：

根据此次应急预案演练工作的需要，落实应急演练专项资金，由财务资产部负责演练经费的列支，财务部门按照需要及时拨付，保障演练工作项目的顺利开展。

三、物资和器材保障

组长：

成员：

负责此次应急预案演练的物资、器材配备。

四、场地保障

组长：

成员：

五、安全保障

组长：

成员：

根据演练工作需要，采取必要安全防护措施，确保参演、观摩等人员及生产系统安全。高度重视演练组织和实施过程的安全保障，制订并严格遵守相关安全措施，可根据需要为演练人员配备个体防护装备。

提前做好应急演练宣传，告示演练时间、地点、内容和组织部门，避免引起职工误解或恐慌。

演练出现意外情况时，演练总指挥和其他领导小组会商后可提前终止演练。

六、应急演练的实施

组织各参演单位和参演人员熟悉各自参演任务和角色，并按照演练方案要求组织开展相应的演练准备工作，确保应急演练工作取得实效。

七、组织预演

在应急演练前，由安全副矿长王红生组织救护队按照演练方案或脚本组织桌面演练，并在 8 月 16 日组织进行预演，熟悉演练实施过程的各个环节。

八、安全检查

确认演练所需的工具、设备、设施、技术资料及参演人员到位。由安全监督员对应急演练安全保障方案及设备、设施进行检查确认，确保安全保障方案可行，所有设备、设施完好。

九、应急演练

应急演练总指挥下达演练开始指令后，参演单位和人员按照设定的事故情景，实施相应的应急响应行动，直至完成全部演练工作。演练实施过程中出现特殊或意外情况，演练总指挥可决定中止演练。

十、演练记录

演练实施过程中，由安全科、调度室负责文字资料记录、办公室负责影像记录、音像记录。

十一、评估准备

演练评估人员根据演练事故情景设计及具体分工,在演练现场实施过程中由评价组展开演练评估工作,记录演练中发现的问题或不足,收集演练评估需要的各种信息和资料。

十二、演练结束

演练总指挥宣布演练结束,由后勤保障组负责参演人员按预定方案集中进行现场讲评或者有序疏散。

十三、应急演练评估与总结

十四、应急演练评估

十五、现场点评

应急演练结束后,在演练现场,由评价组负责人对演练中发现的问题、不足及取得的成效进行口头点评。

十六、书面评估

评估人员针对演练中观察、记录及收集的各种信息资料,依据评估标准对应急演练活动全过程进行科学分析和客观评价,并撰写书面评估报告。评估报告重点对演练活动的组织和实施、演练目标的实现、参演人员的表现及演练中暴露的问题进行评估。

十七、应急演练总结

在演练结束后,由安全科根据演练记录、演练评估报告、应急预案、现场总结等材料,对演练进行全面总结,并形成演练书面总结报告。演练总结报告的内容主要包括:演练基本概要;演练发现的问题,取得的经验和教训;应急管理工作建议等。

十八、演练资料归档与备案

应急演练活动结束后,由安全部门将应急演练工作方案及应急演练评估、总结报告等文字资料,以及记录演练实施过程的相关图片、视频、音频等资料归档保存。对主管部门要求备案的应急演练资料,将相关资料报主管部门备案。

十九、持续改进

根据演练评估报告中对应急预案的改进建议,由应急预案编制部门按程序对预案进行修订完善。

二十、应急管理工作改进

应急演练结束后,根据应急演练评估报告、总结报告提出的问题和建议对应急管理工作(包括应急演练工作)进行持续改进。

督促相关部门和人员,制订整改计划,明确整改目标,制订整改措施,落实整改资金,并应跟踪督查整改情况。

参 考 文 献

[1] 国家安全生产监督管理总局. 全国煤矿伤亡事故快报[R/OL]. www.chinasafety.gov.cn.

[2] 《煤矿瓦斯治理与利用总体方案》编写小组. 煤矿瓦斯治理与利用总体方案[Z]. 国家安全生产监督管理总局, 2005.6.

[3] 赵雪峰. 浅析煤尘爆炸事故机理[J]. 科技信息, 2007, (3): 208.

[4] 李翼祺. 爆炸力学[M]. 北京: 科学出版社, 1992.

[5] 煤炭科学研究院重庆煤炭研究所. 第 21 届国际采矿安全会议论文集[C]. 北京: 煤炭工业出版社, 1985.

[6] Inaba Y, Nishihara T, Groethe M A, et al. Study on explosion characteristics of natural gas and methane in semi-open space for the HTTR hydrogen production system[J]. Nuclear Engineering and Design, 2004, 232 (5): 111-119.

[7] Lebecki K.Gasodynamic phenomena occurring in coal dust explosions[J]. Przegl Gom, 1980, 36 (4): 203-207.

[8] Pickles J H. A model for coal dust duct explosions[J]. Combustion and Flame, 1982, 44: 153-168.

[9] 杨国刚, 丁信伟, 王淑兰, 等. 管内可燃气云爆炸的实验研究与数值模拟[J]. 煤炭学报, 2004, 29 (5): 572-576.

[10] 杨科之, 杨秀敏. 坑道内化爆冲击波的传播规律[J]. 爆炸与冲击, 2003, 23 (1): 37-40.

[11] 贾智伟. 一般空气区瓦斯爆炸冲击波传播规律研究[D]. 焦作: 河南理工大学博士学位论文, 2008.

[12] 杨书召. 受限空间煤尘爆炸传播及伤害模型研究[D]. 焦作: 河南理工大学博士学位论文, 2010.

[13] 林伯泉, 菅从光, 周世宁, 等. 受限空间瓦斯爆炸反射波及对火焰传播的影响[J]. 中国矿业大学学报, 2005, 34 (1): 1-5.

[14] 林柏泉, 周世宁, 张仁贵. 瓦斯爆炸过程中激波的诱导条件及其分析[J]. 实验力学, 1998, 13 (4): 463-468.

[15] 林柏泉, 叶青, 翟成, 等. 瓦斯爆炸在分岔管道中的传播规律及分析[J]. 煤炭学报, 2008, 33 (2): 136-139.

[16] 林柏泉, 孙豫敏, 朱传杰, 等. 爆炸冲击波扬尘过程中的颗粒动力学特征[J]. 煤炭学报, 2014, 39 (12): 2453-2458.

[17] 林柏泉, 张仁贵, 吕恒宏. 瓦斯爆炸过程中火焰传播规律及其加速机理的研究[J]. 煤炭学报, 1999, 24 (1): 56-59.

[18] 王从银, 何学秋. 瓦斯爆炸阻隔爆装置失效原因的实验研究[J]. 中国安全科学学报, 2001, (2): 60-64.

[19] 叶青，林柏泉，菅从光，等. 磁场对瓦斯爆炸及其传播的影响[J]. 爆炸与冲击，2011，31（3）：153-157.

[20] 李静. 电磁场对瓦斯爆炸过程中火焰和爆炸波的影响[J]. 煤炭学报，2008，33（1）：51-54.

[21] 周西华，孟乐，史美静，等. 高瓦斯矿发火区封闭时对瓦斯爆炸界限因素的影响[J]. 爆炸与冲击，2013，33（4）：351-356.

[22] 李润之，黄子超，司荣军. 环境温度对瓦斯爆炸压力及压力上升速率的影响[J]. 爆炸与冲击，2013，33（4）：415-419.

[23] 王东武，杜春志. 巷道瓦斯爆炸传播规律的试验研究[J]. 采矿与安全工程学报，2009，26（4）：475-485.

[24] 聂百胜，何学秋，张金锋. 泡沫陶瓷对瓦斯爆炸过程影响的实验及机理[J]. 煤炭学报，2008，33（8）：903-907.

[25] Salzano E，Marra F S，Lee J H. Numerical simulation of turbulent gas flames in tubes[J]. Journal of Hazardous Materials，2002，95（3）：233-247.

[26] Maremonti M，Russo G，Salzano E，et al. Numerical simulation of gas explosion in linked vessels[J]. Journal of Loss Prevention in the Process Industries，1999，12（3）：189-194.

[27] Tuld T. Numerical simultation of explosion phenomena in industrial environments[J]. Journal of Hazardous Materials，1996，（4）：36-38.

[28] Fairweather M. Studies of premixed flame propagation in explosion tubes[J]. Combustion and Flame，1998，114（3）：397-411.

[29] 朱传杰，林柏泉，江丙友，等. 瓦斯爆炸在封闭管道内冲击振荡特征的数值模拟[J]. 振动与冲击，2012，31（16）：8-12.

[30] 马秋菊，张奇，庞磊. 巷道壁面与瓦斯爆炸相互作用的数值模拟[J]. 爆炸与冲击，2014，34（1）：23-27.

[31] 赵军凯，王磊，滑帅，等. 瓦斯浓度对瓦斯爆炸影响的数值模拟研究[J]. 矿业安全与环保，2012，39（4）：1-4.

[32] Phylaktou H，Andrews G E. The Acceleration of flame propagation in large-scale methan/air explosion[J]. Combustion and Flame，1991，（8）：361-363.

[33] Dunn-Rankin D，Mccann M A. Overpressures from nondetonating baffle accelerated turbulent flames in tubes[R]. Combustion Institute，2000，（10）：504-514.

[34] Babkin V S，Korzhavin A A，Bunev V A，et al. Propagation of premixed gaseous explosion flame in porous median[J]. Combustion and Flame，1998，（5）：182-190.

[35] Chekhov A M. The role of shock-flame interactions in turbulent flames[J]. Combustion and Flame，1999，（12）：192-195.

[36] Williams F A. Laminar flame instability and turbulent flame propagation[A]. In 'Fuel-Air Explosion'，University of Waterloo Press，1982：102-105.

[37] Oh K H，Kim H，Kim J B，et al. A study on the obstacle-induced variation of the gas explosion characteristics[J]. Journal of Loss Prevention in the Process Industries，2001，14（6）：597-602.

[38] Furukawa J. Flame front configuration of turbulent premixed flames[J]. Combustion and Flame，1998，（6）：293-301.

[39] Gulder O L. Flame front surface characteristics in turbulent premixed propane/air

combustion[J]. Combustion and Flame，2000，（8）：407-416.

[40] 贾真真，林柏泉. 管内瓦斯爆炸传播影响因素及火焰加速机理分析[J]. 矿业工程研究，2009，24（1）：57-62.

[41] 林伯泉，菅从光，周世宁. 湍流的诱导及对瓦斯爆炸火焰传播的作用[J]. 中国矿业大学学报，2003，32（2）：107-110.

[42] 林柏泉，周世宁，张仁贵. 障碍物对瓦斯爆炸过程中火焰和爆炸波的影响[J]. 中国矿业大学学报，1999，28（2）：104-106.

[43] 林柏泉，张仁贵，吕恒宏. 瓦斯爆炸过程中火焰传播规律及其加速机理的研究[J]. 煤炭学报，1999，24（1）：56-58.

[44] 林柏泉，桂晓宏. 瓦斯爆炸过程中火焰传播的模拟研究[J]. 中国矿业大学学报，2002，31（1）：29-32.

[45] 高建康，菅从光，林柏泉. 壁面粗糙度对瓦斯爆炸过程中火焰传播和爆炸波的作用[J]. 煤矿安全，2005，（2）：4-6.

[46] Kagan L. The Transition from deflagration to detonation in thin channels[J]. Combustion and Flame，2003，34（5）：389-397.

[47] Sorin R. Optimization of the deflagration to detonation transition: Reduction of length and time of transition[J]. Shock Waves，2005，2（6）：108-112.

[48] Smirnov N N，Tyurnikov M V. Experimental investigation of deflagration to detonation transition in hydrocarbon-air gaseous mixtures[J]. Combustion and Flame，1995，100（4）：661-668.

[49] 郑有山，王成. 变截面管道对瓦斯爆炸特性影响的数值模拟[J]. 北京理工大学学报，2009，29（11）：947-949.

[50] 宋小雷，陈先锋，陈明. 瓦斯爆炸过程中火焰传播的实验与数值模拟研究[J]. 中国安全生产科学技术，2011，7（11）：5-8.

[51] Chi D N，Perlee H I. Numerical simulation of flame-induced aerodynamics in a coal-mine passageway，semi-empirical model[R]. Bumines，1975：13-18.

[52] Chang K S，Kim J K. Numerical investigation of inviscid shock wave dynamics in an expansion tube[J]. Shock Waves，1995，5（1）：33-45.

[53] Tuld T，Peter G，Stadtke H. Numerical simulation of explosion phenomena in industrial environments[J]. Journal of Hazardous Materials，1996，46（4）：185-195.

[54] Clifford L J，Milne A M. Numerical modeling of chemistry and gas dynamics during shock-induced ethylene combustion[J]. Combustion and Flame，1996，104（3）：311-327.

[55] Bielert U，Sichel M. Numerical simulation of premixed combustion processes in closed tube [J]. Combustion and Flame，1998，114（3）：397-419.

[56] Catlin C A，Fairweather M，Ibrahim S S. Predictions of turbulent，premixed flame propagation in explosion tubes[J]. Combustion and Flame，1995，102：115-128.

[57] Fairweather M，Hargrave G K，Ibranhim S S，et al. Studies of premixed flame propagation in explosion tubes[J]. Combustion and Flame，1999，16（4）：504-518.

[58] Maremonti M. Numerical simulation of gas explosion in linked vessels[J]. Journal of loss provention in the Process Industries，1999，12（3）：189-194.

[59] Salzano E, Marraa F S, Russob G, et al. Numerical simulation of turbulent gas flames in tubes[J]. Journal of Hazardous Materials, 2002, 95 (2): 233-247.

[60] 陈志华, 范宝春, 李鸿志, 等. 大型管中气粒两相湍流燃烧加速机理的研究[J]. 弹道学报, 1998, 10 (2): 33-37.

[61] 林柏泉, 桂晓宏. 瓦斯爆炸过程中火焰厚度测定及其温度场数值模拟分析[J]. 实验力学, 2002, 17 (2): 227-233.

[62] 徐景德, 杨庚宇. 瓦斯爆炸传播过程中障碍物激励效应的数值模拟[J]. 中国安全科学学报, 2003, 13 (11): 42-44.

[63] 余立新, 孙文超, 吴承康. 障碍物管道中湍流火焰发展的数值模拟[J]. 燃烧科学与技术, 2003, 199 (1): 11-15.

[64] 张莉聪, 徐景德, 吴兵, 等. 甲烷-煤尘爆炸波与障碍物相互作用的数值研究[J]. 中国安全科学学报, 2004, 14 (8): 83-85.

[65] 吴兵, 张莉聪, 徐景德. 瓦斯爆炸运动火焰生成压力波的数值模拟[J]. 中国矿业大学学报, 2005, 34 (4): 423-426.

[66] 司荣军, 王春秋. 瓦斯煤尘爆炸传播数值仿真系统研究[J]. 山东科技大学学报, 2006, 25 (4): 10-13.

[67] 张玉周, 姚斌, 叶军君. 瓦斯爆炸冲击波传播过程的数值模拟[J]. 机电技术, 2007, (3): 28-30.

[68] 侯玮, 曲志明, 骈龙江. 瓦斯爆炸冲击波在单向转弯巷道内传播及衰减数值模拟[J]. 煤炭学报, 2009, 34 (4): 509-513.

[69] 江丙友, 林柏泉, 朱传杰, 等. 瓦斯爆炸冲击波在并联巷道中传播特性的数值模拟[J]. 燃烧科学与技术, 2011, 17 (3): 250-254.

[70] 覃彬, 张奇. 爆炸空气冲击波在巷道转弯处的传播特性[J]. 中国科技论文在线, www.paper.edu.cn, 2007.3.

[71] 滑帅, 梁金燕, 王莉霞, 等. 巷道拐弯对瓦斯爆炸影响的数值模拟研究[J]. 安全与环境工程, 2013, 20 (3): 135-138.

[72] 覃彬, 张奇, 向聪, 等. 矿山巷道转弯处冲击波紊流区的数值模拟研究[J]. 金属矿山, 2008, 388 (10): 16-19, 28.

[73] 覃彬, 张奇, 向聪, 等. 数值模拟研究分叉巷道中冲击波传播规律[J]. 含能材料, 2008, 16 (6): 741-757.

[74] 王来, 李廷春. 直角拐弯通道中空气冲击波的传播及数值模拟[J]. 自然灾害学报, 2004, 14 (8): 146-150.

[75] 唐献述, 王树民, 龙源, 等. 爆炸空气冲击波对动物伤害效应试验研究[J]. 工程爆破, 2012, 18 (2): 104-106.

[76] 杨书召, 张瑞林. 煤与瓦斯突出冲击波及瓦斯气流所致伤害研究[J]. 中国安全科学学报, 2012, 22 (11): 62-66

[77] 宇德明. 重大危险源评价及火灾爆炸事故严重度的若干研究[D]. 北京: 北京理工大学博士学位论文, 1996.

[78] 曲志明. 瓦斯爆炸衰减规律和破坏效应[J]. 煤矿安全, 2006, (2): 3-5.

[79] 国家安全生产监督总局. 国家矿山应急救援体系. http://www.chinasafety.gov.cn/.

[80] 孔文俊, 张孝谦. CH$_4$/O$_2$/N$_2$ 预混、层流、稳态火焰反应机理分析[J]. 燃烧科学与技术, 1998, 14 (2): 323-330.

[81] 张国栋. 谈矿井瓦斯爆炸[J]. 煤炭技术, 2006, 25 (2): 6-7.

[82] 叶青. 管内瓦斯爆炸传播特性及多孔材料抑制技术研究[D]. 徐州: 中国矿业大学博士学位论文, 2007.

[83] 菅从光. 管内瓦斯爆炸传播特性及影响因素分析[D]. 徐州: 中国矿业大学博士学位论文, 2003.

[84] 徐景德. 矿井瓦斯爆炸冲击波传播规律及影响因素的研究[D]. 北京: 中国矿业大学博士学位论文, 2002.

[85] 张国枢. 通风安全学[M]. 徐州: 中国矿业大学出版社, 2004: 209-210.

[86] 巴彻勒. 流体动力学导论[M]. 北京: 机械工业出版社, 2004: 6.

[87] 孙珑. 可压缩流体动力学[M]. 北京: 水利电力出版社, 1991: 5.

[88] 高学平. 高等流体力学[M]. 天津: 天津大学出版社, 2005: 6.

[89] 国家安全生产监督管理总局. 安全评价[M]. 北京: 煤炭工业出版社, 2005: 4.

[90] 景国勋, 李德海. 中国煤矿安全生产技术与管理[M]. 北京: 中国矿业大学出版社, 2010: 8.